信息技术基础（WPS版）

主　编 ◎ 卢彩虹　朱丽华　杨　红

副主编 ◎ 常　红　王　欢　王洪岩

清華大學出版社
北　京

内 容 简 介

本书以教育部颁布的《高等职业教育专科信息技术课程标准（2021 年版）》为纲进行编写，全书采用“模块＋任务＋项目”的方式进行总体编排，共分为 6 个模块、34 个任务、13 个项目。根据教学侧重点和要求不同，全书采取“任务讲解—项目描述—项目实施—模块小结—真题实训”的结构组织教学内容，以模块为引领，以任务为驱动，以实现项目需求为最终目标，将知识和技能的学习融入其中，使学生可以边学习、边实践、边思考、边总结、边构建，增强同类问题的处理能力，让学生了解当代信息技术前沿的相关知识，激发探究兴趣，拓宽专业视野，在学习过程中，了解利用信息技术解决各类自然与社会问题的基本思想和方法，增强学生的信息素养和社会责任感。

图书在版编目（CIP）数据

信息技术基础 : WPS 版 / 卢彩虹, 朱丽华, 杨红主编. -- 北京 : 清华大学出版社, 2024. 8. -- ISBN 978-7-302-67008-7

Ⅰ. TP3

中国国家版本馆 CIP 数据核字第 2024BB6812 号

责任编辑： 付潭蛟
封面设计： 胡梅玲
责任校对： 宋玉莲
责任印制： 丛怀宇
出版发行： 清华大学出版社

网　　址：https://www.tup.com.cn，https://www.wqxuetang.com
地　　址：北京清华大学学研大厦 A 座　　邮　　编：100084
社 总 机：010-83470000　　邮　　购：010-62786544
投稿与读者服务：010-62776969，c-service@tup.tsinghua.edu.cn
质 量 反 馈：010-62772015，zhiliang@tup.tsinghua.edu.cn
课 件 下 载：https://www.tup.com.cn，010-83470332

印 装 者： 三河市龙大印装有限公司
经　　销： 全国新华书店
开　　本： 185mm×260mm　　**印　张：** 15.75　　**字　　数：** 341 千字
版　　次： 2024 年 9 月第 1 版　　**印　　次：** 2024 年 9 月第 1 次印刷
定　　价： 49.80 元

产品编号：107511-01

前言

当今社会，信息技术已经成为经济社会转型与发展的主要驱动力，是建设创新型国家、制造强国、质量强国、网络强国、数字中国、智慧社会的基础支撑。高等职业教育专科“信息技术”课程是各专业学生必修或限定选修的公共基础课程，旨在帮助学生增强信息意识，提升计算思维，促进数字化创新与发展能力，促进专业技术与信息技术的融合，树立正确的信息社会价值观和责任感，为其职业发展、终身学习和服务社会奠定基础。

本书的编写落实了立德树人根本任务，满足国家信息化发展战略对人才培养的要求，围绕高等职业教育专科各专业对信息技术学科核心素养的培养需求，吸纳信息技术领域的前沿技术，通过理实一体化教学，提升学生应用信息技术解决问题的综合能力，使学生成为德、智、体、美、劳全面发展的高素质技术技能人才。

2021 年 4 月，教育部颁布了《高等职业教育专科信息技术课程标准（2021 年版）》（以下简称“新课标”）。为加快推进党的二十大精神进教材、进课堂、进头脑，本书以新课标为纲，紧紧围绕信息意识、计算思维、数字化创新与发展、信息社会责任 4 项学科核心素养进行设计和编写，在对学生进行知识讲授和技能训练的同时，还注重对其行为规范和思想意识的引领，激发学生的民族自豪感和国家认同感，着力培养担当民族复兴大任的时代新人，用社会主义核心价值观铸魂育人。

全书采用“模块 + 任务 + 项目”的方式进行总体编排，共分为 6 个模块、34 个任务、13 个项目。根据教学侧重点和要求的不同，全书采取“任务讲解—项目描述—项目实施—模块小结—真题实训”的结构组织教学内容，以模块为引领，以任务为驱动，以实现项目需求为最终目标，将知识和技能的学习融入其中，使学生可以边学习、边实践、边思考、边总结、边构建，增强同类问题的处理能力，让学生了解当代信息技术前沿的相关知识，激发探究兴趣，拓宽专业视野，在学习过程中，了解利用信息技术解决各类自然与社会问题的基本思想和方法，提升学生的信息素养和社会责任感。

本书的编写还参考了《全国计算机等级考试一级计算机基础及 WPS Office 应用考试大纲（2023 年版）》《全国计算机等级考试二级 WPS Office 高级应用与设计考试大纲（2023 年版）》，同时配套含最新真题的模拟考试软件及真题操作步骤的讲解视频，适合作为普通本科院校及高等职业教育专科公共基础课“信息技术”和“计算机应用基础”课程的教材，以及学习全国计算机等级考试一级计算机基础及 WPS Office 应用、参加全国计算机等级考试二级 WPS Office 考试的学习者备考之用。建议 60 课时左右，理论讲授课时和实验课时的比例可安排为 1∶1。

本书在编写过程中参考了大量相关文献，使用了相关素材，受益匪浅，特向其作者表示诚挚谢意。

本书由黑龙江农业工程职业学院卢彩虹、黑龙江职业学院朱丽华、黑龙江生态工程职业学院杨红任主编，黑龙江农业工程职业学院常红和王洪岩、黑龙江建筑职业技术学院王欢任副主编。具体编写分工如下：模块一由朱丽华编写，模块二由卢彩虹编写，模块三由杨红编写，模块四由常红编写，模块五由王欢编写，模块六由王洪岩编写。全书由卢彩虹和朱丽华统筹。

本书在策划和出版过程中，得到了清华大学出版社的大力支持，也得到了很多从事计算机教育、教学的同仁的关心与帮助，在此一并表示感谢。

由于编者水平有限，书中难免存在错误及不妥之处，恳请广大读者、专家提出宝贵意见，我们将不胜感激。

编 者

2024年6月

目 录

模块一　WPS Office 文档处理 ······ 1

任务 1-1　初识 WPS Office ······ 1
任务 1-2　WPS 文档的编辑 ······ 7
任务 1-3　制作表格 ······ 22
任务 1-4　插入图形和艺术字 ······ 29
任务 1-5　邮件合并与协同编辑文档 ······ 37
任务 1-6　页面设置与文档输出 ······ 41
项目 1　论文排版 ······ 45
项目 2　邀请函制作 ······ 50
模块小结 ······ 51
真题实训 ······ 51

模块二　WPS Office 表格处理 ······ 55

任务 2-1　初识 WPS 表格 ······ 55
任务 2-2　掌握单元格的基本操作 ······ 59
任务 2-3　管理工作表 ······ 84
任务 2-4　使用公式和函数 ······ 90
任务 2-5　数据管理 ······ 96
任务 2-6　制作图表 ······ 103
任务 2-7　制作数据透视表和数据透视图 ······ 107
任务 2-8　页面布局和打印输出 ······ 111
项目 1　年终绩效统计 ······ 116
项目 2　学生成绩分析与处理 ······ 119
模块小结 ······ 123
真题实训 ······ 123

模块三　WPS Office 演示文稿处理 ······ 126

任务 3-1　初识 WPS 演示文稿 ······ 126
任务 3-2　演示文稿和幻灯片基本操作 ······ 132
任务 3-3　添加幻灯片对象 ······ 136
任务 3-4　设计幻灯片 ······ 146
任务 3-5　设置幻灯片切换与动画 ······ 157
任务 3-6　放映与输出幻灯片 ······ 165

项目　WPS 设计大赛……172
模块小结……175
真题实训……175
模块四　信息检索……178
任务 4-1　认识信息检索……178
任务 4-2　使用搜索引擎检索信息……182
任务 4-3　使用知网检索信息……186
任务 4-4　检索就业与备考信息……189
项目 1　百度检索……192
项目 2　知网检索……193
项目 3　处理检索结果……194
模块小结……195
真题实训……195
模块五　新一代信息技术……197
任务 5-1　了解信息与信息技术……197
任务 5-2　了解云计算……199
任务 5-3　了解大数据……204
任务 5-4　了解物联网……209
任务 5-5　了解人工智能……214
任务 5-6　了解区块链……219
项目 1　云计算拓展……225
项目 2　大数据拓展……225
项目 3　物联网拓展……225
模块小结……225
真题实训……225
模块六　信息素养与社会责任……227
任务 6-1　了解信息素养……227
任务 6-2　了解信息技术的发展史……231
任务 6-3　了解信息安全……232
任务 6-4　了解社会责任……238
项目 1……240
项目 2……240
模块小结……240
真题实训……240
参考文献……242

模块一

WPS Office 文档处理

学习任务

（1）熟悉 WPS 的下载与安装。
（2）熟悉 WPS 文字的启动与退出。
（3）熟悉 WPS 文档处理软件的选项卡和功能。
（4）掌握文本格式和段落格式的设置。
（5）掌握图文混排的技巧。
（6）掌握页眉、页脚设置和样式的应用。
（7）掌握文档表格的处理和应用。
（8）掌握邮件合并应用。
（9）掌握页面设置和打印方法。

重点难点

（1）图片、艺术字、公式等插入方法和技巧。
（2）文档的各种常用编辑技巧。
（3）制作各种复杂表格的技巧，邮件合并的处理。
（4）文字、表格和图片的各种形式的混合排版。

任务 1-1　初识 WPS Office

1-1-1　WPS 简介

WPS Office 是由北京金山办公软件股份有限公司自主研发的一款办公软件套装，可以实现办公软件中最常用的文字、表格、演示文稿、PDF 阅读等多种功能。

WPS Office 文字（以下简称“WPS 文字”）是 WPS Office 的主要组件之一，用于对文本进行处理，WPS 文字界面如图 1-1 所示。

WPS 文字具有内存占用低、运行速度快、云功能多、强大插件平台支持、免费提供在线存储空间及文档模板的优点，支持阅读和输出 PDF 文件，支持 Windows、Linux、Android、iOS 等多个平台，支持桌面和移动办公。

1-1-2　WPS 的下载与安装

进入金山公司官方网站，根据所使用的操作系统选择相应版本，即可下载相应的 WPS 软件。根据教学需求，本书使用的 WPS 软件为教育考试专用版。下载得到一个可执行文件 W.P.S.10045.20.2871.exe，双击此文件启动安装程序，按照向导的提示即可完成安装。

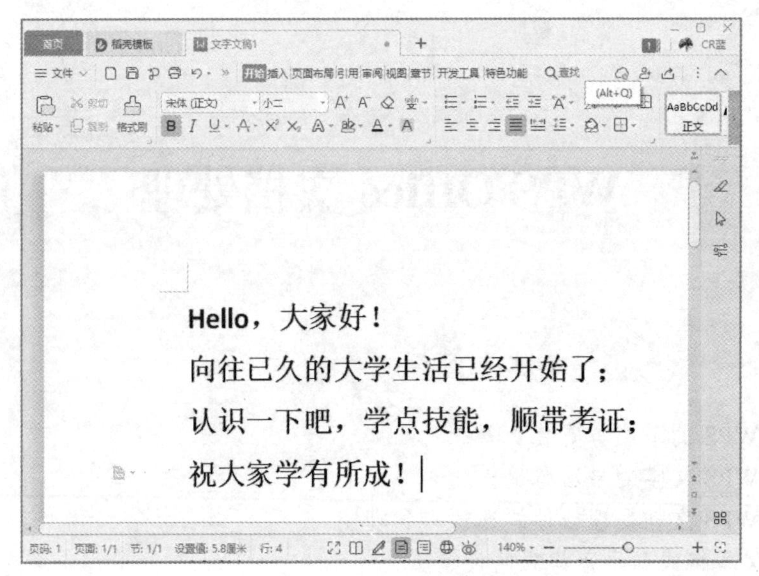

图 1-1　WPS 文字界面

1-1-3　WPS 文字的启动和退出

1. WPS 文字的启动

启动 WPS 文字的一般方法如下：

方法 1：依次点击任务栏上的“开始”按钮→“WPS Office”→“WPS Office××版”（此处为 WPS Office 教育考试专用版）菜单命令（Windows 11 系统下，打开“开始”菜单后还需要点击“所有应用”按钮），如图 1-2 所示。

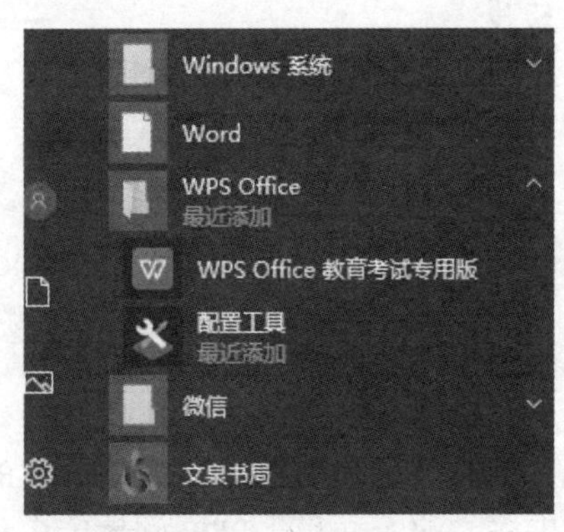

图 1-2　“开始”菜单命令

方法 2：双击桌面快捷方式图标。

方法 3：双击任意一个 WPS 文档。

方法 4：右击任务栏上的“开始”按钮，选择“运行”菜单命令，打开“运行”对话框，如图 1-3 所示，输入 WPS 程序所在完整路径。或点击“浏览”按钮，在打开的“浏览”对话框中找到文件并点击“打开”按钮，然后点击“确定”按钮启动。

2. WPS 文字的退出

退出 WPS 文字的一般方法为：点击该窗口右上角的“×”按钮。

3. 认识 WPS 文字工作窗口

WPS 文字工作窗口如图 1-4 所示。

图 1-3　“运行”对话框

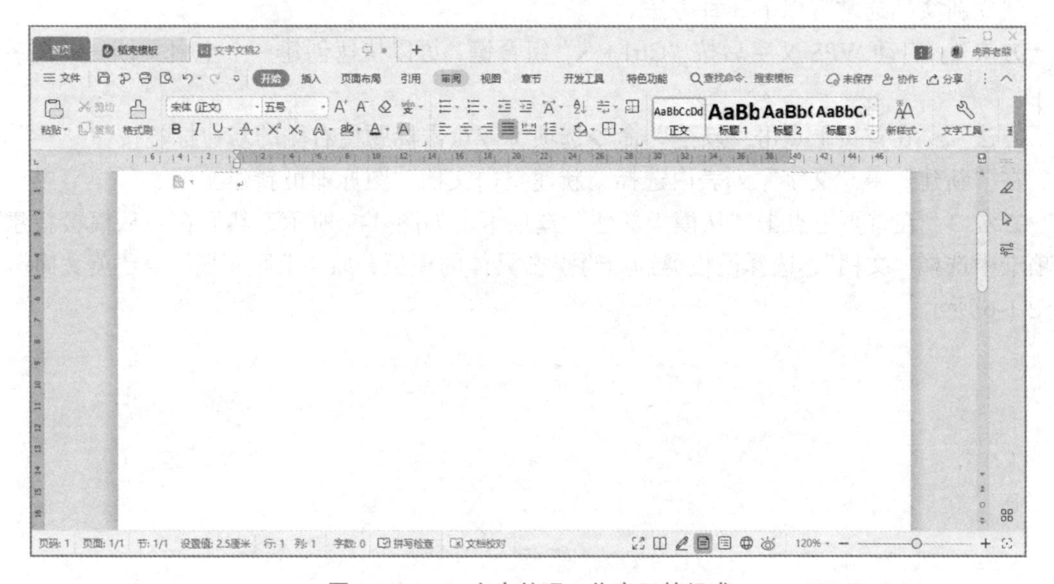

图 1-4　WPS 文字处理工作窗口的组成

其主要功能说明如下：

（1）文档标签：显示当前正在编辑的文档的名称，鼠标指向并悬停可显示路径。

（2）快速访问工具栏：快捷地执行常用的功能，如“保存”“输出为 PDF”“打印”“打印预览”“撤销”“恢复”等功能。

（3）“文件”菜单：列出了对文件或文档进行的基本操作，包括“新建”“打开”“保存”“另存为”“输出为 PDF”“打印”等。

（4）选项卡：提供各种常用的文档操作，包括“开始”“插入”“页面布局”“引用”“审阅”“视图”“批改服务”等 10 个功能选项。

（5）选项卡功能区：选中某选项卡，可以看到该选项卡对应的功能区，功能区按功能分为各功能组，功能组提供了对文档操作的功能按钮，可以方便地对文档进行快速操作或设置。如“开始”选项卡，包括“剪贴板”“字体”“段落”等功能组。

（6）任务窗口：可快速打开相应的任务操作窗口，如“样式和格式设置”“选择窗口”等。

（7）标尺：通过标尺可以选择不同制表符并设置制表符位置、调整页边距大小和设置不同段落缩进的具体位置。

（8）滚动条：用于快速定位到文档需要编辑的位置。

（9）定位与字数统计按钮：可对文档进行快速定位和字数统计。

（10）审阅快捷按钮：用于“拼写检查”“文档校对”设置。

（11）视图快捷按钮：用于更改当前文档的显示模式。

（12）显示比例按钮：用于调节当前文档的显示比例。

（13）文档编辑区域：用户可在此区域录入、修改或设置文档。

文本中闪烁的“|”称为插入点，表示当前输入文本所在的位置。输入文本前必须先指定插入点的位置，可以用鼠标或键盘来完成，具体见 1-2-1 节的介绍。WPS 2019 文字支持“即点即输”功能。

1-1-4 WPS 文档的创建、打开与保存

1. 文档的创建

建立新文档通常有以下 3 种方法。

方法 1：启动 WPS 文字后按“Ctrl + N”组合键，可以快速创建一个空白文档——文字文稿 1。

方法 2：在首页上点击“新建”命令选项（或点击标题栏右侧的新建标签按钮“+”），然后在“新建”→“文字”列表内选择“新建空白文档”图标即可新建文档。

方法 3：在首页上点击“从模板新建”选项卡，如图 1-5 所示，然后在“从模板新建”选项卡中选择“文档”，选择模板类别后再点击具体的模板，如“求职职场”→“英文简历”，如图 1-6 所示。

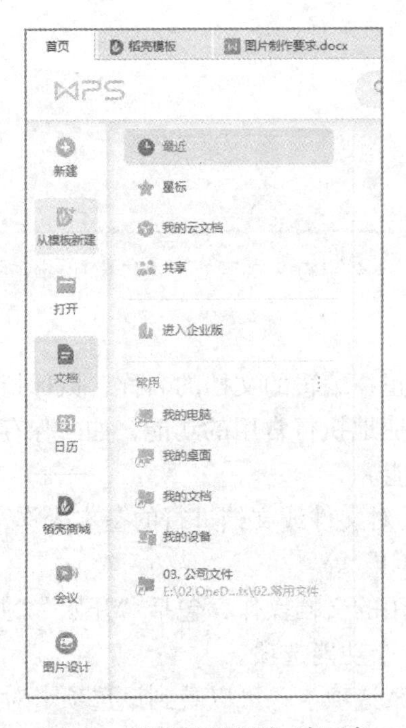

图 1-5 “从模板新建”选项卡

2. 文档的打开

如果需要打开一个已有文档，可以在 WPS Office 已启动的情况下，选择“文件”→“打开”菜单，或者点击“快速访问工具栏”中的“打开”命令按钮，或者按“Ctrl + O”组合键，弹出“打开文件”对话框，如图 1-7 所示，在对话框中选择需要打开的文件即可。

3. 文档的保存

1）保存新建文档

保存新建文档的操作步骤如下：

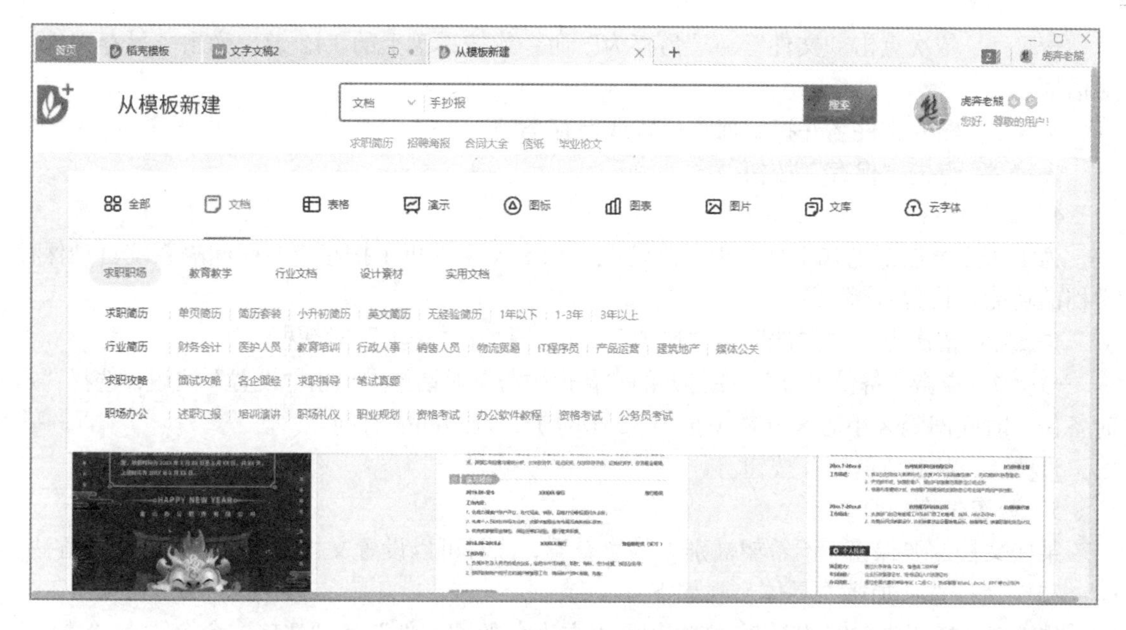

图 1-6　“文档”模板类别

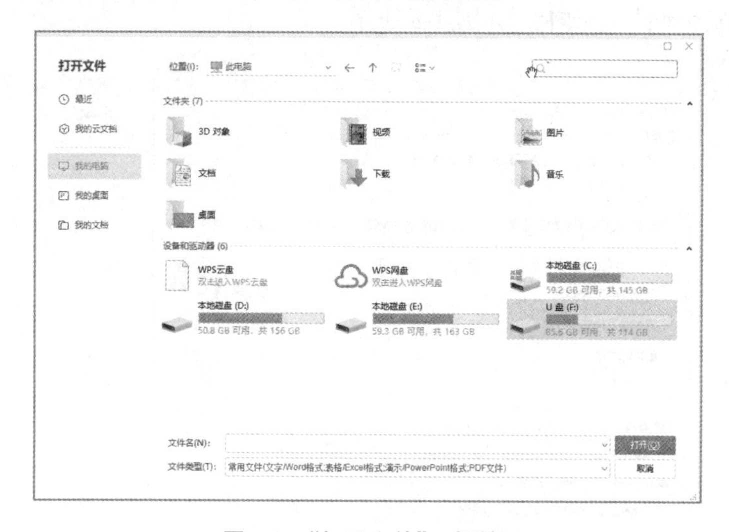

图 1-7　“打开文件”对话框

步骤 1：依次点击“文件”→“保存”命令或点击“快速访问工具栏”上的“保存”按钮，弹出“另存文件”对话框。

步骤 2：输入文件名。在“文件名”文本框中输入即可。

步骤 3：选择保存位置。点击“位置”列表框右侧的箭头，选择目标文件夹。

步骤 4：选择保存类型。在“保存类型”下拉列表中选择文件类型[默认类型为 WPS 文字文件（*.wps）]。

步骤 5：点击“保存”按钮。

2）以原名保存修改后的文档

依次点击“文件”→“保存”命令或点击“快速访问工具栏”上的“保存”按钮或按键盘上的“Ctrl + S”组合键即可实现。

3）另存文件

无论是否进行过修改操作，若想更换文件名、保存位置或保存类型，并将原来的文件留作备份，则进行以下操作步骤：

步骤 1：依次点击“文件”→“另存为”命令或按键盘上的 F12 键，弹出“另存文件”对话框。

步骤 2：输入文件名并指定保存位置或保存类型。

步骤 3：点击“保存”按钮。

4）自动保存

为了防止突然断电或出现其他意外情况，WPS 文字提供了按指定时间间隔系统自动保存文档的功能。设置步骤如下：

步骤 1：依次点击“文件”→“选项”命令，打开“选项”对话框。

步骤 2：点击“备份中心”，在打开的“备份中心”对话框中点击“设置”按钮，选择“定时备份，时间间隔×小时×分钟（小于 12 小时）”，调整间隔时间。

步骤 3：点击“返回”按钮。

5）加密保存

某些文档需要保密，不希望被别人随意查看，此时可以设置文档加密。有以下两种方法：

（1）文件选项加密，具体步骤如下：

步骤 1：打开要加密的 WPS 文档，点击左上角的“文件”→“选项”命令，在“选项”对话框中点击“安全性”选项卡，如图 1-8 所示。

图 1-8 “选项”对话框

步骤 2：在中间窗格的“密码保护”区域“打开文件密码”加密框中输入密码，再次输入相同的密码后，点击“确定”按钮。

（2）另存文件加密，具体步骤如下：

步骤 1：打开要加密的 WPS 文档，依次点击“文件”→“另存为”命令，弹出“另存文件”对话框，点击选择“我的电脑”。

步骤 2：在下面点击“加密”按钮，弹出“密码加密”对话框，在“打开文件密码”加密框中输入要设置的密码，再次输入相同的密码后，点击“应用”按钮，如图 1-9 所示。

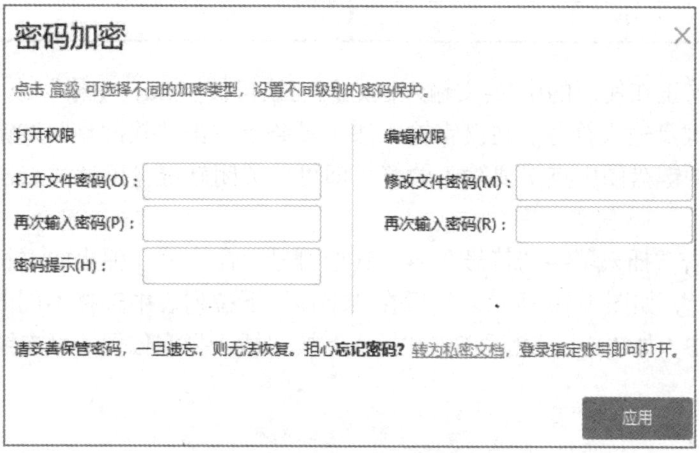

图 1-9　“密码加密”对话框

步骤 3：最后点击“保存”按钮，即可为文档设置密码。

任务 1-2　WPS 文档的编辑

1-2-1　掌握文本的基本编辑方法

1. 输入文档内容

1）选用合适的输入法

输入法可以通过按“Ctrl + Shift”组合键循环切换。

2）定位“插入点”

输入、修改文本前首先要指定文本对象输入的位置，可以通过鼠标和键盘来进行定位。

（1）鼠标定位。通过滚动条浏览，移动鼠标指针至目标位置后点击。

（2）键盘定位。使用键盘上的按键或组合键定位插入点“|”，常见操作见表 1-1。

表 1-1　光标移动键或组合键的作用

按（组合）键	定位单位	按（组合）键	定位单位
Page Up	上移一页	Ctrl + ↑	上移一段
Page Down	下移一页	Ctrl + ↓	下移一段
Home	移到行首	Ctrl + Home	移到文首
End	移到行尾	Ctrl + End	移到文尾

3）输入文本内容

自然段内系统自动换行，自然段结束按 Enter 键完成手动换行，同时显示段落符号“↵”。

4）插入符号和特殊符号

（1）利用键盘输入中文标点符号。常见中文标点符号的对应键见表 1-2。

表 1-2　常见中文标点符号的对应键

标点符号	对应键	标点符号	对应键
、	\	·	@
——	_	……	^
《	<	》	>

注意：在当前正在使用的中/英文输入法之间切换可按“Ctrl+空格”或 Shift 键进行。

（2）利用软键盘输入符号。在汉字输入法工具条上右击“软键盘”按钮，选用相应的符号选项，在弹出的键盘图中点击要输入的符号即可。关闭软键盘可通过点击“软键盘”按钮完成。

（3）依次点击“插入”→“符号”→“其他符号”命令，在弹出的“符号”对话框中选择“符号”选项卡，如图 1-10 所示。然后在“字体”下拉列表中选择不同的符号集，找到要输入的符号后选中，如“☆”，最后点击“插入”按钮插入指定位置（可连续插入多个符号）。

图 1-10　“符号”对话框

2. 选定文本内容

文本编辑及格式化工作遵循“先选择、后操作”的原则，只有准确地选择好操作对象，才能进行正确的文本编辑。

选定文本内容一般有鼠标法和键盘法 2 种方法。

1）鼠标法选择文本

鼠标在不同的区域操作时，选择的文本单位也不相同，详情见表 1-3。

表 1-3　鼠标操作和对应的选择对象单位

正文编辑区	选择文本单位	文本选定区	选择文本单位
双击	一词	点击	一行
三击	一段	双击	一段
Ctrl + 句中点击	一句	三击	全文
Alt+拖动	矩形区域	拖动	连续文本行

注意：鼠标在正文编辑区的形状为“I”，鼠标在文本选定区的形状为“↗”。

2）键盘法定位选择文本

（1）用 Shift + ←、→、↑、↓键，可以从插入点位置开始选择任意连续区域的文本。

（2）按“Ctrl + A”组合键，可以选中整篇文档。

3. 设置文本输入状态

默认文本输入状态为“插入”模式，此时可以在文档中插入字符；而要在文档中修改字符时，则应处于“改写”状态，此时为“覆盖模式”；若要在文档中显示修改的痕迹，应处于“修订”状态。

（1）“插入”状态：输入的文本将插入当前插入点处，插入点后面的字符顺序后移。

（2）“改写”状态：输入的文本将替换插入点后的字符，其余字符位置不变。

（3）“修订”状态，输入的文本与“插入”状态相同，但它可以显示修改的痕迹。

（4）状态的切换：右击状态栏空白处，在弹出的组合菜单中选择“改写”或“修订”，可更换为相应状态。若不选择“改写”或“修订”，则为默认的“插入”状态。

4. 删除文本

删除文本可用键盘、鼠标和菜单命令完成。常用的文本删除方法见表1-4。

表1-4 常用的文本删除方法

按（组合）键	删除文本单位	对应操作
Delete	插入点后一字符	按Delete键
BackSpace	插入点前一字符	按BackSpace键
Ctrl + Delete	插入点后一词语	按“Ctrl + Delete”组合键
Ctrl + BackSpace	插入点前一词语	按“Ctrl + BackSpace”组合键

也可在选定文本后，点击“开始”→“剪切”按钮来删除选定文本。

5. 移动或复制文本

1）文件内文本的移动或复制

（1）用鼠标拖动，一般用于近距离文本的移动或复制。

①移动文本：选择要移动的文本，直接拖动鼠标到目标位置释放即可。

②复制文本：选择要复制的文本，按住Ctrl键，同时拖动鼠标到目标位置释放即可。

（2）用键盘操作，一般用于远距离文本的移动或复制。

①移动文本：选择要移动的文本，按“Ctrl + X”组合键，将移动文本剪切到剪贴板中，定位插入点于目标位置，按“Ctrl + V”组合键将文本从剪贴板中粘贴到指定位置。

②复制文本：选择要复制的文本，按“Ctrl + C”组合键，定位插入点于目标位置，按“Ctrl + V”组合键完成文本的复制。

（3）用菜单命令。

①移动文本：选择要移动的文本，依次点击“开始”→“剪切”按钮，定位插入点于目标位置，再依次点击“开始”→“粘贴”按钮完成。

②复制文本：选择要复制的文本，依次点击“开始”→“复制”按钮，定位插入点于目标位置，再依次点击“开始”→“粘贴”按钮完成。

2）文件间文本的移动或复制

用键盘或菜单命令操作。步骤同上，注意源文件和目标文件的插入点定位切换。

6. 查找和替换文本

在文档的编辑过程中经常需要进行单词或词语的查找和替换操作，WPS文字提供了强大的查找和替换功能。

1）查找

步骤1：依次点击“开始”→“编辑”→“查找替换”按钮（或按“Ctrl + F”组合键），弹出“查找和替换”对话框。

步骤2：在“查找”选项卡（图1-11）的“查找内容”文本框中输入要查找的文本内容，按 Enter 键或点击“查找下一处”按钮，就可以查找到插入点之后第一个与输入文本内容相匹配的文本。

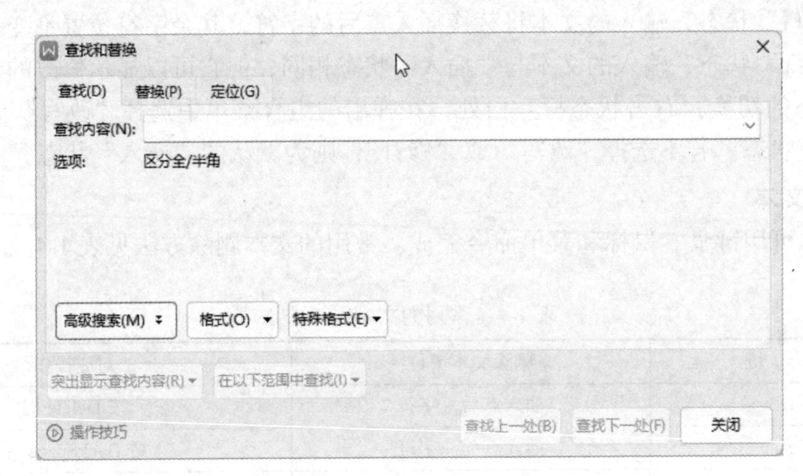

图1-11 “查找”选项卡

步骤3：连续点击“查找下一处”按钮，可以进行多处匹配的文本内容的查找。

步骤4：所有相匹配的文本查找完毕后，会弹出“WPS文字”提示框，显示查找结果。

2）替换

步骤1：依次点击“开始”→“编辑”→“查找替换”按钮（或按“Ctrl + H”组合键），弹出“查找和替换”对话框。

步骤2：在“替换”选项卡（图1-12）的“查找内容”文本框中输入要查找的文本内容，在“替换为”文本框中输入替换内容。

步骤3：依次点击“查找下一处”按钮，找到要替换的文本后，点击“替换”按钮，可以进行有选择性的替换，点击“全部替换”按钮，可以一次性完成替换。

3）高级搜索

除了可以查找、替换普通字符外，还可以查找、替换某些特定的格式或特殊符号，这时需要点击“高级搜索”按钮来扩展“查找和替换”对话框，如图1-13所示。

（1）“搜索”下拉列表：用于选择查找和替换的方向。以当前插入点为起点，“向上”“向下”或者“全部”搜索文档内容。

（2）“区分大小写”复选框：勾选后，查找和替换时区分字母的大小写。

（3）“全字匹配”复选框：勾选后，单词或词组必须完全相同，部分相同不执行查找和替换操作。

（4）“使用通配符”复选框：勾选后，单词或词组部分相同也可以进行查找和替换操作。

（5）“区分全/半角”复选框：勾选后，查找和替换时区分全/半角。

（6）“格式”按钮：可以根据文本的字体、段落和样式等排版格式进行查找和替换。

（7）“特殊格式”按钮：查找和替换的对象是特殊字符，如段落标记、制表符、手动换行符等。

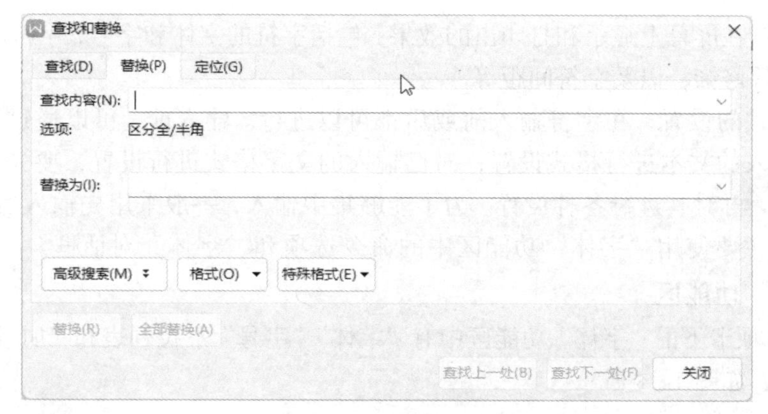

图 1-12 “替换”选项卡

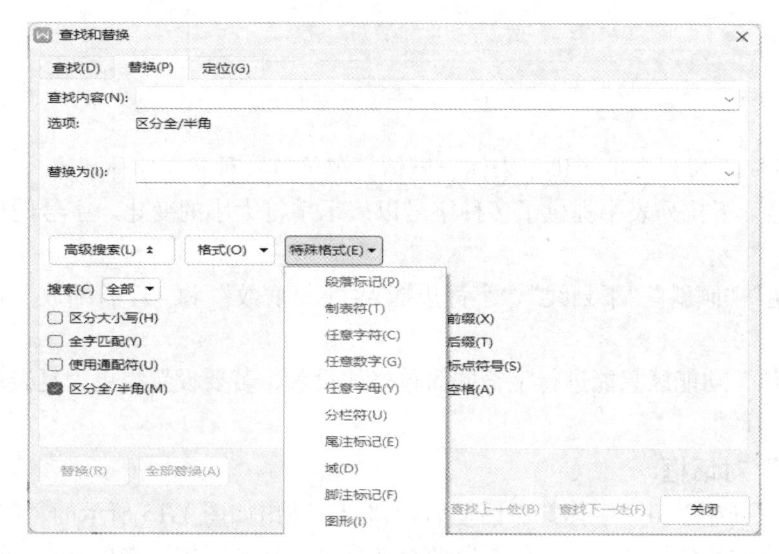

图 1-13 “高级搜索”选项

7. 撤销、恢复文本

如果在文档编辑过程中操作有误或存在冗余操作，想撤销本次错误操作或之前的冗余操作，则可以使用 WPS 文字的撤销功能。

1）撤销操作

（1）点击快速访问工具栏上的“撤销”按钮（或按“Ctrl + Z”组合键），可以撤销之前的一次操作；多次执行该命令可以依次撤销之前的多次操作。

（2）点击快速访问工具栏上的“撤销”按钮右边的下拉按钮，可以撤销指定某次操作之前的多次操作。

2）恢复撤销操作

如果撤销过多，需要恢复部分操作，可以使用恢复功能完成。

（1）点击快速访问工具栏上的“恢复”按钮（或按“Ctrl + Y”组合键），可以恢复之前的一次撤销操作；多次执行该命令可以依次恢复之前的多次撤销操作。

（2）点击快速访问工具栏上的“恢复”按钮右边的下拉按钮，可以一次恢复指定某次撤销操作前的多次撤销操作。

1-2-2　设置字符格式

字符指文本中汉字、字母、标点符号、数字、运算符号以及某些特殊符号。字符格式的设置决定了字符在屏幕上显示和打印出的效果，包括字符的字体和字号，字符的粗体、斜体、空心和下划线等修饰，以及字符间距等。

对字符格式的设置，在字符输入前或后都可以进行。输入前，可以通过选择新的格式定义对将要输入的文本进行格式设置；对已输入的文字格式进行设置，要先选定需设置格式的文本范围，再对其进行各种设置。为了能够集中输入，一般采用先输入后设置的方法。设置字符格式主要使用“字体”功能区中的命令选项和“字体”对话框。

1.“字体”功能区

“开始”选项卡下的“字体”功能区中有“字体”“字号”下拉列表和“加粗”“倾斜”“下划线”等按钮，如图 1-14 所示。

图 1-14 “字体”功能区

（1）“字体”下拉列表中提供了宋体、楷体、黑体等各种常用字体。

（2）“字号”下拉列表中提供了多种字号以表示字符大小的变化。字号的单位有字号和磅 2 种。

（3）“加粗”“倾斜”“下划线”“字符边框”“字符底纹”和“字符缩放”提供了对字形的几种修饰。

使用“字体”功能区只能进行字符的简单格式设置，若要设置得更为复杂多样，就应当使用“字体”对话框。

2.“字体”对话框

依次点击“开始”→“字体”对话框启动器，弹出如图 1-15 所示的“字体”对话框。对话框中有“字体”和“字符间距”两个选项卡。在“字体”选项卡中，可以：

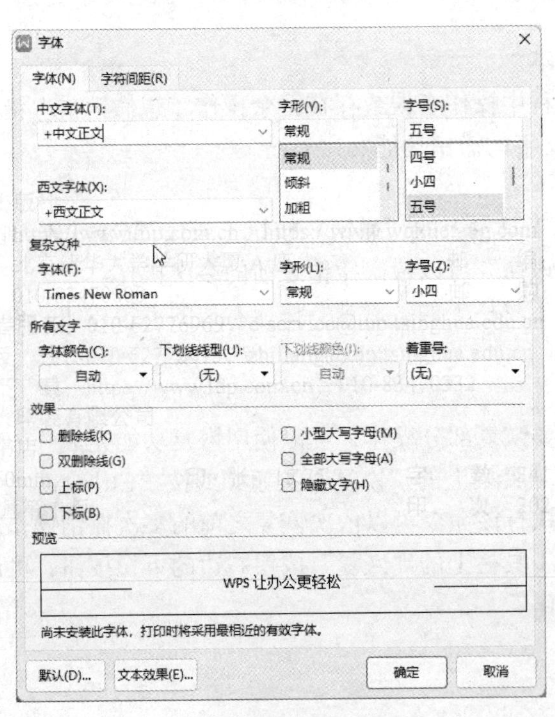

图 1-15 “字体”对话框

（1）设置字体（如“思索”）、字号和字符的颜色。

（2）设置加粗（如“**心怀大志**”）、倾斜（如“*冒险*”）、加下划线（如“如履薄冰”）。

（3）加删除线（如“~~改过自新~~”）、双删除线（如“~~删繁就简~~”）、上标（如 X^2）和下标（如 H_2）。

（4）设置小型大写字母（如 rNk）、全部大写字母（如 THINK）、隐藏文字等。

（5）在“字体颜色”下拉列表中可以从多种颜色中选择一种颜色；通过“下划线线型”下拉列表，可以选择所需要的下划线样式（如单线、粗线、双线、虚线、波浪线等类型）。

（6）操作效果在对话框下方的“预览”框内显示。

在“字符间距”选项卡（图 1-16）中，可以设置字符间的缩放比例、水平间距和字符间的垂直位置，使字符更具有可读性或产生特殊的效果。WPS 文字提供了标准、加宽和紧缩 3 种字符间距供选择，还提供了标准、上升和降低 3 种位置供选择。

点击“文本效果”按钮，弹出“设置文本效果格式”对话框，如图 1-17 所示，可以在对话框中设置字符的填充、边框、阴影等显示效果。

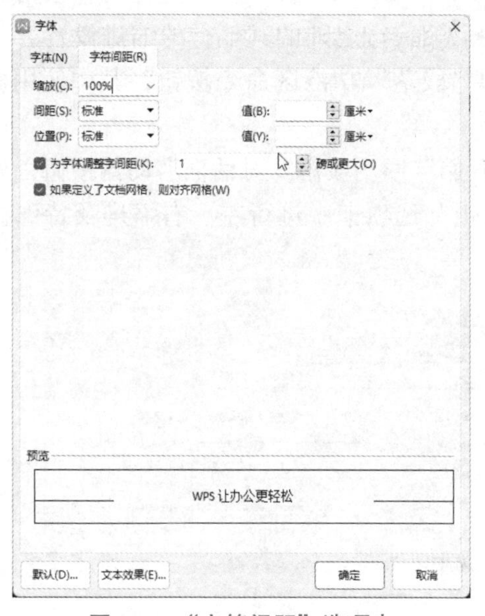

图 1-16 “字符间距”选项卡

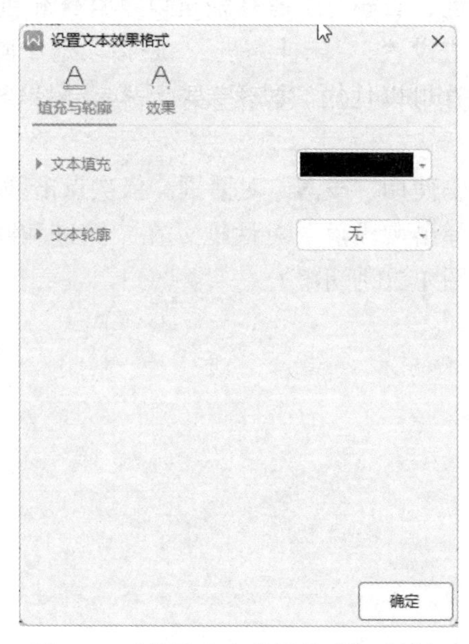

图 1-17 “设置文本效果格式”对话框

3. 格式刷

利用“开始”选项卡上“剪贴板”功能区中的“格式刷”按钮，可以复制字符格式。操作步骤如下：

步骤 1：选定需要复制字符格式的文本。

步骤 2：点击或双击“剪贴板”功能区中的“格式刷”按钮。

步骤 3：用刷子形状的鼠标指针在需要设置新格式的文本处拖过，该文本即被设置成新的格式。

注意：点击“格式刷”按钮可以复制格式一次，双击“格式刷”按钮可以连续复制多次，但结束时应再点击一次“格式刷”按钮或按 ESC 键，表示结束格式复制操作。

4. 特殊字符效果

通过“开始”→“段落”→“中文版式”列表的“双行合一”、“合并字符”（最多 6 个字），以及“开始”→“字体”→“其他选项”列表的“拼音指南”、“带圈字符”等命令，可以设置如图 1-18 所示的效果。

图 1-18　特殊字符效果

1-2-3　设置段落格式

段落的格式主要包括段落的对齐方式、段落的缩进（左/右缩进、首行缩进）、行间距与段间距、段落的修饰等操作。设置段落格式时，不用选定整个段落，只需要将插入点移至该段落内即可。如果同时对多个连续段落进行设置，那么在设置之前必须先选定。

进行段落格式化主要通过“段落”功能区中的命令按钮、“段落”对话框和标尺实现。

1. 设置段落缩进格式

所谓段落缩进，是指段落中的文本内容相对页边界缩进一定的距离。段落的缩进方式分为左缩进、右缩进、悬挂缩进以及首行缩进等。所谓“首行缩进”，是指对本段落的第一行进行缩进设置；“悬挂缩进”，是指段落中除了第一行之外的其他行的缩进设置。设置段落缩进位置可以使用“段落”对话框、标尺和“段落”功能区命令按钮，其中使用标尺最为便捷。

（1）使用“段落”对话框。依次点击“开始”→“段落”对话框启动器按钮，如图 1-19 所示，弹出“段落”对话框，在“缩进和间距”选项卡中进行左、右缩进及特殊格式的设置，如图 1-20 所示。

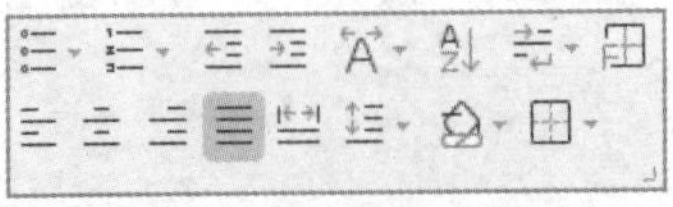

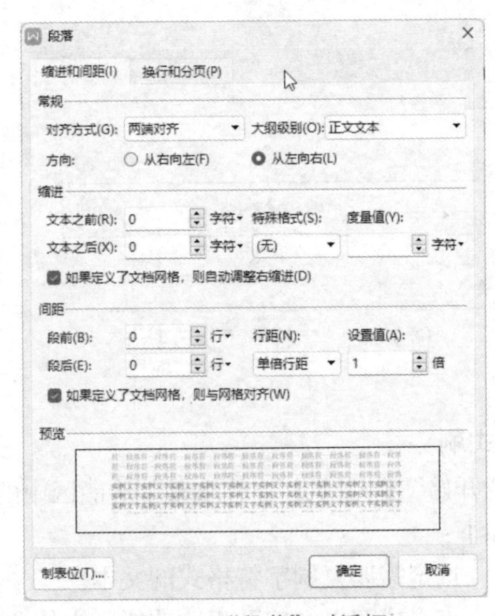

图 1-19　“段落”功能区

图 1-20　“段落”对话框

（2）使用标尺。标尺位于正文区的上方，由刻度标记、左和右缩进标记、悬挂缩进标记和首行缩进标记组成，用来标记水平缩进位置和页面边界等。用鼠标在标尺上拖动左、右缩进标记或首行缩进标记以确定其位置。

（3）使用“段落”功能区。点击“段落”功能区中的“减少缩进量”按钮或“增加缩进量”按钮，可使插入点所在段落的左边整体减少或增加缩进一个默认的制表位。默认的制表位一般是 0.5 英寸（1 英寸=2.54 厘米）。

2. 设置段落对齐方式

在编辑文本时，出于某种需要，有时希望某些段落的内容在行内居中、左端对齐、右端对齐、分散对齐或两端对齐。所谓“两端对齐”，是指使段落内容同时按左右缩进对齐，但段落的最后一行左对齐；所谓“分散对齐”，是指使行内字符左右对齐、均匀分散，这种格式使用较少。

设置段落对齐方式常用“段落”对话框或“段落”功能区中的命令按钮。

（1）使用“段落”对话框。打开“段落”对话框，在“缩进和间距”选项卡的“对齐方式”下拉列表中选择段落的对齐方式。

（2）使用“段落”功能区。用鼠标点击“段落”功能区中的“左对齐”按钮、“居中对齐”按钮、“右对齐”按钮、“两端对齐”按钮或“分散对齐”按钮，设置段落的对齐方式。

3. 设置段落间距和段落内行间距

段落间距是指相邻段落间的间隔。段落间距设置通过点击“开始”→“段落”对话框启动器，在弹出的“段落”对话框“缩进和间距”选项卡的“间距”区域进行。它有段前、段后、行距 3 个选项，用于设置段落前、后间距以及段落中的行间距。行距有单倍行距、1.5 倍行距、2 倍行距、最小值、固定值、多倍行距等多种。选择最小值、固定值、多倍行距后，还要在“设置值”文本框中确定具体值。

4. 设置段落修饰

段落修饰设置是指给选定段落加上各种各样的框线和（或）底纹，以达到美化版面的目的。设置段落修饰可以使用“段落”功能区中的“底纹”和“边框”进行简单设置，还可以通过依次点击“开始”→“段落”→“边框”下拉列表中的“边框和底纹”命令，在弹出的“边框和底纹”对话框中完成，如图 1-21 所示。其中，在“边框”选项卡中设置段落边框类型（无边框、方框和自定义边框）、边框线型、颜色和宽度，文字与边框的间距选项，边框的应用对象等；在“底纹”选项卡中设置底纹的类型及前景、背景颜色。

5. 设置段落首字下沉

段落的首字下沉，可以使段落第一个字放大数倍，以增强文章的可读性，突出显示段首或篇首位置。设置段落首字下沉的方法是：将插入点定位于指定段落位置，依次点击“插入”→“文本”→“首字下沉”按钮，在弹出的“首字下沉”对话框的“位置”框中选择“下沉”，如图 1-22 所示。

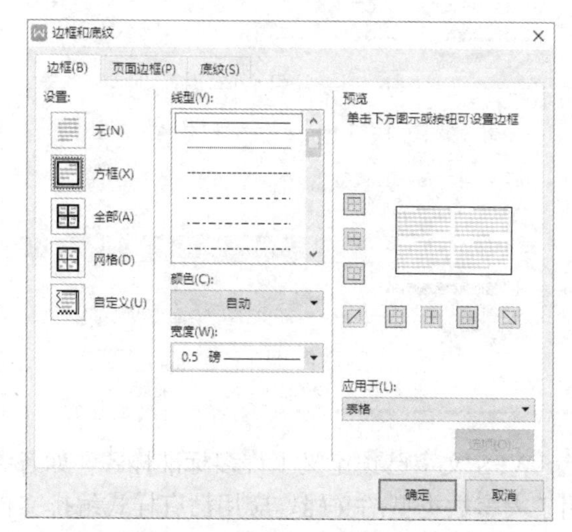

图 1-21　“边框和底纹”对话框

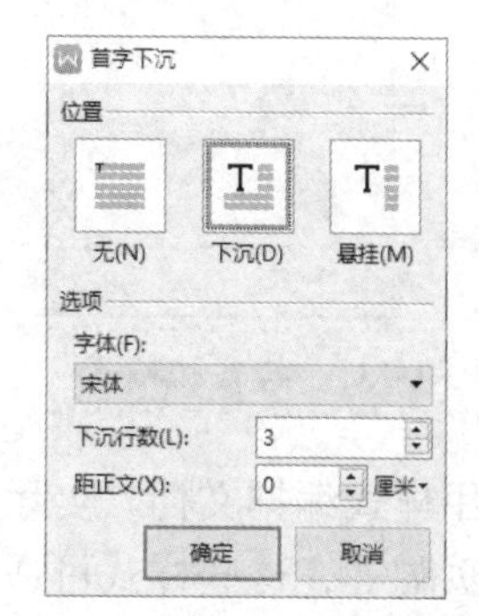

图 1-22　“首字下沉”对话框

（1）选择“无”：不进行首字下沉，若该段落已设置首字下沉，则可以取消下沉功能。

（2）选择“下沉”：首字后的文字围绕在首字的右下方。

（3）选择“悬挂”：首字下面不排放文字。

6. 样式

（1）样式的概念。样式是一组已命名的字符和段落格式的组合。样式是 WPS 文字的强大功能之一，通过使用样式可以在文档中对字符、段落和版面等进行规范、快速的设置。当定义一个样式后，只要把这个样式应用到其他段落或字符，就可以使这些段落或字符具有相同的格式。

WPS 文字不仅能定义和使用样式，还能查找某一指定样式出现的位置，或对已有的样式进行修改，也可以在已有的样式基础上建立新的样式。

使用样式的优越性主要体现在：

①保证文档中段落和字符格式的规范。修改样式即自动改变了引用该样式的段落、字符的格式。

②使用方便、快捷。只要从样式列表框中选定一个样式，即可对选定段落、字符进行格式设置。

（2）样式的建立。依次点击“开始”→“样式和格式”命令按钮，在“样式和格式”窗格（图 1-23）中点击“新样式”按钮，弹出“新建样式”对话框，如图 1-24 所示。先在“名称”文本框中输入样式的名称，然后设置所建样式的类型、基准样式等，再通过点击“格式”按钮选择对应的格式菜单项，可以对所建立的样式进行字体、段落等格式设置。样式建立后，点击“确定”按钮进行应用并退出。

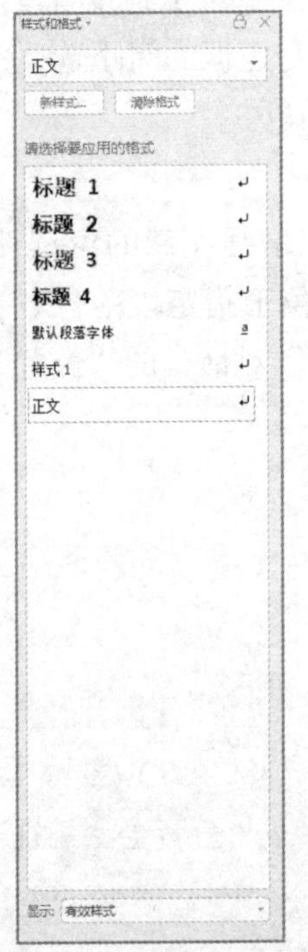

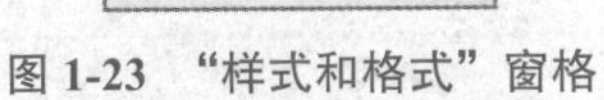
图 1-23 “样式和格式”窗格

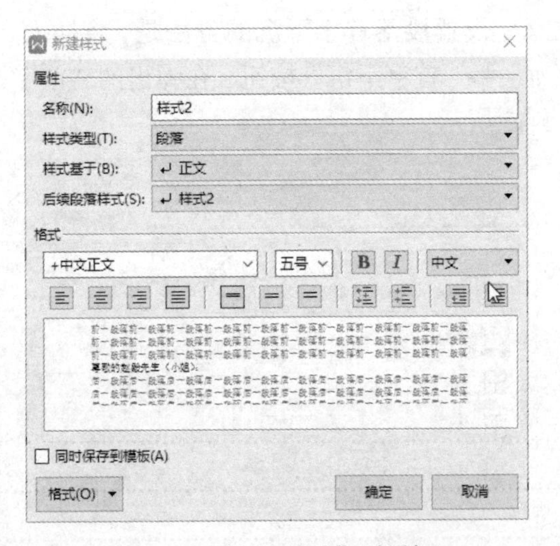

图 1-24 “新建样式”对话框

（3）应用样式编排文档。实际上，WPS 文字已预定义了许多标准样式，如各级标题、正文、页眉、页脚等，这些样式可适用于大多数类型的文档。应用已有样式编排文档时，首先选定段落或字符，然后在“样式”功能区（图 1-25）上的“样式”下拉列表中选择所需要的样式，选定段落或字符便按照该样式格式来编排。当然，也可以先选定样式，再输入文字。

图 1-25　“样式”功能区

（4）样式的修改。应用样式之后，如果某些格式需要修改，则不必分别设置每一段文字的格式，只需修改其所引用的样式即可。样式修改完成后，所有使用该样式的文字格式都会做相应的修改。

修改样式的方法是：在“样式和格式”窗格中找到要修改的样式，点击其右侧下拉按钮，选择“修改”命令。或在“样式”功能区中右击相应样式，选择“修改样式”命令，然后在弹出的“修改样式”对话框中点击“格式”按钮，在各选项的级联菜单中对该样式的各种格式进行修改。

7. 模板及其应用

模板是一种特殊的 WPS 文档（*.dotx）或者启用宏的模板（*.dotm），它提供了制作最终文档外观的基本工具和文本，是多种不同样式的集合体。

WPS 针对不同的使用情况，预先提供了丰富的模板文件，使得在大部分情况下，不需要对所要处理的文档进行格式化，直接套用后录入相应文字，即可得到比较专业的效果。例如，发传真、新闻稿、报表、简历、报告和信函等，如果需要新的文章格式，也可以通过创建一个新的模板或修改一个旧模板来实现。

①利用模板建立新文档。WPS 文字中内置了多种文档模板，使用模板创建文档的步骤是：依次点击“首页”→“新建”命令，在“品类专区”选择类别（求职简历、人事行政、法律合同、平面设计等），如图 1-26 所示，在出现的模板列表中选择所需的模板，再点击“免费使用”或“立即购买”即可修改、编辑。

图 1-26　WPS 文字的推荐模板

②新模板文件的制作。所有的 WPS 文档都是基于模板建立的，WPS 文字为用户提供了许多精心设计的模板，但对于一些特殊的需求格式，可以根据自己的实际工作需要制作一些特定的模板。例如，简历、试卷、文件等的模板。用户可以将自定义的 WPS 模板保存在“我的模板”文件夹（C:\Users\×××\AppData\Roaming\kingsoft\office6\templates\wps\zh_CN）中，以便随时使用。以 Windows 11 系统为例，在 WPS 文字中新建模板的方法如下：

方法 1：修改已有的模板或文档建立新的模板文件。

用已有的模板或文档制作新模板是一种最简便的制作模板的方法。其操作要领是：

（1）打开一个要作为新模板基础的模板或文档。编辑修改其中的元素格式，例如文本、图片、表格、样式等。通过“文件”→“另存为”命令，在“另存文件”对话框中选择存储的“保存位置”为“我的模板”文件夹。

（2）点击“文件类型”下拉按钮，并在下拉列表中选择“Microsoft Word文件（*.docx）”选项。在“文件名”文本框中输入模板名称，并点击“保存”按钮即可，如图 1-27 所示。

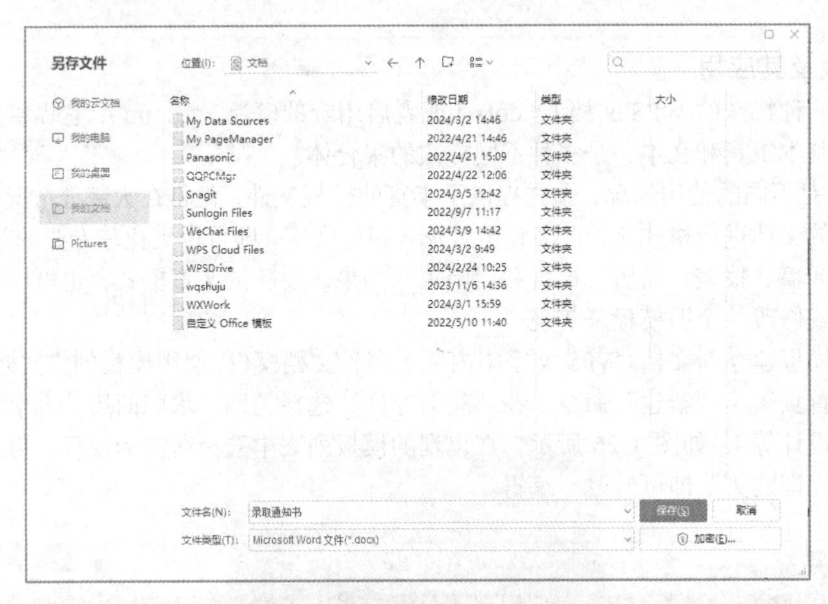

图 1-27　修改已有的模板制作新模板

（3）依次点击“文件”→“本机上的模板”命令，在“模板”对话框中选择“常规”选项卡。在模板列表可以看到新建的自定义模板，如图 1-28 所示。选中该模板并点击“确定”按钮，即可新建一个文档。

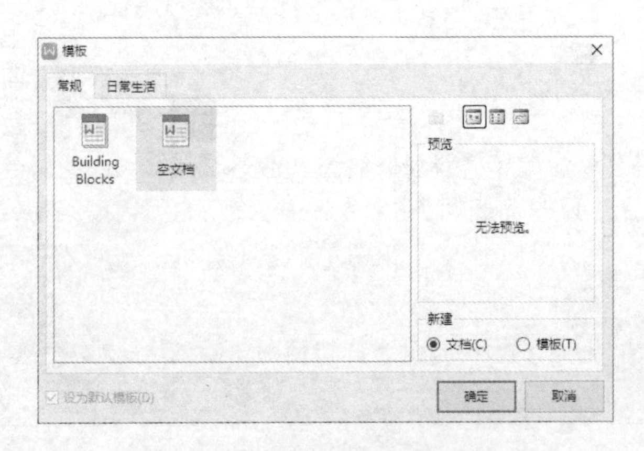

图 1-28　创建个人新模板

方法 2：创建新模板。

当文档的格式与已有的模板和文档的格式差异过大时，可以直接创建模板。模板的制作方法与一般文档的制作方法完全相同。依次点击“文件”→“本机上的模板”命令，在“模板”对话框中选择“常规”选项卡，在模板列表中选择“空文档”图标，在“新建”区域选择模板，点击“确定”按钮，即可新建模板文档。

设计好格式和样式后依次点击“文件”→“另存为”命令，在弹出的“另存文件”对话框中设置保存位置、文件名和保存类型（WPS 模板）即可完成。

1-2-4　设置页面格式

页面格式主要包括页中分栏、插入页眉和页脚、页面边框和背景设置等，用以美化页面外观。页面格式将直接影响文档的最后打印效果，主要涉及“页面布局”选项卡和“插入”选项卡。“页面布局”选项卡的主要功能区有“编辑主题”“页面设置”“页面背景”“稿纸设置”和“排列”等，如图 1-29 所示。也可以打开“页面设置”对话框进行页面格式设置。

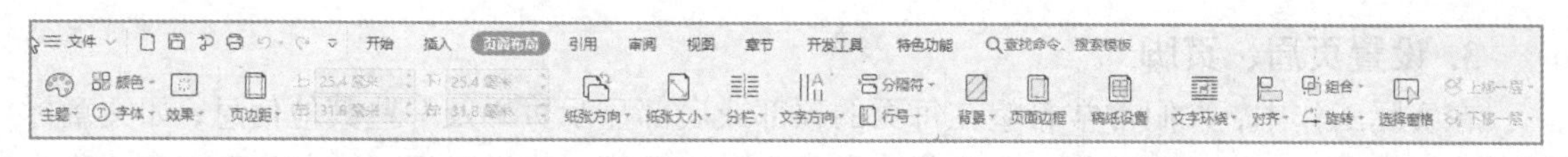

图 1-29　“页面布局”选项卡

1. 设置分栏

所谓多栏文本，是指在一个页面上，文本被安排为自左至右并排排列的续栏形式。选中需分栏的文本，依次点击“页面布局”→“页面设置”→“分栏”命令按钮，在下拉列表中选择“更多分栏”命令，在弹出的“分栏”对话框中设置栏数、各栏的宽度及间距、分隔线等，如图 1-30 所示。

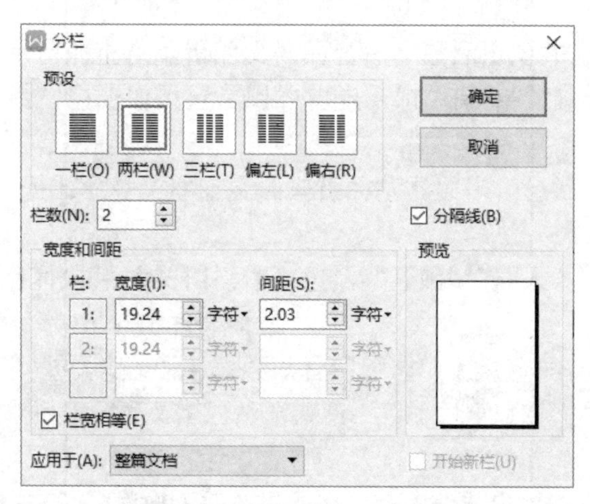

图 1-30　“分栏”对话框

也可以使用“分栏”预设列表中的快速设置按钮进行 1～3 栏的分栏设置。

2. 设置页面边框和底纹

页面设置方法与设置段落边框和底纹相似，在“页面布局”选项卡中的“页面背景”功能区点击“页面边框”按钮，弹出“边框和底纹”对话框的“页面边框”选项卡（图 1-31），注意多了“艺术型”下拉列表，应用范围为“整篇文档”。

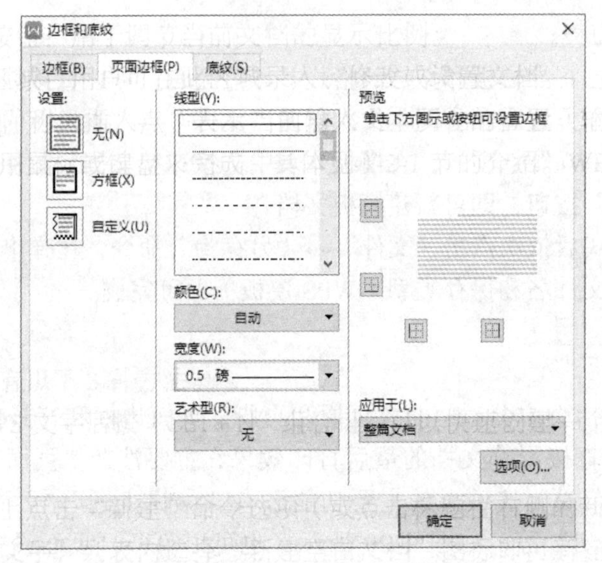

图 1-31 “边框和底纹”对话框的“页面边框”选项卡

3. 设置页眉、页脚

在实际工作中，人们常常希望在每页的顶部或底部显示页码及一些其他信息，如文章标题、作者姓名、日期或某些标志。这些信息若在页面顶部，称为页眉；若在页面底部，称为页脚。可以从库中快速添加页眉或页脚，也可以添加自定义页眉或页脚。设置页眉和页脚可以在“插入”选项卡上的“页眉和页脚”功能区中，点击“页眉和页脚”按钮，选择要添加到文档中的页眉或页脚类型，并显示一个虚线页眉或页脚区来实现。如图 1-32 所示，可以在其中插入页码、页眉横线、日期和时间，甚至插入图片和域。设置页眉或页脚后，再点击“页眉和页脚”选项卡上的“关闭”区按钮，可以返回正文。

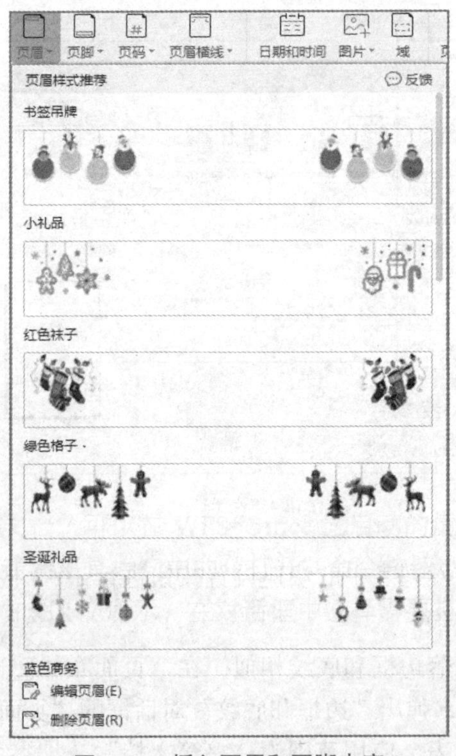

图 1-32 插入页眉和页脚内容

1）设置页眉和页脚的位置

“页眉和页脚”选项卡包括“页眉和页脚”“插入”“导航”“选项”“位置”功能区和“关闭”按钮（图 1-33）。其中的“导航”功能区用以切换页眉页脚（初始为页眉项）；“显示前一项”或“显示后一项”按钮用以显示前面或后面页的页眉（脚）内容。

若要将信息放置到页面中间或右侧，先点击“页眉和页脚”选项卡的“选项”功能区中的“插入对齐制表位”按钮，在弹出的“对齐制表位”对话框中点击“居中”或“右对齐”，再点击“确定”按钮。

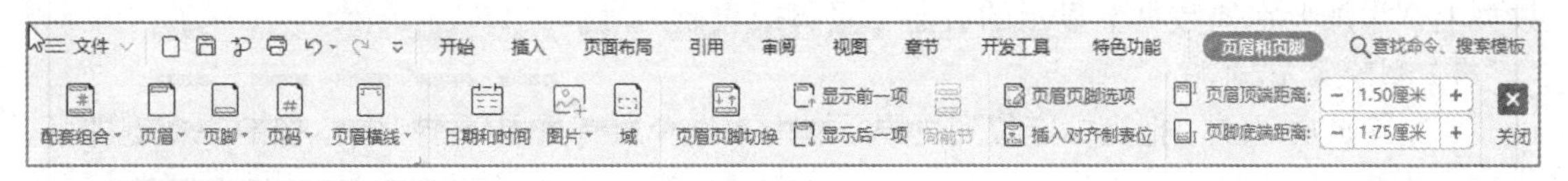

图 1-33 “页眉和页脚”选项卡

2）给页眉/页脚添加页码、日期和时间、图片

“页眉和页脚”选项卡的“页码”“日期和时间”和“图片”可以将页码、日期和时间、图片插入页眉/页脚中，使用时先把插入点定位于页眉/页脚相应位置，添加后还可以点击“选项”组中的“插入对齐制表位”按钮修改位置。

3）设置首页不同和奇偶页不同

可以在文档的第 2 页开始编号，也可以在其他页面上开始编号。

（1）“首页不同”页码。双击页码，打开“页眉和页脚”选项卡，在“选项”功能区中，点击“页眉页脚选项”按钮，在“页眉/页脚设置”对话框中勾选“首页不同”复选框，如图 1-34 所示。若要从 1 开始编号，选择“页眉和页脚”功能区中的“页码”，再点击“页码”命令，然后在弹出的“页码”对话框中选中“起始页码”并输入“1”，点击“确定”按钮返回正文，如图 1-35 所示。

（2）在其他页面上开始编号。若要从其他页面而非文档首页开始编号，则在要开始编号的页面之前添加分节符，以“节”为单位，设置应用于本节的节内页码。

点击要开始编号的页面的开头，在“页面布局”选项卡上的“页面设置”功能区中，点击“分隔符”命令，选择“下一页分节符”。

双击页眉区域或页脚区域（靠近页面顶部或页面底部），打开“页眉和页脚”选项卡。在

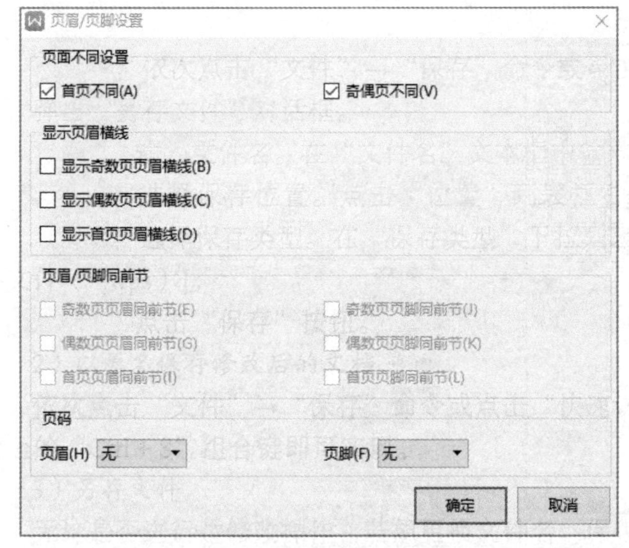

图 1-34 “页眉/页脚设置”对话框

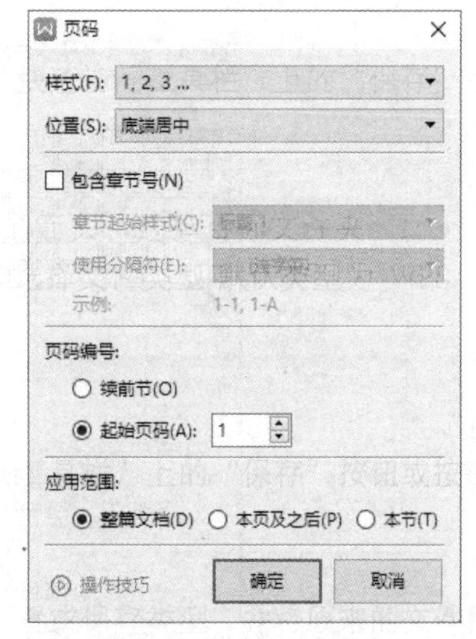

图 1-35 “页码”对话框

"导航"功能区中，点击"同前节"按钮以禁用它。若要从 1 开始编号，选择"页眉和页脚"组中的"页码"，再点击"页码"命令，选中"起始页码"并输入"1"。然后点击"确定"按钮返回正文。

（3）奇偶页不同的页眉/页脚。双击页眉区域或页脚区域，打开"页眉和页脚"选项卡。点击"页眉页脚选项"按钮，在弹出的"页眉/页脚设置"对话框中勾选"奇偶页不同"复选框。

在其中一个奇数页上，添加要在奇数页上显示的页眉、页脚或页码编号。在其中一个偶数页上，添加要在偶数页上显示的页眉、页脚或页码编号。

4）删除页眉/页脚

要删除页眉/页脚，把光标定位到页眉/页脚区，选择所有页眉/页脚对象，按 Delete 键即可。

任务 1-3　制 作 表 格

在中文文字处理中，常采用表格的形式将一些数据分门别类、有条有理、集中直观地表现出来。WPS 文字所提供的制表功能非常简单、实用。建立一个表格，一般的步骤是先定义好一个规则表格，再对表格线进行调整，而后填入表格内容，使其成为一个完整的表格。

1-3-1　创建表格

WPS 文字的表格由水平的行和竖直的列组成，行与列相交的方框称为单元格。在单元格中，用户可以输入及处理有关的文字符号、数字及图形、图片等。

表格的建立可以使用"插入"→"表格"命令按钮。在表格建立之前要把插入点定位在表格制作的前一行。

1. 利用"插入表格"网格

点击"插入"→"表格"命令按钮，出现如图 1-36 所示的下拉菜单。在下方网格区域拖动鼠标选择需要的行列数（网格上方显示当前的"行×列"数），选中的网格将反色显示，点击鼠标后即在插入点处建立了一个指定行列数的空表格。

2. 利用"插入表格"对话框

依次点击"插入"→"表格"→"插入表格"命令，弹出"插入表格"对话框，如图 1-37

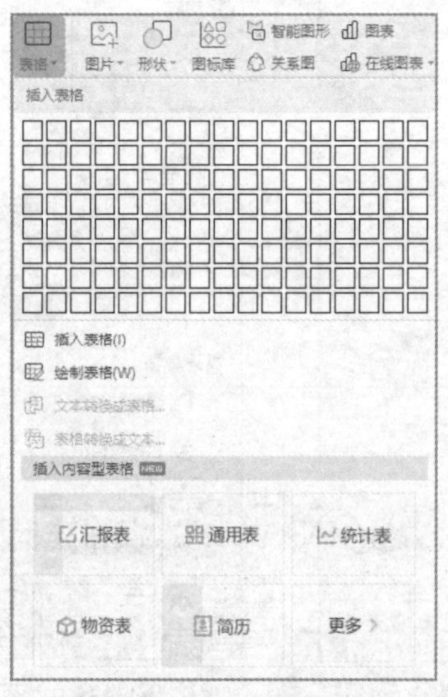

图 1-36　"插入表格"网格

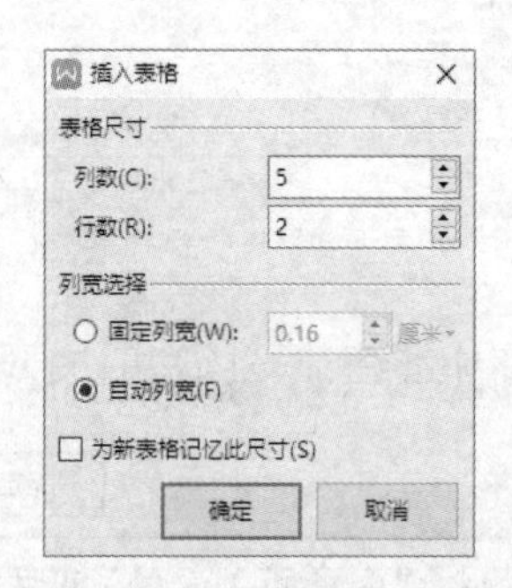

图 1-37　"插入表格"对话框

所示，根据需要输入行列数及列宽，列宽的默认设置为“自动列宽”，表示左页边距到右页边距的宽度除以列数作为列宽。点击“确定”按钮后即可在插入点处建立一个空表格。

3. 利用“插入内容型表格”命令

点击“插入”→“表格”按钮，在“插入内容型表格”区域下方，选择所需特殊样式的表格，如汇报表、通用表、统计表、物资表和简历等。

4. 利用快速表格绘制工具

定位插入点后可以点击“插入”→“表格”→“绘制表格”命令，启动画笔工具来自行绘制表格。完成绘制后按 Esc 键取消画笔工具。

1-3-2　编辑表格

为了制作更漂亮、更具专业水平的表格，在建立表格之后，经常要根据需求对表格中的文字和单元格进行格式化，单元格中文字的格式化操作同文档文字的格式化操作。格式化表格包括添加行或列、改变表格列宽、改变表格行高、单元格的拆分与合并、插入/删除单元格等。

表格调整，可以使用“表格工具”选项卡，如图 1-38 所示。

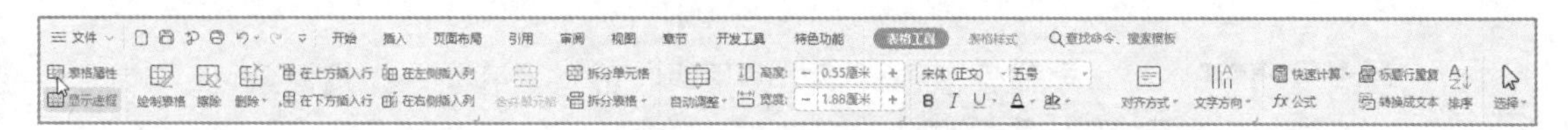

图 1-38　“表格工具”选项卡

1. 单元格的选定

对表格处理时，一般要求首先选定操作对象，包括单元格、表行、表列或整个表格。

（1）在单元格左侧，鼠标变为右上实心箭头“➚”时，点击或拖动选定一个或多个单元格。

（2）在行左外侧选定栏中，鼠标变为右上空心箭头“⇗”时，点击或拖动选定一行或连续多行。

（3）在表格上边线处，鼠标变为向下的实心箭头“⬇”时，点击或拖动选定一列或多列。

（4）依次点击“表格工具”→“选择”命令按钮，可以选定当前插入点所在单元格、列、行或表格。

（5）当鼠标在表格内，且表格左上角出现“十”字方框时，用鼠标点击该“十”字方框即选定整个表格。

2. 调整列宽和行高

1）利用表格框线

将鼠标移到表格的竖框线上，鼠标指针变为垂直分隔箭头，拖动框线到新位置，松开鼠标后该竖线即移至新位置，该竖线右边各表列的框线不动。同样的方法也可以调整表行高度。

若拖动的是当前被选定的单元格的左右框线，则仅调整当前单元格宽度。

2）利用标尺粗略调整

当把光标移到表格中时，WPS 在标尺上用交叉槽标示出表格的列分隔线，如图 1-39 所示。用鼠标拖动列分隔线，与使用表格框线同样可以调整列宽，所不同的是使用标尺调整列宽时，其右边的框线做相应的移动。同样，用鼠标拖动垂直标尺的行分隔线可以调整行高。

3）利用“表格”菜单精确调整

当要调整表格的列宽时，应先选定该列或单元格，依次点击“表格工具”→“表格属性”对话框启动器，弹出“表格属性”对话框，如图 1-40 所示，在其“列”选项卡中指定列宽。

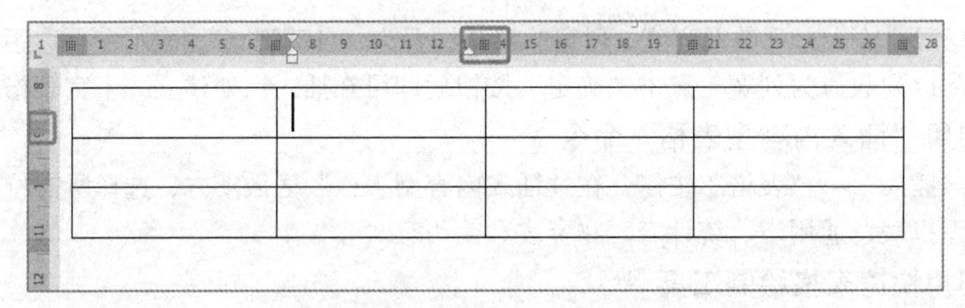

图 1-39 WPS 标尺及行、列分隔

“前一列”和“后一列”按钮用来设置当前列前一列或后一列的宽度。行高的设置与列宽设置方法基本一样，通过“表格属性”对话框“行”选项卡调整。

要自动调整各列/行的宽度/高度，可以使用“表格工具”→“自动调整”命令按钮，根据具体的表格内容或窗口大小进行列/行的调整，还可以利用“平均分布各列”和“平均分布各行”命令选项来平均分布表格中选定的列/行，如图 1-41 所示。

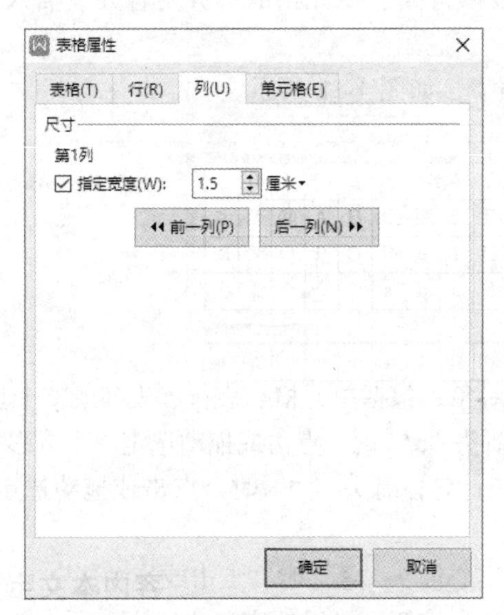

图 1-40 “表格属性”对话框

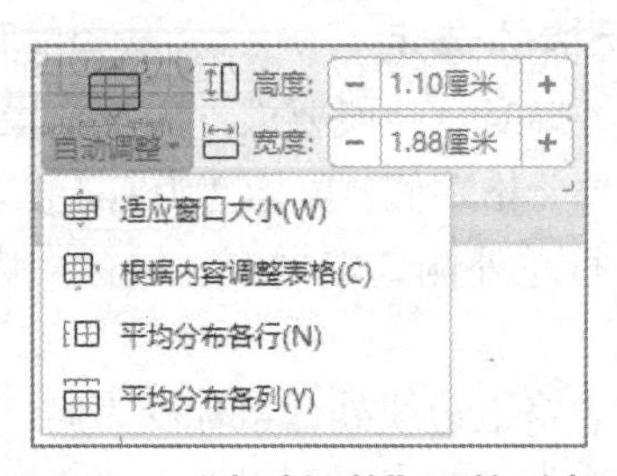

图 1-41 “自动调整”下拉列表

3. 插入/删除行或列

1）插入/删除行

在表格的指定位置插入新行时，常用方法如下：

方法 1：先定位插入点于欲插入行的下（上）方或右（左）侧单元格，依次点击“表格工具”→“在上（下）方插入行”或“在左（右）侧插入列”按钮，如图 1-42（a）所示。

方法 2：依次点击“表格工具”→“插入单元格”对话框启动器按钮。增加行时，应先选定插入新行的下一行的任意一个单元格，然后在“插入单元格”对话框中选择“整行插入”单选按钮，如图 1-42（b）所示，点击“确定”按钮后即插入一新行。

方法 3：当插入点在表外行末时，可以直接按 Enter 键，则在本表行下面插入一个新的空表行。

选定要删除的几行后，删除表格指定行的方法是：

方法 1：依次点击“表格工具”→“删除”→“行”命令，如图 1-43（a）所示。

方法 2：依次点击“表格工具”→“删除”→“单元格”命令，弹出“删除单元格”对话框，选择“删除整行”，如图 1-43（b）所示。

(a)“插入”菜单

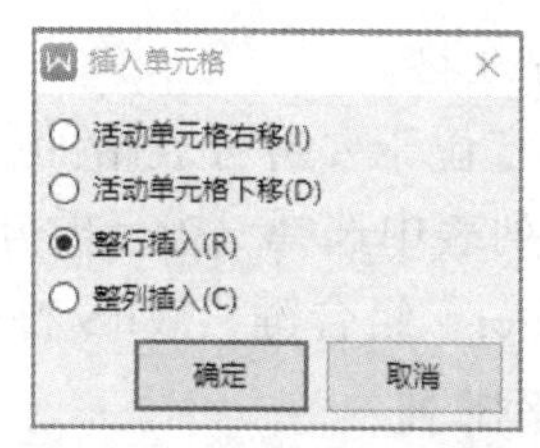

(b)“插入单元格”对话框

图 1-42 “插入”菜单和“插入单元格”对话框

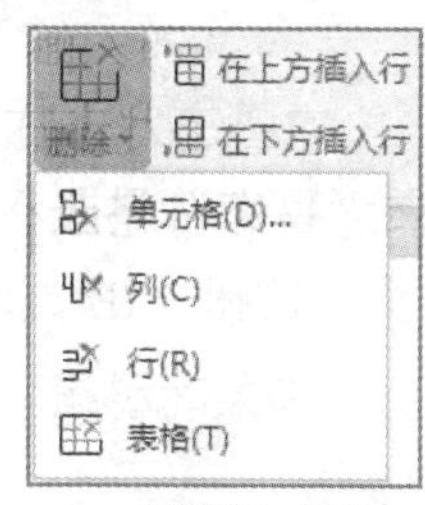

(a)“删除”菜单

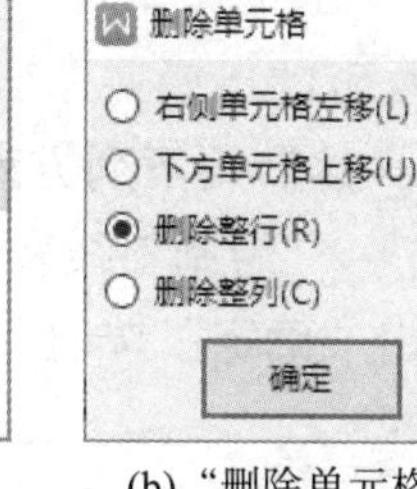

(b)“删除单元格”对话框

图 1-43 “删除”菜单和“删除单元格”对话框

方法 3：右击选定行，从弹出的快捷菜单中点击“删除单元格”菜单命令即可。

2）插入/删除表列

插入/删除表列的操作与插入/删除表行的操作基本相同，所不同的是选定的对象不同，插入的位置不同（一般是当前列的左边）。

3）删除整个表格

当插入点在表格中时，依次点击“表格工具”→“删除”→“表格”命令，或选定整个表格后点击“开始”→“剪贴板”功能区上的“剪切”按钮，都可以删除整个表格。

注意：当选择了表格后按 Delete 键，删除的只是表格中的内容。

4）在表格中插入表格（嵌套表格）

嵌套表格就是在表格中创建新的表格。嵌套表格的创建与正常表格的创建完全相同。

4. 合并和拆分单元格

1）合并单元格

WPS 文字可以把同一行或同一列中两个或多个单元格合并起来。操作时，首先选定要合并的单元格，常用方法如下：

方法 1：依次点击“表格工具”→“合并单元格”按钮。

方法 2：右击，选择“合并单元格”快捷菜单命令。

方法 3：点击“表格样式”→“绘图”功能区中的“擦除”按钮，可以擦除相邻单元格的分隔线，实现单元格的合并。

2）拆分单元格

需要把一个单元格拆分成若干个单元格时，首先选定要拆分的单元格，然后用下列方法之一即可完成。

方法 1：依次点击“表格工具”→“拆分单元格”按钮，在弹出的“拆分单元格”对话框（图 1-44）中输入拆分成的“行数”或“列数”，即可完成拆分单元格。

方法 2：点击“表格样式”→“绘制表格”按钮，实现单元格的拆分。

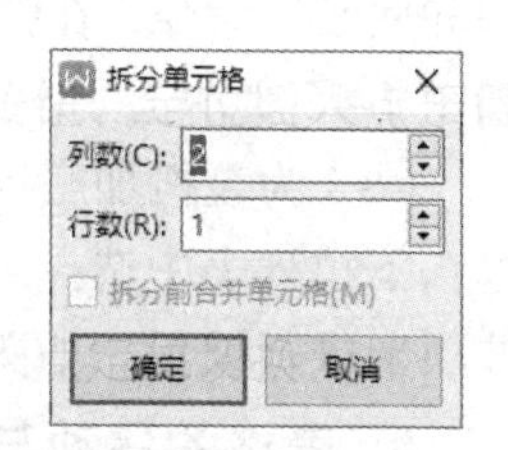

图 1-44 “拆分单元格”对话框

3）拆分表格

将光标定位于要拆分表格的行或列处，依次点击“表格工具”→“拆分表格”命令按钮，在下拉列表中选择“按行拆分”还是“按列拆分”。或者将光标定位于某一行，按“Ctrl + Shift + Enter”组合键，WPS将在当前行的上方将表格拆分成上下两个表格。

5. 表格排列

当表格的宽度比当前文本宽度小时，可以对整个表格进行对齐排列。操作时，首先选定整个表格，点击“开始”→“段落”功能区中的“居中对齐”按钮，再点击“表格工具”→“自动调整”→“适应窗口大小”菜单命令。

6. 绘制斜线

首先选定要斜线拆分的单元格，然后用下列方法之一即可完成。

方法1：依次点击“表格样式”→“绘制斜线表头”按钮，在“斜线单元格类型”对话框（图1-45）中，选择相应线型，点击“确定”按钮。

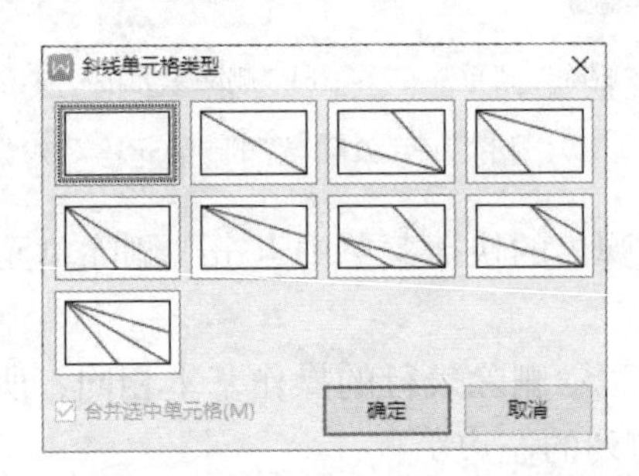

图1-45 “斜线单元格类型”对话框

方法2：依次点击“表格样式”→“边框”命令按钮，在“边框”下拉列表中选择“边框和底纹”命令，在弹出的“边框和底纹”对话框（图1-46）中点击相应的“斜线”按钮，在“应用于”下拉列表中选择“单元格”，点击“确定”按钮，即可以在当前单元格制作对角斜线。

方法3：依次点击“表格样式”→“边框”功能区中的“绘制表格”按钮，拖动鼠标在一个单元格中绘制对角斜线。

7. 给表格加边框和底纹

为了美化、突出表格内容，可以适当地给表格加边框和底纹。在设置之前选定要处理的表格或单元格。

（1）给表格加边框。依次点击“表格样式”→“边框”命令按钮，在下拉列表中选择所需选项给表格加内外边框。

（2）设置表格边框。依次点击“表格样式”→“边框”命令按钮，在下拉列表中选择“边框和底纹”命令，在弹出的“边框和底纹”对话框中可以设置表格边框的线型、颜色和宽度，如图1-46所示。

（3）为表格加底纹。依次点击“表格样式”→“底纹”命令按钮进行颜色选择；或在“边框”下拉列表中选择“边框和底纹”命令，在弹出的“边框和底纹”对话框中点击“底纹”选项卡进行设置，如图1-47所示。

8. 表格的移动与缩放

当鼠标在表格内移动时，在表格左上角新增带方框的“十”字箭头状表格全选标志“✣”，在右下角新增方框状缩放标志“⇲”，如图1-48所示。

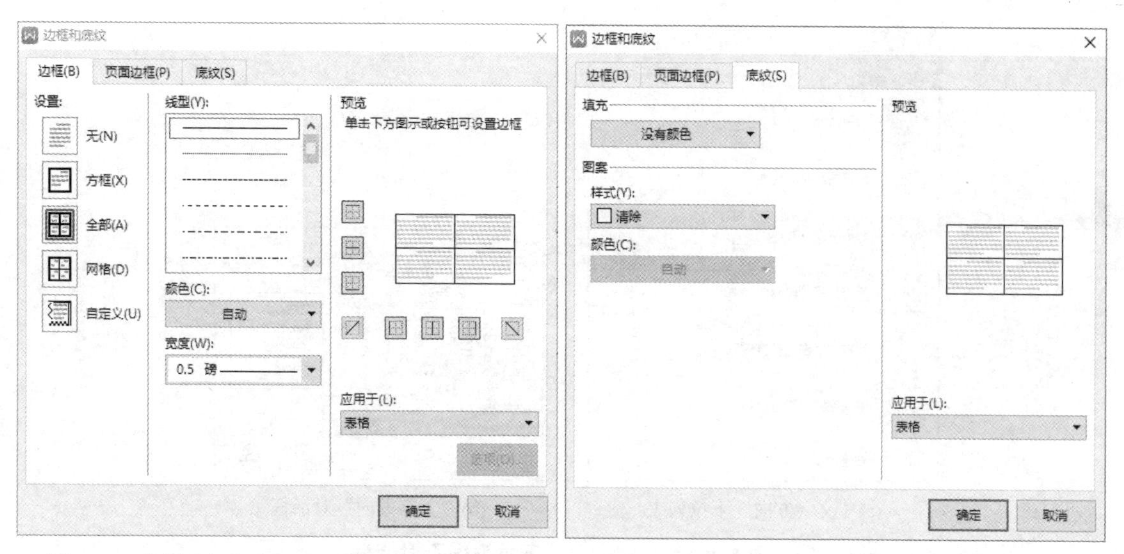

图 1-46 “边框和底纹”对话框“边框”选项卡　　图 1-47 “边框和底纹”对话框“底纹”选项卡

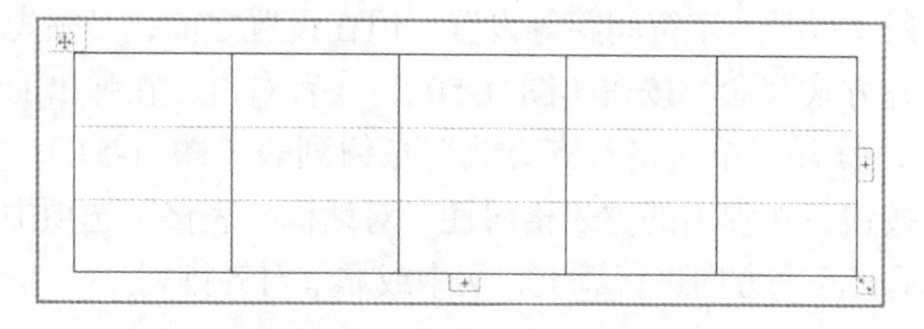

图 1-48 全选标志和缩放标志

拖动表格全选标志，可将表格移动到页面上的其他位置；将鼠标移动到缩放标志上时，鼠标指针变为斜对的双向箭头，拖动可成比例地改变整个表格的大小。

9. 表格数据的输入与编辑

1）插入点的移动

在表格操作过程中，经常要使插入点在表格中移动。表格中插入点的移动有多种方法，可以使用鼠标在单元格中直接移动，也可以使用键盘上的方向键在单元格间移动。

2）输入文本

在表格中输入文本同输入文档文本一样，把插入点移到要输入文本的单元格，再输入文本即可。在输入过程中，如果输入的文本比当前单元格宽，WPS 会自动增加本行单元格的高度，以保证始终把文本包含在单元格中。

表格中的文字方向可分为水平排列、垂直排列两类，共有 6 种排列方式。设置表格中文本方向的操作是：选定需要修改文字方向的单元格，点击“表格工具”→“文字方向”命令按钮，在下拉列表中直接选择合适的方向选项，如图 1-49（a）所示。还可以选择“文字方向选项”命令，或右击在其快捷菜单中点击“文字方向”菜单命令，在弹出的“文字方向”对话框中选定所需要的文字方向，如图 1-49（b）所示，点击“确定”按钮即可。

竖排文本除用于表格外，也可用于整个文档。

3）编辑内容

在正文文档中使用的增加、修改、删除、编辑、剪切、复制和粘贴等编辑命令大多可直接用于表格。

4）格式设置

WPS 文字允许对整个表格、单元格、行、列进行字符格式和段落格式的设置，如进行字

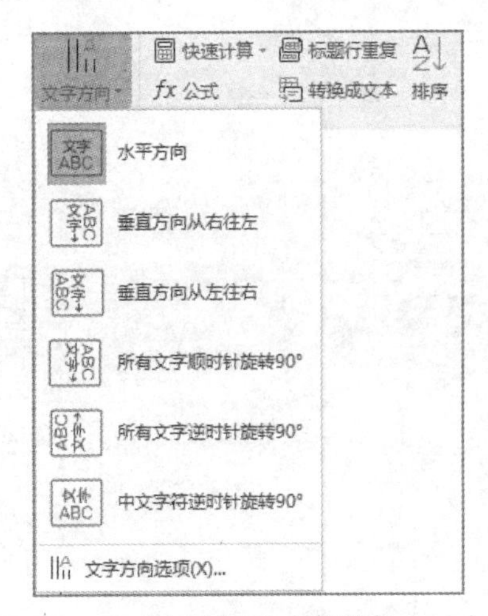

(a)“文字方向”下拉列表

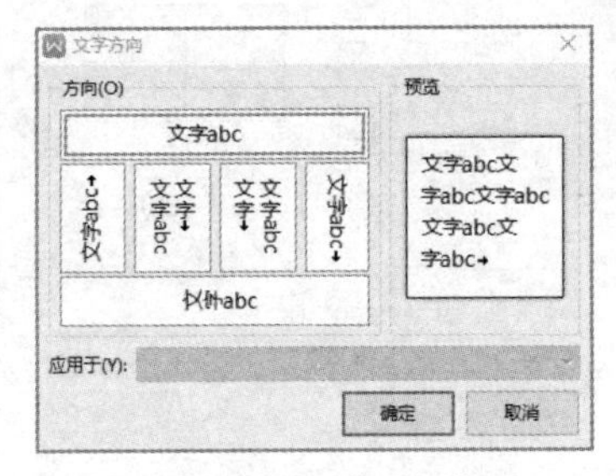

(b)“文字方向”对话框

图 1-49 “文字方向”下拉列表及对话框

体、字号、缩进、排列、行距、字符间距等设置。但在设置之前，必须先选定对象。依次点击“表格工具”→“对齐方式”命令按钮（图 1-50），或者右击，在弹出的快捷菜单中选择“单元格对齐方式”命令，打开“单元格对齐方式”按钮列表（图 1-51）；或依次点击“表格工具”→“表格属性”按钮，在弹出的“表格属性”对话框“表格”选项中，均可以对选定单元格中的文本在水平和垂直两个方向进行靠上、居中或靠下对齐排列。

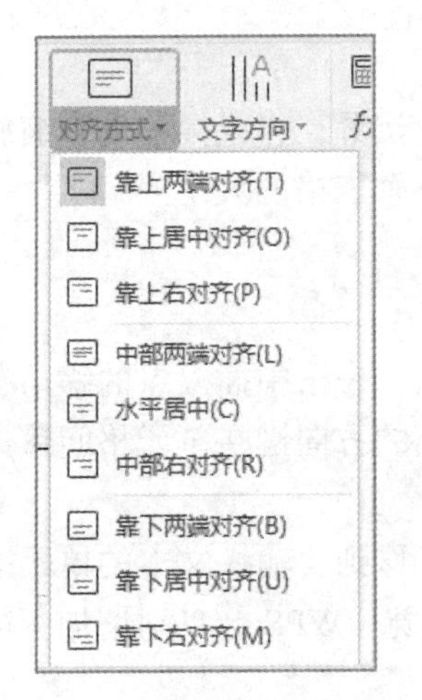

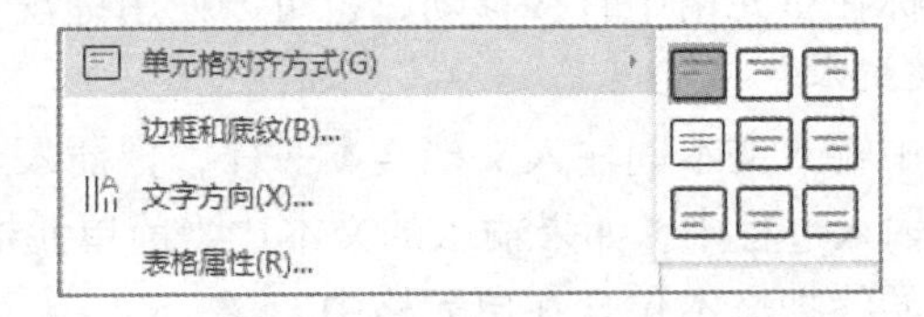

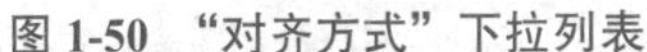

图 1-50 “对齐方式”下拉列表　　图 1-51 “单元格对齐”按钮

10. 表格数据的排序

WPS 文字可以对数据进行排序。

排序前先将插入点定位至表格中，依次点击“表格工具”→“排序”按钮，在弹出的“排序”对话框（图 1-52）中分别进行以下设置。

（1）排序依据：排序关键字最多 3 个，主要关键字相同的，按次要关键字进行排序，以此类推。

（2）类型：排序按所选列的笔画、数字、拼音或日期等不同类型进行。

（3）升序/降序：按所选排序类型递增/递减排列数据。点击“确定”按钮后，表格中各行重新进行了排列。

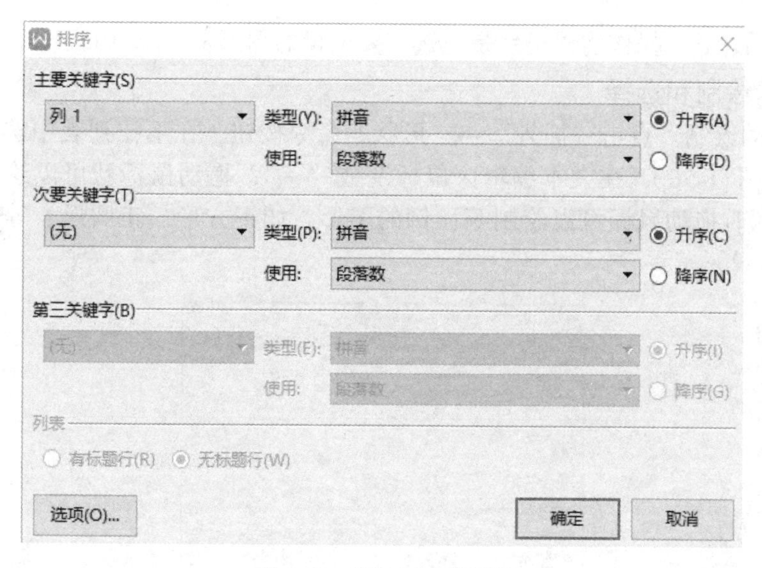

图 1-52 “排序”对话框

任务 1-4 插入图形和艺术字

通过 WPS 文字可以绘制简单图形，如图 1-53 所示。

WPS 文字提供的绘图工具可使用户按需要在其中制作图形、标志等，并将它们插入文档中。依次点击“插入”→“形状”命令按钮，如图 1-54 所示；或在进入绘图环境后点击“绘图工具”→“形状”下拉列表里的工具按钮进行绘制。如图 1-55 所示，“形状样式”功能区中有多种已定义样式和自定义形状的填充、轮廓和效果。

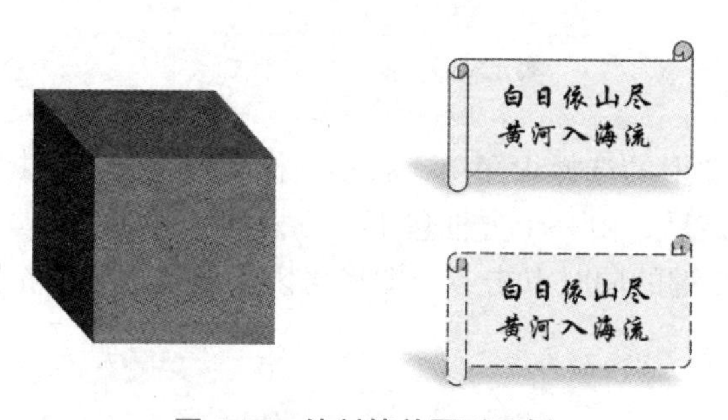

图 1-53 绘制简单图形示例

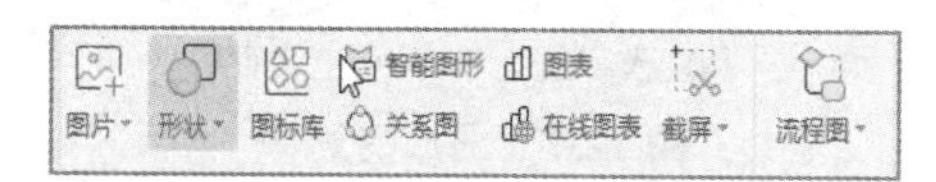

图 1-54 “形状”命令按钮

图 1-55 “绘图工具”选项卡

1-4-1 绘制图形

图形的删除、移动、复制、加边框和底纹的操作方法与文档中字和句子的操作基本一样，但也有一些不同之处。操作前提仍然是先选定要编辑的图形。

1. 图形的绘制和选择

（1）图形的绘制。点击“插入”→“形状”命令按钮，在下拉列表中选择“预设”中的图形按钮（图 1-56），在文本编辑区鼠标变成“+”，拖动鼠标就可以绘制图形了。按住 Shift 键的同时拖动鼠标可以绘制等比例的图形，如正方形、正圆形、等边三角形和立方体等。

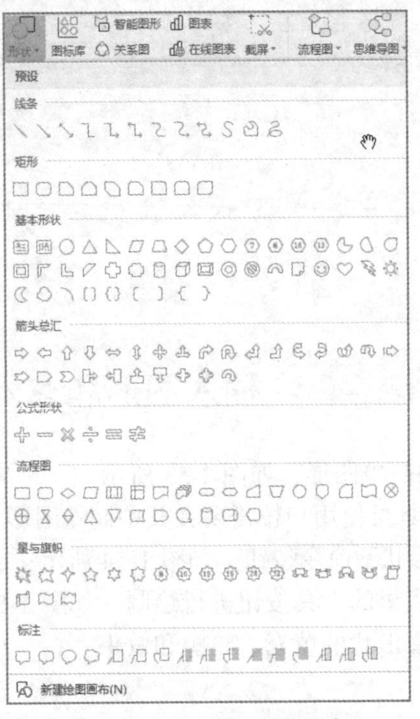

图 1-56 “形状”下拉列表

（2）图形的选择。图形的选择很简单，移动鼠标到边框处，鼠标变成“+”时点击该图形即可。一个图形被选定后，由一个方框包围。方框的 4 条边线和 4 个角上均有控制点，如图 1-57 所示。按住 Shift 键的同时点击各个图形可以一次性选择多个图形。

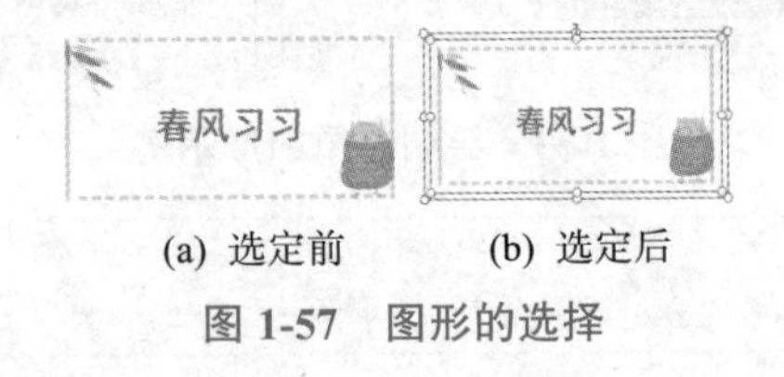

(a) 选定前　(b) 选定后

图 1-57 图形的选择

2. 图形的放大与缩小

用鼠标拖动某个方向的控点可以改变图形在该方向的大小。

3. 给图形添加文字

右击图形后，在弹出的快捷菜单中点击“添加文字”（未输入文字时）或“编辑文字”（已输入文字时）命令，在图形区域中输入编辑文字即可。适当调整图形和文字大小，使它们融为一体。文字编辑方法见 1-2-1 节。

4. 图形的删除

选定图形后，按 Delete 键即可将图形删除。

5. 图形的移动和复制

选定图形后，直接拖动即可实现移动操作；按住 Ctrl 键的同时拖动可完成复制操作；或使用“剪切”→“粘贴”法进行移动，使用“复制”→“粘贴”法进行复制。按方向键“←”“↑”“↓”“→”可以进行小范围位置定位。

6. 设置线型、虚线线型和箭头样式

选中图形后，点击“绘图工具”→“轮廓”下拉列表中的“线型”级联选项可以改变线条的粗细，点击“虚线线型”选项可以改变虚线的线型，点击“箭头样式”级联选项可以改变前端、后端箭头的形状和大小，如图 1-58 所示。

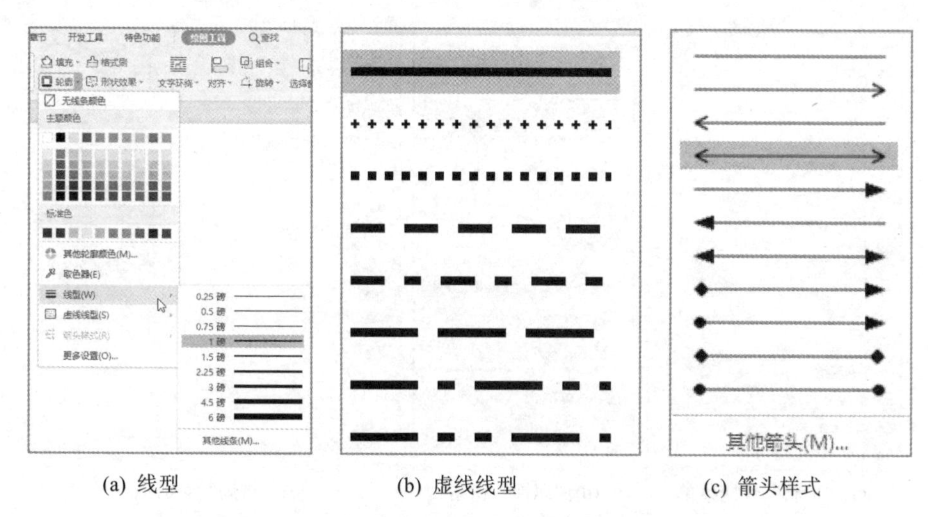

(a) 线型　　(b) 虚线线型　　(c) 箭头样式

图 1-58　设置图形的线型、虚线线型和箭头样式

7. 设置线条的颜色和填充颜色

选中图形后，点击“绘图工具”→“轮廓”命令按钮可以弹出颜料盒，从中可以直接选取边框颜色或选择“更多设置”命令后进行图形边框颜色调整。

点击“绘图工具”→“填充”命令按钮可以弹出颜料盒，从中可以直接选取图形内部填充主题颜色。或点击“其他填充颜色”命令，在弹出的“颜色”对话框中可以选择更丰富的色调。如图 1-59 所示，还可点击渐变、图片或纹理、图案命令，选择多彩的填充效果图案。

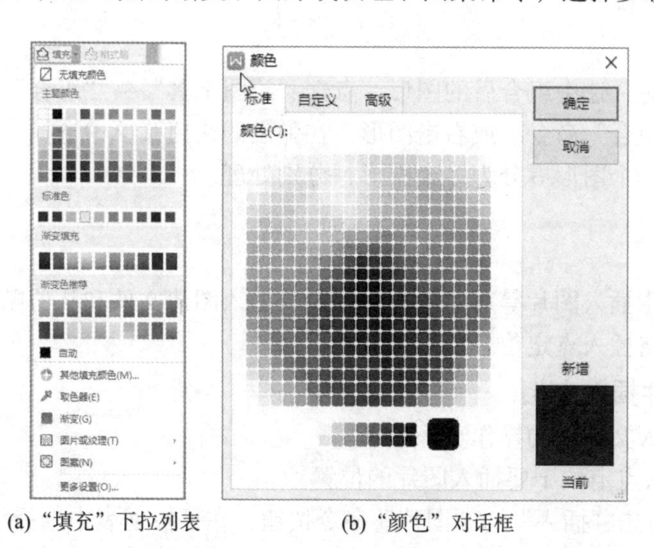

(a)“填充”下拉列表　　(b)“颜色”对话框

图 1-59　“形状填充”对话框

以上操作步骤还可以通过右击对象，在弹出的快捷菜单中选择“设置对象格式”命令，在打开的“属性”窗格中选择“填充与线条”选项卡下的“填充”和“线条”选项进行具体的设置。还可以通过右击对象，在弹出的快捷菜单中选择“其他布局选项”命令，在弹出的“布局”对话框中设置图形的“位置”“文字环绕”和“大小”等，如图 1-60 所示。

8. 组合/取消组合图形

组合图形前，按住 Shift 键并逐个点击选中这些图形，点击“绘图工具”→“组合”命令按钮，在下拉列表中选择“组合”命令。或右击图形，在弹出的快捷菜单中选择“组合”→“组合”命令，即可把多个简单图形组合起来形成一个整体，如图 1-61 所示。

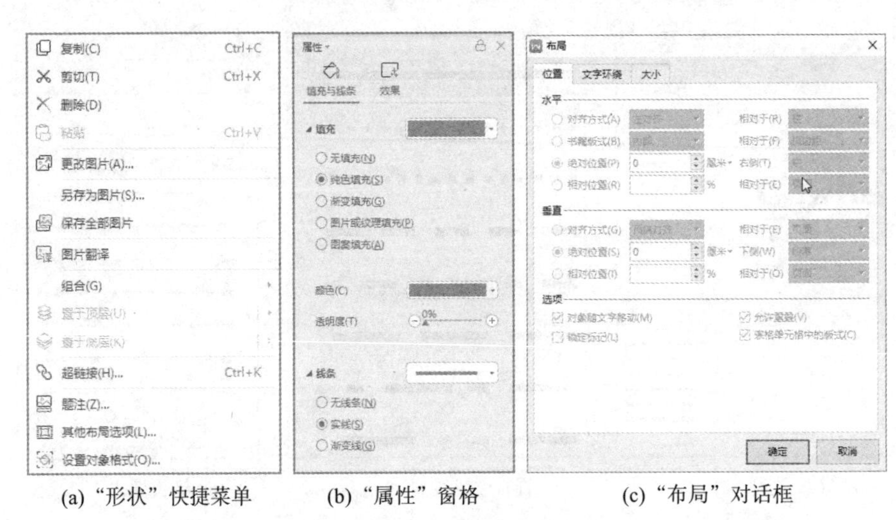

(a)“形状”快捷菜单　(b)“属性”窗格　(c)“布局”对话框

图 1-60　设置形状格式

(a) 组合前　(b)“组合”命令　(c) 组合后

图 1-61　组合图形

取消图形组合时，选中组合后的图形，点击“绘图工具”→“组合”命令按钮，在下拉列表中选择“取消组合”命令。或右击图形，在弹出的快捷菜单中选择“组合”→“取消组合”命令，即可把一个图形拆分为多个图形，分别处理。

1-4-2　插入图片

在 WPS 文字中插入图片等对象的方法主要有插入图片文件和从剪贴板插入图片等。在插入图片之前应当将插入点定位。

1. 将图片文件插入文档

将图片文件插入文档中的操作步骤如下。

步骤 1：将插入点定位于要插入图片的位置。

步骤 2：依次点击“插入”→“图片”命令按钮，在下拉列表中选择“本地图片”命令，弹出如图 1-62 所示的“插入图片”对话框。

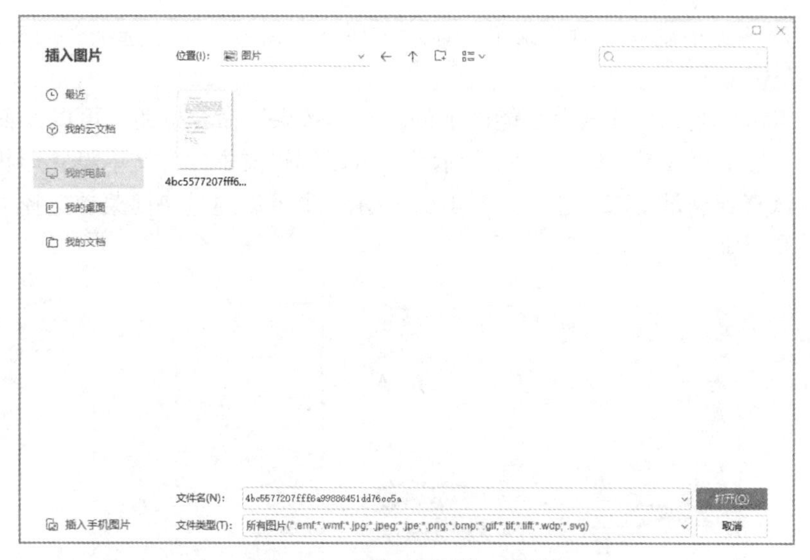

图 1-62　“插入图片”对话框

步骤 3：在对话框中确定查找范围，选定所需要的图片文件。

步骤 4：点击“打开”按钮，此图片就插入文本插入点位置了。

2. 利用剪贴板插入图片

WPS 文字允许将其他 Windows 应用软件所产生的图片剪切或复制到剪贴板上，再用“粘贴”命令粘贴到文档的插入点位置。

3. 图片的裁剪

裁剪图片的操作方法为：选定要裁剪的图片，如图 1-63（a）所示；点击“图片工具”→“裁剪”按钮，如图 1-63（b）所示；拖动控制点即可进行裁剪操作，操作结果如图 1-63（c）所示。

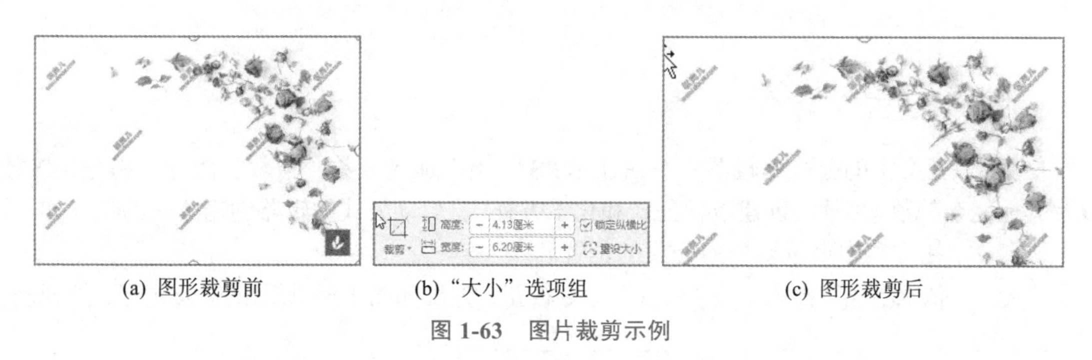

(a) 图形裁剪前　　(b)“大小”选项组　　(c) 图形裁剪后

图 1-63　图片裁剪示例

1-4-3　插入艺术字

有时在输入文字时会希望文字有一些特殊的显示效果，让文档显得更加生动活泼、富有艺术色彩，例如产生弯曲、倾斜、旋转、拉长和阴影等效果。插入艺术字的操作步骤如下：

步骤 1：点击“插入”→“艺术字”命令按钮，屏幕即显示“艺术字”下拉列表，如图 1-64 所示。

步骤 2：在“艺术字”下拉列表中选择艺术字样式。

步骤 3：在“艺术字”文本框中输入、编辑文本。

步骤 4：输入的文字按所设置的艺术字样式显示，依次点击“文本工具”→“艺术字样式”功能区中的“更多设置”命令菜单，显示“属性”窗格“文本选项”面板，如图 1-65 所示。

步骤 5：点击“艺术字样式”功能区上的“文本效果”命令按钮，可以设置特殊文本效果，可以同时添加多种效果，如图 1-66 所示。还可以编辑文本并为文本设置形状转换等。因此可以不断尝试直到满足要求为止，如图 1-67 所示。也可以通过快捷菜单选择“设置对象格式”进行修改和修饰。

图 1-64 “艺术字”下拉列表

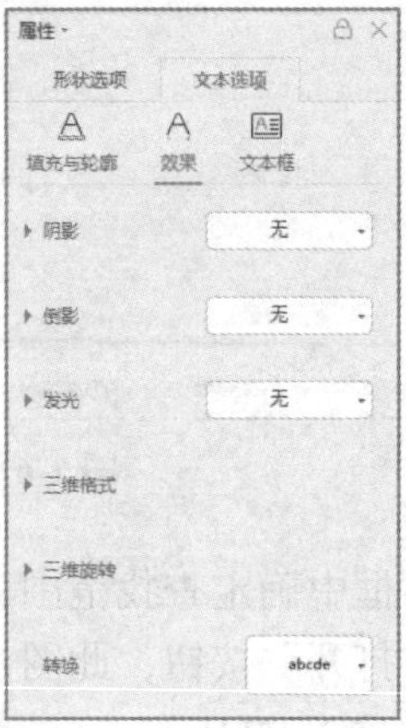

图 1-65 “文本选项”面板

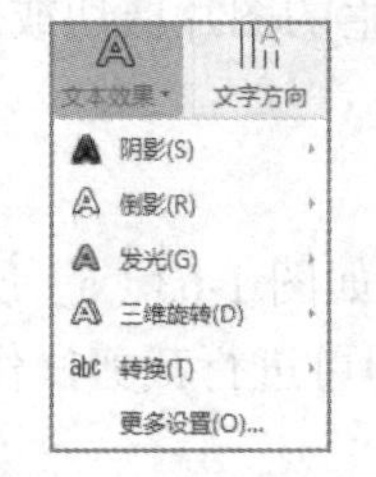

图 1-66 “文本效果”下拉列表

图 1-67 艺术字示例

1-4-4 使用公式编辑器

使用 WPS 文字的公式编辑器，可以在 WPS 文档中加入分数、指数、微分、积分、级数以及其他复杂的数学符号，创建数学公式和化学方程式。启动公式编辑器创建公式的步骤如下：

步骤 1：在文档中定位要插入公式的位置。

步骤 2：依次点击“插入”→“公式”命令按钮，弹出如图 1-68 所示的“公式”下拉列表。

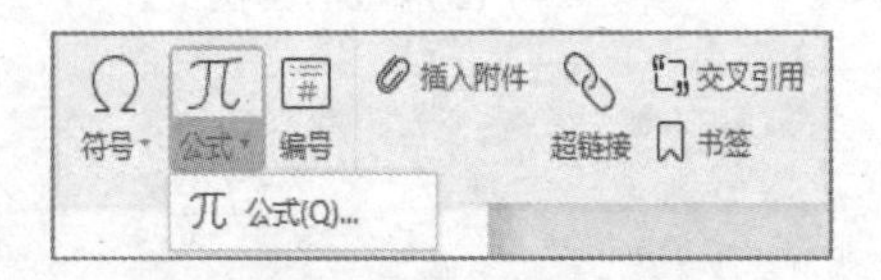

图 1-68 “公式”下拉列表

步骤 3：在“公式”下拉列表中选择“公式”命令，屏幕将显示“公式编辑器”窗口（图 1-69）和输入公式的文本框。

步骤 4：从“符号”工具栏中挑选符号或模板并输入变量和数字来建立复杂的公式。在创建公式时，公式编辑器会根据数学上的排印惯例自动调整字体大小和间距，而且可以自行调整格式并重新定义自动样式。

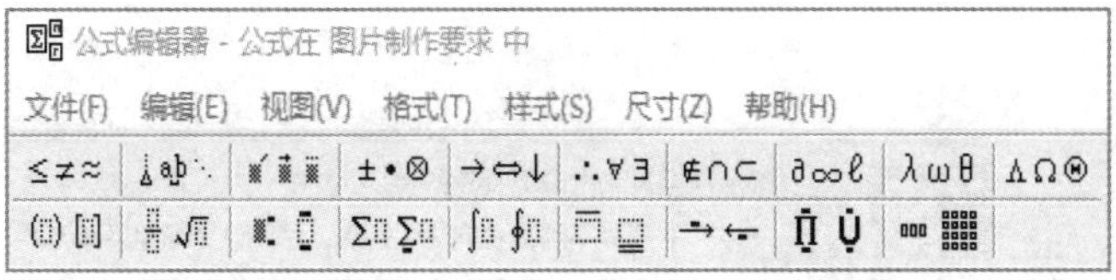

公式编辑器 - 公式在 图片制作要求 中

文件(F)　编辑(E)　视图(V)　格式(T)　样式(S)　尺寸(Z)　帮助(H)

图 1-69　“公式编辑器”窗口

“公式编辑器”窗口由“标题栏”“菜单栏”“符号”工具栏和“模板”工具栏组成。“符号”工具栏上有关系符号、间距和省略号、修饰符号、运算符号、箭头符号、逻辑符号、集合论符号、其他符号、小写希腊字母、大写希腊字母。如果要在公式中插入符号，用户可以点击“符号”工具栏中的按钮，然后在弹出的工具板上选取所需的符号，该符号便会加入公式输入文本框中的插入点处。

“模板”工具栏上有围栏、分式和根式、上标和下标、求和、积分、底线和顶线、标查箭头、乘积和集合论、矩阵等命令选项。

用户可以在对应结构的插槽内再插入其他样板以便建立复杂层次结构的多级公式，如图 1-70 和图 1-71 所示。

（1）$x^a \cdot x^b = x^{a+b}$；　（2）$\frac{x^a}{x^b} = x^{a-b}$；

（3）$x^a y^a = (xy)^a$；　（4）$\frac{x^a}{y^a} = \left(\frac{x}{y}\right)^a$；

（5）$(a^x)^y = a^{xy}$；　（6）$a^{-m} = \frac{1}{a^m}$；

（7）$\sqrt[n]{a^m} = a^{\frac{m}{n}}$；　（8）若 $a^y = x$，则 $y = \log_a x$；

（9）$\log_c a + \log_c b = \log_c ab$；（10）$\log_c a - \log_c b = \log_c \frac{a}{b}$；

（11）$\log_c M^N = N \log_c M$；　（12）$\log_c a = 1$；

（13）$\log_c 1 = 0$；　（14）$a^{\log_a N} = N$；

（15）$\log_c b = \frac{\log_c b}{\log_c a}$.

图 1-70　数学公式示例

$C + O_2 \overset{点燃}{=\!=} CO_2$

$C + CO_2 \overset{\Delta}{=\!=} 2CO$

$C + H_2O(g) \overset{高温}{=\!=} CO + H_2$

$2C + SiO_2 \overset{高温}{=\!=} Si + 2CO\uparrow$

$CaCO_3 \overset{高温}{=\!=} CaO + CO_2\uparrow$

图 1-71　化学方程式示例

创建完公式之后，关闭“公式编辑器”窗口返回文档编辑状态。

1-4-5　图文混排

WPS 文字具有强大的图文混排功能，它提供了许多图形对象，如图片、图形、艺术字、数学公式、图文框、文本框、图表等，使文档图文并茂，引人入胜。利用这些功能，可以使文档和图形安排合理，增强文档的视觉效果。图 1-72 给出了文字环绕的效果。

1. 设置文字环绕

设置文字环绕的操作步骤如下：

步骤 1：插入图片。

步骤 2：右击图片，在弹出的快捷菜单中选择“其他布局选项”命令，弹出“布局”对话框；或点击“图片工具”→“环绕”命令按钮，弹出“环绕”下拉列表。

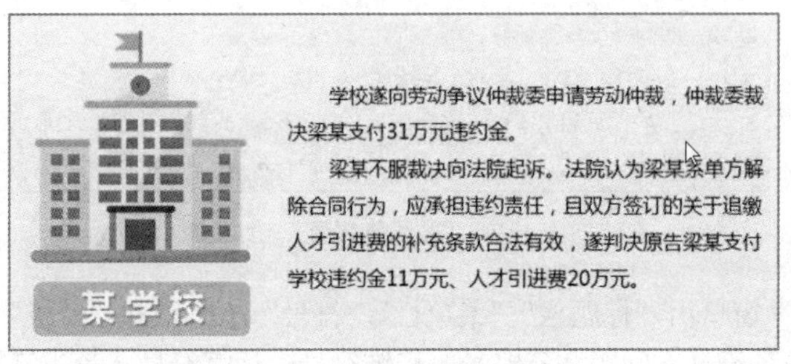

图 1-72　文字环绕的效果

步骤 3：在“布局”对话框的“文字环绕”选项卡中选择“四周型”或“紧密型”环绕方式，如图 1-73（a）所示。或在“环绕”下拉列表中点击“四周型环绕”或“紧密型环绕”命令即可，如图 1-73（b）所示。

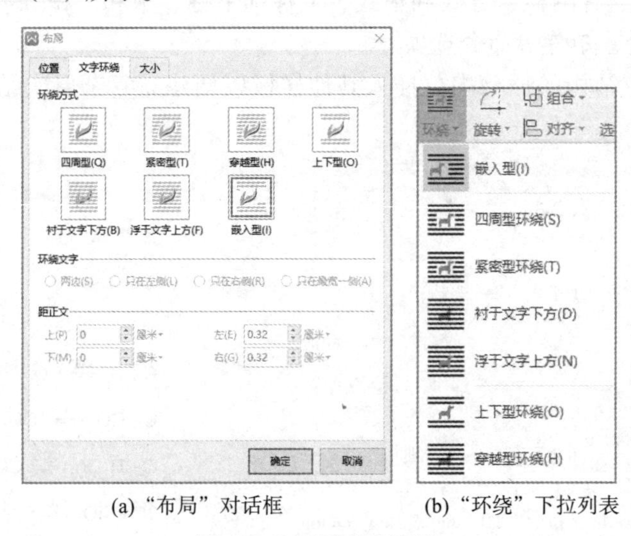

(a)“布局”对话框　　(b)“环绕”下拉列表

图 1-73　设置文字环绕

步骤 4：移动调整图形位置，完成设置。

2. 设置水印效果

水印是显示在已经存在的文档文字前面或后面的任何文字和图案。如果想要创建能够打印的背景，就必须使用水印，因为背景色和纹理在默认设置下都是不可打印的。

（1）点击“插入”→“水印”命令按钮，在下拉列表中选择“插入水印”。

（2）在弹出的“水印”对话框中勾选“图片水印”复选框，如图 1-74（a）所示。点击“选择图片”按钮，弹出“选择图片”对话框，如图 1-74（b）所示。找到并选择作为水印的图片后点击“打开”按钮，再点击“确定”按钮，即可插入水印图片。

（3）要调整水印图片的亮度、大小和位置，在“插入”选项卡点击“页眉和页脚”按钮（如果只需在其中某一页或某段文字下添加水印图片，则应提前添加分节符，方法如下：在“页面布局”选项卡的“页面设置”功能区中点击“分隔符”命令按钮，在下拉列表中选择“下一页分节符”或“连续分节符”，并在“页眉和页脚工具”选项卡的“导航”功能区中取消“同前节”），选中水印图片，在“图片工具”选项卡中调整对比度和亮度，适当裁剪后，拖动或指定高度和宽度后完成设置，如图 1-75 所示。

（4）删除水印。点击“插入”→“水印”命令按钮，在下拉列表中选择“删除文档中的水印”命令。

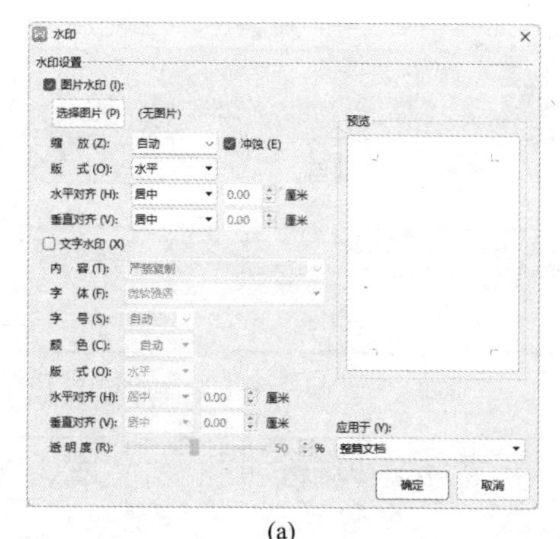

(a)

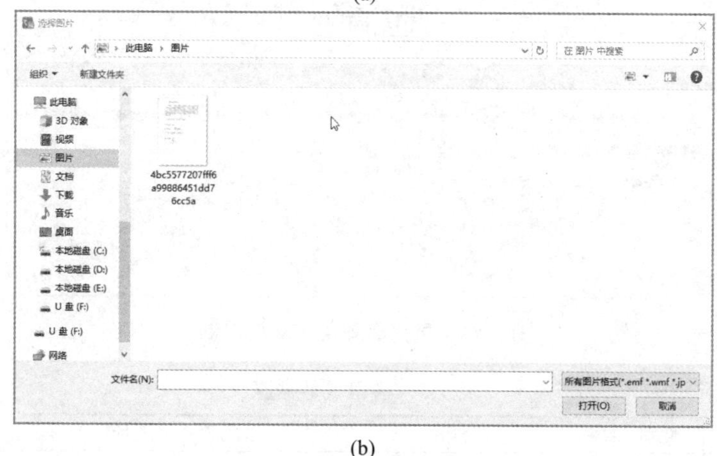

(b)

图 1-74　设置水印和图片

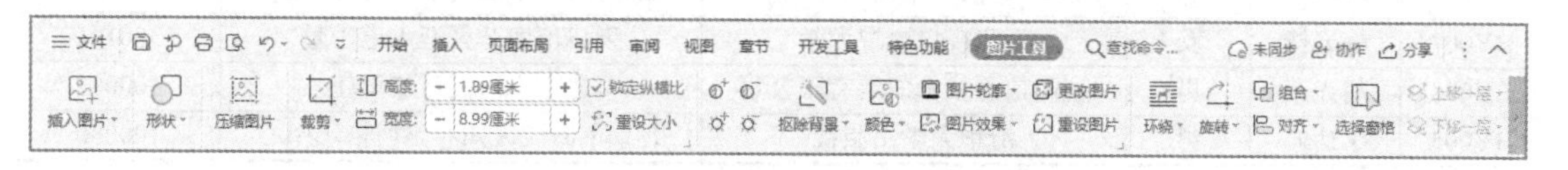

图 1-75　“图片工具”选项卡

任务 1-5　邮件合并与协同编辑文档

1-5-1　邮件合并

在日常工作中，经常需要一次性制作上百份座位标签、准考证、录取通知书等文档，下面以“邀请函”为例，介绍怎样使用 WPS 文字中的邮件合并功能高效完成创建主文档、选择数据源、插入合并域、预览结果和生成新文档五大过程。

1. 创建主文档

主文档就是要使用的 WPS 模板，常见文档类型有信函、标签和普通 WPS 文档等。点击“引用”选项卡下的“邮件”按钮（图 1-76），出现“邮件合并”选项卡，如图 1-77 所示。在文档编辑区录入邀请函主文档内容，如图 1-78 所示。

2. 选择数据源

数据源中存放主文档所需要的数据。数据源的来源有很多，比如 WPS 文档、Excel 表格、文本文件、SQL 数据库等多种类型的文件。编辑“通讯录数据源.xls”（表 1-5）并保存，点击“邮件合并”选项卡下的“打开数据源”按钮，弹出“选取数据源”对话框，如图 1-79 所示。

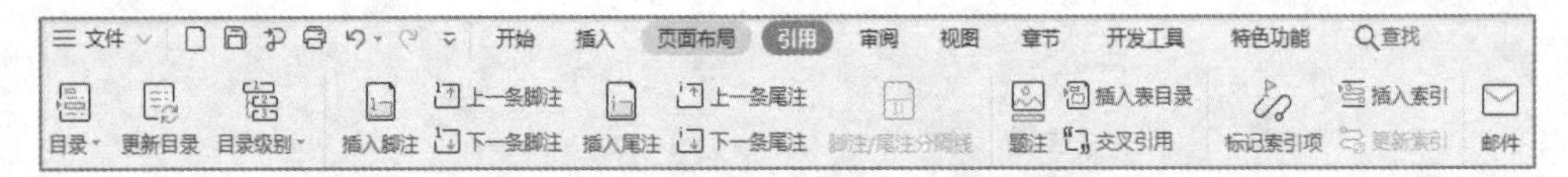

图 1-76 “引用”→“邮件”按钮

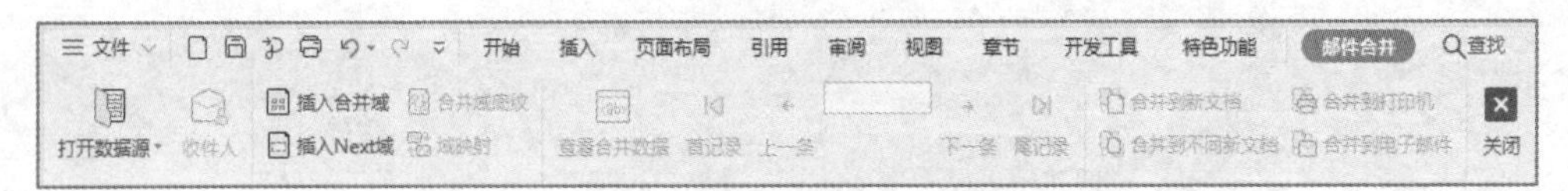

图 1-77 “邮件合并”选项卡

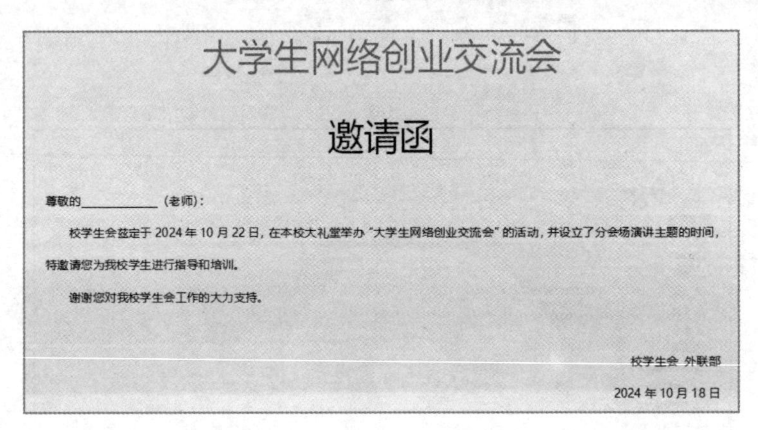

大学生网络创业交流会

邀请函

尊敬的__________（老师）：

校学生会兹定于 2024 年 10 月 22 日，在本校大礼堂举办“大学生网络创业交流会”的活动，并设立了分会场演讲主题的时间，特邀请您为我校学生进行指导和培训。

谢谢您对我校学生会工作的大力支持。

校学生会 外联部

2024 年 10 月 18 日

图 1-78 录用通知书主文档示例

表 1-5 通讯录数据源

编号	姓名	性别	公司	地址	邮政编码
BY001	邓建威	男	电子工业出版社	北京市太平路 23 号	100036
BY002	郭小春	男	中国青年出版社	北京市东城区东四十条 94 号	100007
BY007	陈岩捷	女	天津广播电视大学	天津市南开区迎水道 1 号	300191
BY008	胡光荣	男	正同信息技术发展有限公司	北京市海淀区二里庄	100083
BY005	李达志	男	清华大学出版社	北京市海淀区知春路西格玛中心	100080

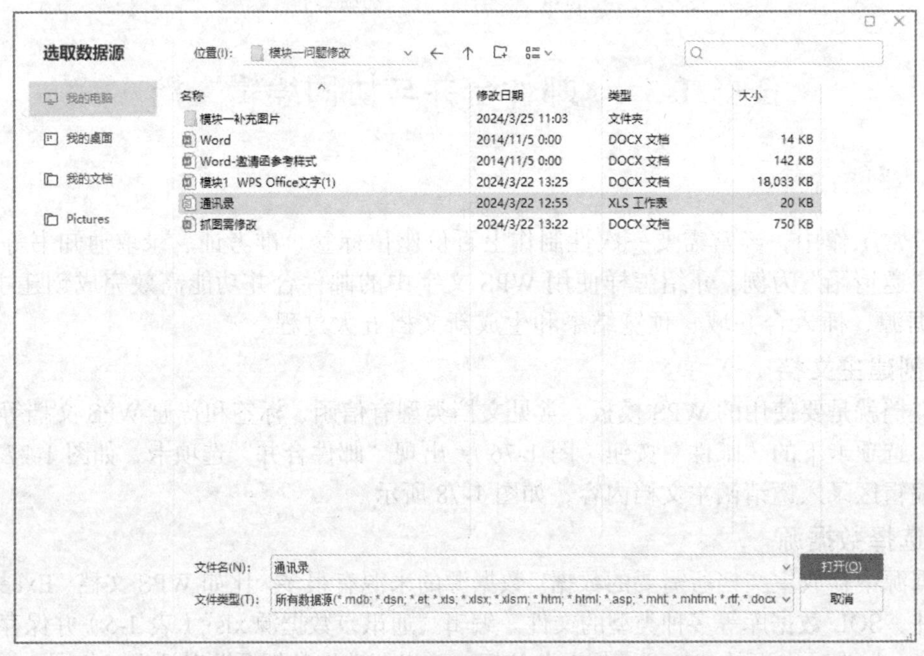

图 1-79 “选取数据源”对话框

选择“通讯录.xls”并打开（注意：xlsx 文件格式可能打不开），在“邮件合并”选项卡中点击“收件人”按钮，在弹出的“邮件合并收件人”对话框中选择指定的收件人后，点击“确定”按钮，如图 1-80 所示。

3. 插入合并域

将光标移至主文档需输入合并域的位置，在“邮件合并”选项卡中点击“插入合并域”按钮，在弹出的“插入域”对话框中选择需要插入的域，点击“插入”按钮，如图 1-81 所示。

4. 预览结果

在“邮件合并”选项卡中点击“查看合并数据”按钮就可看到邮件合并的结果，如图 1-82 所示。

5. 生成新文档

在“邮件合并”选项卡中点击“合并到新文档”按钮，在“合并到新文档”对话框中选择“全部”，点击“确定”按钮，如图 1-83 所示。生成“文字文稿 1”文档，将其保存为“邀请函.docx”即可。

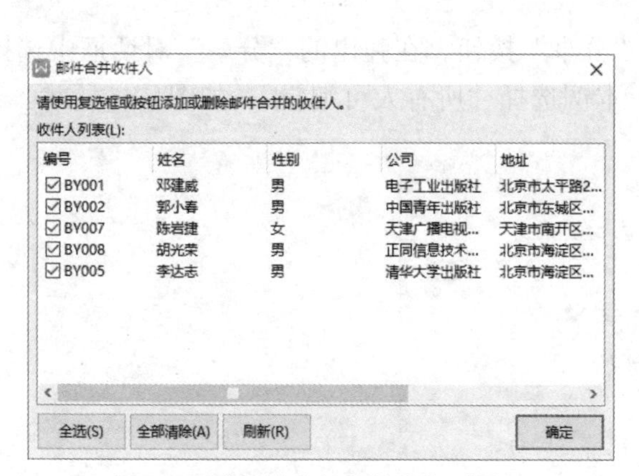

图 1-80　“邮件合并收件人”对话框

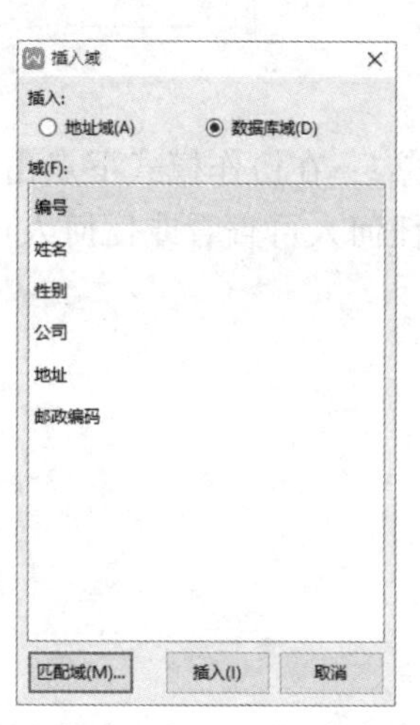

图 1-81　“插入域”对话框

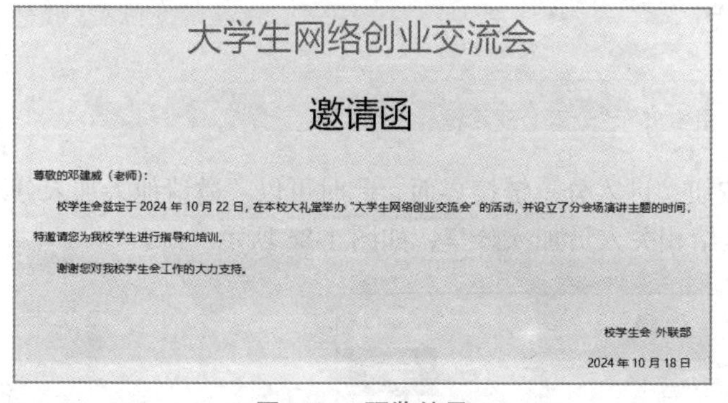
大学生网络创业交流会

邀请函

尊敬的邓建威（老师）:

校学生会兹定于 2024 年 10 月 22 日，在本校大礼堂举办“大学生网络创业交流会”的活动，并设立了分会场演讲主题的时间，特邀请您为我校学生进行指导和培训。

谢谢您对我校学生会工作的大力支持。

校学生会 外联部

2024 年 10 月 18 日

图 1-82　预览结果

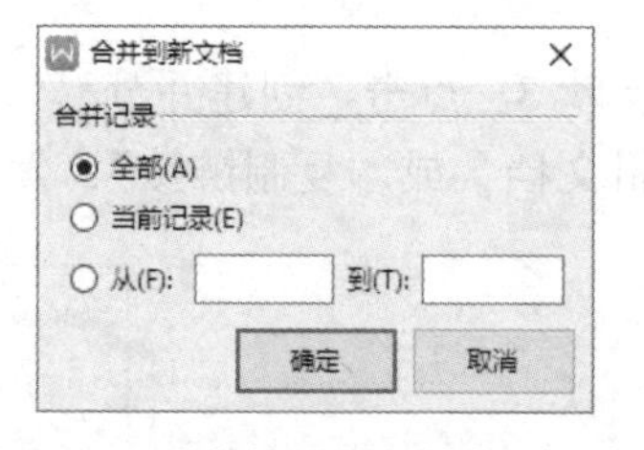

图 1-83　“合并到新文档”对话框

1-5-2　多人协同编辑文档

协同编辑文档除了使用“审阅”选项卡下的“批注”和“修订”功能外，还可以使用“特色功能”选项卡下的“分享协作功能”，真正实现在线交互编辑文档。

步骤 1：首先注册并登录自己的 WPS 账号，打开本地的一个 WPS 文档，依次点击“特色功能”→“协作”按钮，弹出“应用中心”对话框，选择“分享协作”→“在线协作”，进入在线协作模式，如图 1-84 所示。

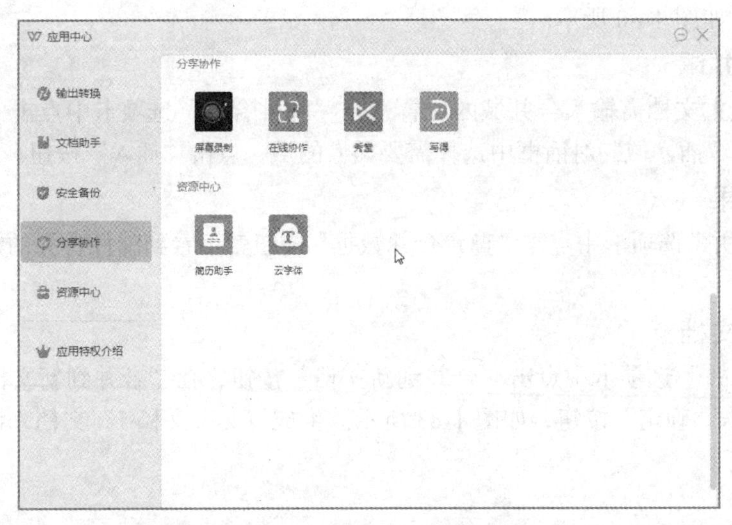

图 1-84 “应用中心”对话框

步骤2：在协作模式下点击右上角“分享”按钮，在弹出的“分享”对话框中选择分享权限：任何人可查看或任何人可编辑。本例选择“所有人可编辑”，如图1-85 所示。

图 1-85 “分享”对话框

步骤 3：点击“创建并分享”按钮，进入分享链接界面，此时可以“邀请他人加入分享”来编辑文档，或“复制链接”，发送给相关人员加入分享，如图 1-86 所示。

图 1-86 分享链接界面

步骤 4：当开始编辑文本时，不同的人编辑时以不同的颜色显示，并可以插入评论，还可在“协作记录”中查看每个人对文档的编辑内容。

任务 1-6　页面设置与文档输出

对已有的文档可以继续进行页面设置和文档输出设置。

1-6-1　设置页面

在进行文档设计时，一般首先要进行页面设置。WPS 提供了丰富的页面设置选项，用户可以根据自己的需要设置页面大小、纸张方向、页边距、页面背景、页面边框等，以满足不同打印输出的要求。

1. 页面大小设置

切换到“页面布局”选项卡，点击“页面设置”功能区的“纸张大小”按钮，弹出如图 1-87 所示的下拉菜单，从中选择所需的纸张大小，即可设置页面大小。当所列出的纸张大小均不满足要求时，可以点击菜单底部的“其他页面大小”命令，弹出如图 1-88 所示的“页面设置”对话框，在“纸张”选项卡的“纸张大小”区域进行相应的设置。

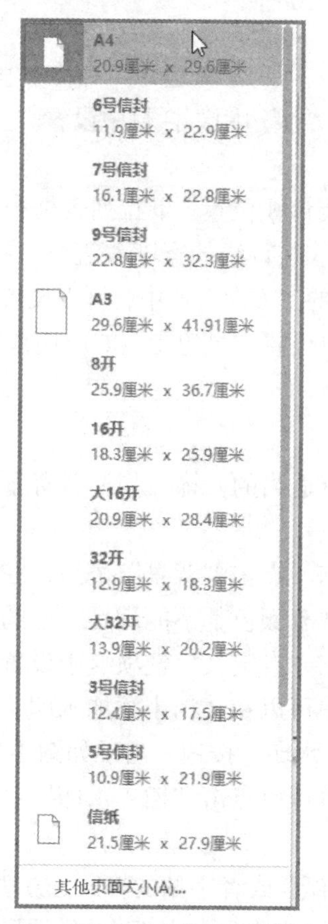

图 1-87　“纸张大小”设置下拉菜单

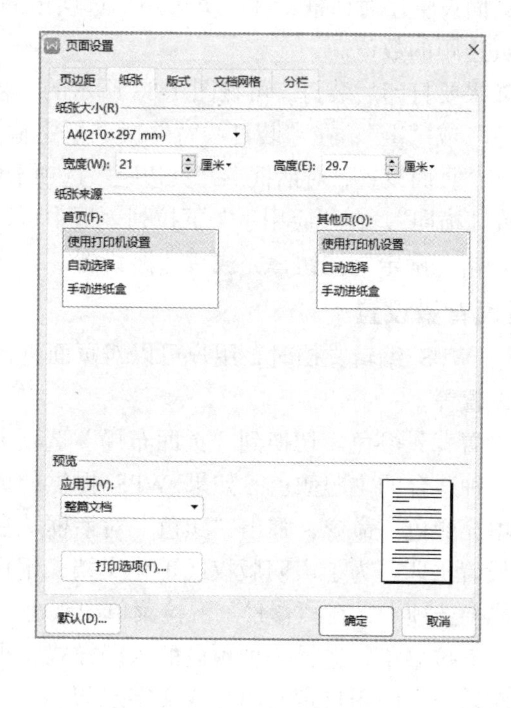

图 1-88　“页面设置”对话框

2. 页边距设置

当默认的页边距大小不满足打印要求时，用户可以自行调整，方法如下。

切换到“页面布局”选项卡，点击“页边距”按钮，弹出如图 1-89 所示的下拉菜单，从中选择所需的页边距大小。

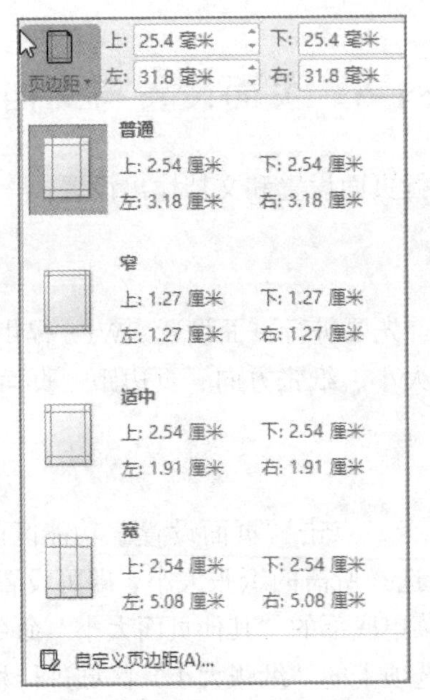

图 1-89 “页边距”下拉菜单

（1）如果要自定义页边距，可以点击菜单中的“自定义页边距”命令，弹出如图 1-88 所示的“页面设置”对话框，在“页边距”选项卡的“页边距”栏目中设置“上”“下”“左”和“右”页边距的数值。

（2）如果要打印后装订，可在图 1-88 所示的“装订线位置”下拉列表框中选择装订线的位置为“左”或“上”，在“装订线宽”微调框中输入装订线的宽度数值。

（3）在“页面设置”对话框→“页边距”选项卡的“方向”栏中，可以设置页面的方向为“纵向”或“横向”，在“应用于”下拉列表框中可以设置“页边距”的应用范围。

（4）点击“确定”按钮，完成页边距设置。

3. 页面背景设置

在使用 WPS 编辑文档时，用户可以对页面进行适当的修饰，如设置背景颜色、水印效果、稿纸设置等。

（1）设置背景颜色。切换到“页面布局”选项卡，点击“背景”按钮，在弹出的下拉菜单中选择一种适合的主题颜色。如果 WPS 提供的现有颜色都不能满足自己的需要，可以选择“其他填充颜色”命令，弹出“颜色”对话框，在“自定义”选项卡中设置 RGB 值。

（2）设置水印。为了声明版权或美化文档，用户可以在文档中添加水印。方法是切换到“页面布局”选项卡，在“背景”下拉菜单中点击“水印”按钮，出现如图 1-90 所示的“自定义水印”下拉菜单，选择一种预设的水印样式；也可以点击“插入水印”命令，在弹出的“水印”对话框中使用自定义图片或文字水印。

（3）设置稿纸。有时需要将文档转换成稿纸（信纸）或者字帖的格式，方法是切换到“页面布局”选项卡，点击“稿纸设置”按钮，出现如图 1-91 所示的“稿纸设置”对话框，选中“使用稿纸方式”复选框，设置“规格”“网格”和“颜色”等参数，设置页面的“纸张大小”“纸张方向”及换行方式。

1-6-2 文档打印

WPS 文字提供了文档打印功能，还提供了在屏幕模拟显示实际打印效果的打印预览功能。

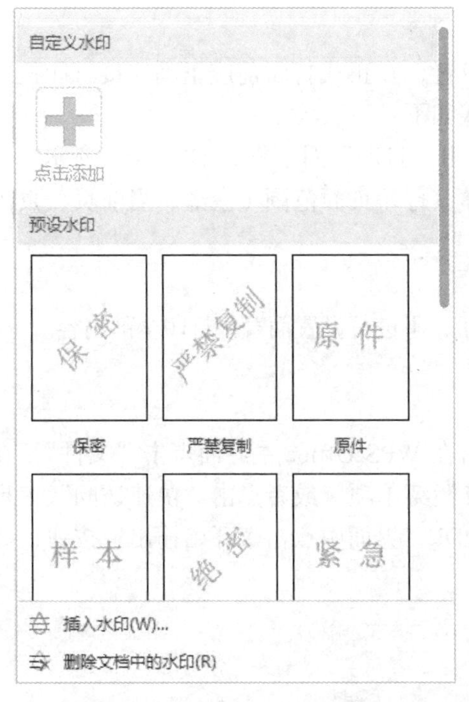

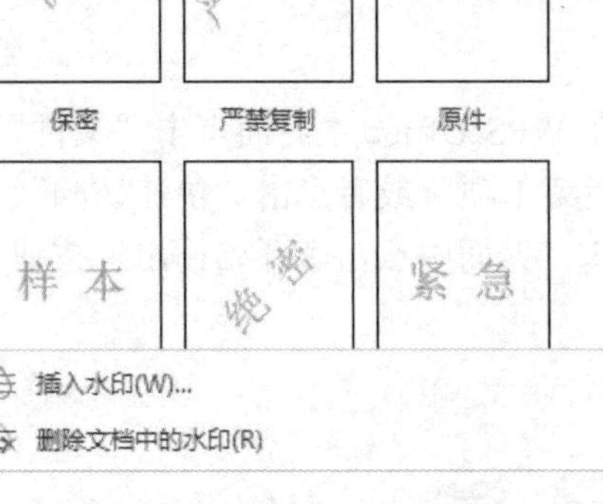

图 1-90　“自定义水印”下拉菜单

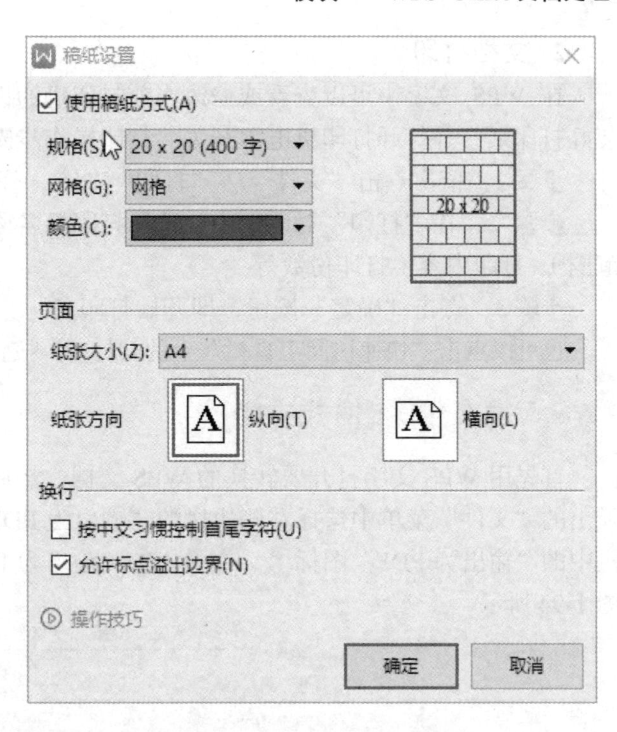

图 1-91　“稿纸设置”对话框

1. 打印预览

在文档正式打印之前，一般先要进行打印预览。打印预览可以在一个缩小的尺寸范围内显示全部页面内容。如果对编辑效果不满意，可以点击其他选项卡退出打印预览状态，也可以点击“关闭”按钮继续编辑修改，从而避免不适当的打印造成的纸张和时间的浪费。

在“文件”选项卡中点击“打印”命令或在“快速访问工具栏”上点击“打印预览”按钮，屏幕将显示打印预览窗口，如图 1-92 所示。在“打印预览”窗口中可以使用滚动条进行翻页显示。

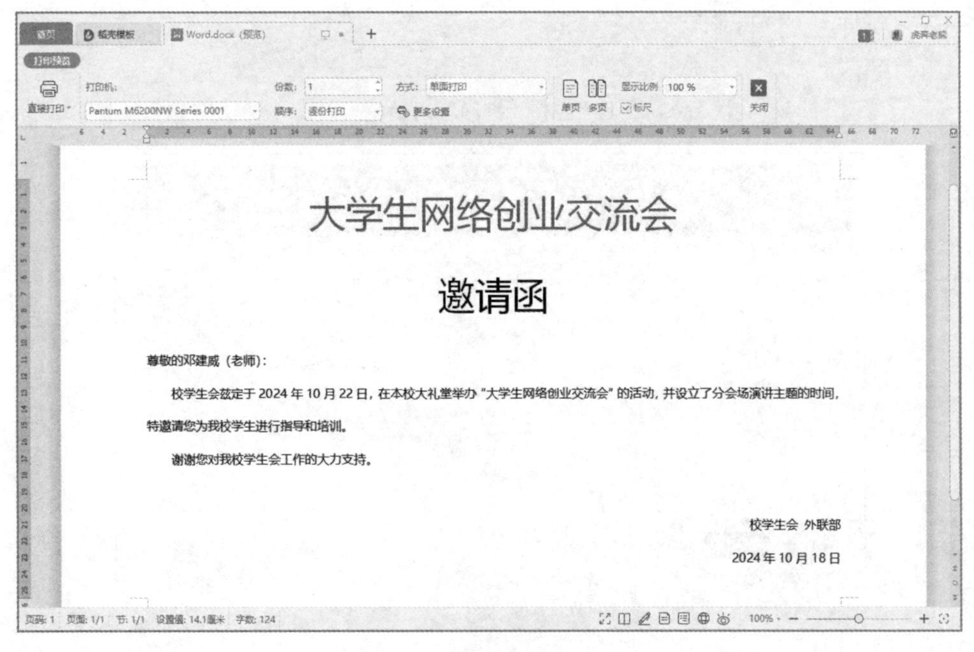

图 1-92　“打印预览”窗口

2. 文档打印

在 WPS 文字中可以查看或修改当前打印机的设置，在正式打印前应正确连接打印机，装好打印纸，并打开打印机电源开关。打印操作步骤如下：

步骤 1：依次点击“文件”→“打印”命令，弹出“打印”对话框，如图 1-93 所示。

步骤 2：在“打印”对话框中，选择打印机名称、打印页面范围（全部、当前页、页码范围）、打印内容、打印份数等。

步骤 3：点击“确定”按钮，即开始打印。

也可以点击“快速访问工具栏”上的“打印”按钮，不进行设置而直接打印全部内容。

1-6-3 发布 PDF 格式文档

首先用 WPS 文字打开要转换的 WPS 文档，然后在 WPS Office 主界面点击“文件”，在弹出的“文件”菜单中选择左侧边栏的“输出为 PDF”菜单项，或者点击“快速访问”工具栏中的“输出为 PDF”图标，在弹出的“输出为 PDF”界面中点击“开始输出”按钮，如图 1-94 所示。

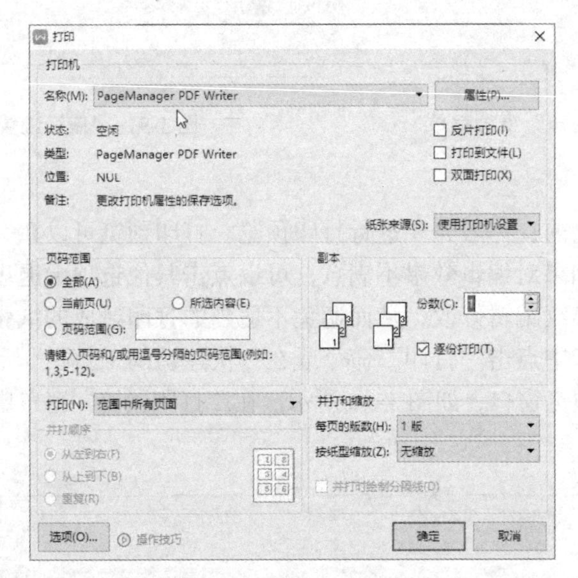

图 1-93 “打印”对话框

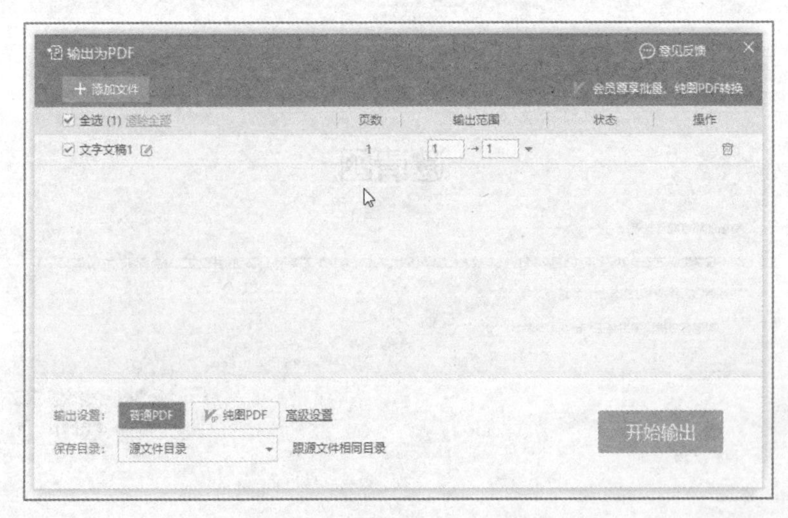

图 1-94 “输出为 PDF”对话框

项目1 论 文 排 版

项目描述

中国信息科技大学 2019 级信息管理专业的毕业生王林同学撰写了毕业论文，保存在名为“WPS.docx”的文档中，论文的排版还需要进一步修改。根据以下要求，帮助王林同学对论文进行完善。

（1）打开指定的素材文档“WPS.docx”（.docx 为文件扩展名），后续操作均基于此文件。

（2）文档页面设置为 A4 幅面，上、下、左、右边距分别为 3.5 厘米、2.5 厘米、2.8 厘米和 2.8 厘米，装订线在左侧 0.3 厘米，页脚距边界 1.5 厘米；为论文插入一个封面页，效果请参考考生文件夹下的图片“封面样式参考”。

（3）为文档进行分节，使得“封面”“目录”“摘要”“结论”“致谢”“参考文献”“附录 1”以及 4 个正文章节，各部分的内容都位于独立的节中，且从新的一页开始。

（4）按以下要求完成相应操作：

①设置所有“正文”样式首行缩进 2 字符。

②为文档中所有红色标记的标题（例如“摘要”“第一章 快餐的基本概况”等）设置“标题 1”样式，并修改“标题 1”的样式字体为微软雅黑（中文）、三号字、加粗、黑色，居中，并设置段前、段后间距均为 0.5 行，特殊格式为“无”。

③为文档中所有蓝色标记的标题（例如“1.1 快餐的概念”“1.2 快餐的分类”等）设置“标题 2”样式，并修改“标题 2”的样式字体为宋体（中文）、Times New Roman（西文）、小四号字、加粗、黑色，并设置段前、段后间距均为 0.5 行，特殊格式为“无”。

④为文档中所有绿色标记的标题（例如“1.2.1 传统快餐”“1.2.2 过渡快餐”等）设置“标题 3”样式，并修改“标题 3”的样式字体为宋体（中文）、五号字、黑色，段前间距为 0.5 行，特殊格式为“无”。

⑤将各级标题的手动编号全部替换为自动多级编号。

（5）按以下要求设置页眉和页脚：

①为论文设置页眉。封面不显示页眉；4 个正文章节的偶数页页眉显示“中国信息科技大学毕业论文”，并在其左侧显示 LOGO 图标；4 个正文章节的奇数页页眉显示当前所在章节的名称，并在其右侧显示 LOGO 图标；其他节的页眉显示当前所在章节的名称。效果请参考考生文件夹下的“页眉参考”文档。

②为论文设置页码，要求封面不显示页码，在页脚正中插入页码，目录页和摘要页的页码格式为“Ⅰ，Ⅱ，Ⅲ，…”，正文其他部分的页码格式为“第 1 页”。

（6）删除文档中的所有空行；将“附录 1”所在小节的纸张方向设置为“横向”，并将“附录 1”中的全部内容分为等宽的 2 栏，且添加分割线。

（7）将考生文件夹下的图片 1 和图片 2 插入到文档中的合适位置，为文档中所有图片应用基于“正文”样式创建的“图片”样式（段落居中对齐，特殊格式设置为“无”，行距设置为 0.9 倍）；将文档中 7 个图标题中的编号按照顺序全部替换为题注，并修改“题注”样式的段落居中对齐、特殊格式设置为“无”、行距设置为固定值 20 磅。

（8）在“目录”文字后插入目录，替换“请在此插入目录”的文字，目录显示级别为 3 级，不使用超链接；在“图目录”文字后插入图目录，替换“请在此插入图目录”的文字；在目录节插入宋体、倾斜版式的文字水印“目录”，透明度为 80%。

（9）将文档输出为PDF文件，存放在考生文件夹下并命名为“毕业论文.pdf”。

项目实施

1.【微步骤】

步骤1：打开素材文档“WPS.docx”。

2.【微步骤】

视频 论文排版

步骤1：在“页面布局”选项卡中点击“纸张大小”按钮，在其选项中选择“其他页面大小”选项，弹出“页面设置”对话框。在“纸张”选项卡中，将“纸张大小”设置为A4；在“页边距”选项卡中，将上边距设置为3.5厘米，下边距设置为2.5厘米，左边距设置为2.8厘米，右边距设置为2.8厘米；装订线位置设置为“左”，装订线宽设置为0.3厘米；在“版式”选项中，页眉、页脚距边界均设置为1.5厘米，点击“确定”按钮。

步骤2：将插入点移动至目录前，在“插入”选项卡中，选择“封面页”选项中的第1个封面。依照“封面样式参考.png”文件，修改数据。

3.【微步骤】

步骤1：将插入点移动至“摘要”前，在“插入”选项卡中，选择“分页”选项中的“下一页分节符”选项。

步骤2：将插入点移动至各章标题前，在“插入”选项卡中，选择“分页”选项中的“下一页分节符”选项。

步骤3：将插入点移动至正“结论”前，在“插入”选项卡中，选择“分页”选项中的“下一页分节符”选项。

步骤4：将插入点移动至“致谢”前，在“插入”选项卡中，选择“分页”选项中的“下一页分节符”选项。

步骤5：将插入点移动至“参考文献”前，在“插入”选项卡中，选择“分页”选项中的“下一页分节符”选项。

步骤6：将插入点移动至“附录1”前，在“插入”选项卡中，选择“分页”选项中的“下一页分节符”选项。

4.【微步骤】

步骤1：在“开始”选项卡中，右击“正文”样式选项，选择“修改样式”命令。在弹出的“修改样式”对话框中，点击“格式”按钮，在选项中选择“段落”命令。在弹出的“段落”对话框中，将特殊格式设置为“首行缩进”，度量值设置为“2”字符，两次点击“确定”按钮。

步骤2：选定封面页的表格，光标定位在表格任一区域，点击“开始”选项卡“段落”功能区右下角的对话框启动器按钮，在弹出的“段落”对话框中，将“特殊格式”设置为“无”，点击“确定”按钮。

步骤3：在“开始”选项卡中，选择“查找替换”选项，在弹出的“查找和替换”对话框中，点击“格式”按钮。在弹出的选项中选择“字体”命令，在“查找字体”对话框中，将字体颜色设置为“红色”，点击“确定”按钮。在“在以下范围中查找”选项中选择“主文档”选项，点击“关闭”按钮。

步骤4：在“开始”选项卡中，右击“标题1”样式选项，选择“修改样式”命令，在弹出的“修改样式”对话框中，点击“格式”按钮，在选项中选择“字体”命令。在弹出的“字体”对话框中，将样式中文字体设置为“微软雅黑”“三号”“加粗”“黑色”，点击“确定”按钮。继续点击“格式”按键，在选项中选择“段落”命令，在弹出的“段落”对话框中，将对齐方式设置为“居中”，段前、段后间距设置为 0.5 行，特殊格式设置为“无”，点击“确定”按钮，继续点击“确定”按钮。点击“标题 1”样式。

步骤 5：在“开始”选项卡中，选择“查找替换”选项，在弹出的“查找和替换”对话框中，点击“格式”按钮。在弹出的选项中选择“清除格式设置”命令，清除之前的格式设置。继续点击“格式”按钮，在弹出的选项中选择“字体”命令，在“查找字体”对话框中，将字体颜色设置为“蓝色”，点击“确定”按钮。在“在以下范围中查找”选项中选择“主文档”选项，点击“关闭”按钮。

步骤 6：在“开始”选项卡中，右击“标题 2”样式选项，选择“修改样式”命令，在弹出的“修改样式”对话框中，点击“格式”按钮，在选项中选择“字体”命令。在弹出的“字体”对话框中，将样式字体设置为“宋体（中文）、Times New Roman（西文）、小四号字、加粗、黑色”，点击“确定”按钮。继续点击“格式”按钮，在选项中选择“段落”命令，在弹出的“段落”对话框中，将段前、段后间距设置为 0.5 行，特殊格式设置为“无”，点击“确定”按钮，继续点击“确定”按钮。点击“标题 2”样式。

步骤 7：在“开始”选项卡中，选择“查找替换”选项，在弹出的“查找和替换”对话框中，点击“格式”按钮。在弹出的选项中选择“清除格式设置”命令，清除之前的格式设置，继续点击“格式”按钮。在弹出的选项中选择“字体”命令，在“查找字体”对话框中，将字体颜色设置为“绿色”，点击“确定”按钮。在“在以下范围中查找”选项中选择“主文档”选项，点击“关闭”按钮。

步骤 8：在“开始”选项卡中，右击“标题 3”样式选项，选择“修改样式”命令，在弹出的“修改样式”对话框中，点击“格式”按钮，在选项中选择“字体”命令。在弹出的“字体”对话框中，将样式字体设置为“宋体（中文）、五号字、黑色”，点击“确定”按钮。继续点击“格式”按钮，在选项中选择“段落”命令，在弹出的“段落”对话框中，将段前、段后间距设置为 0.5 行，特殊格式设置为“无”，点击“确定”按钮，继续点击“确定”按钮。

步骤 9：将插入点移动至“第一章”的标题处，在“开始”选项卡中，选择“编号”选项中的“自定义编号”选项，在弹出的“项目符号和编号”对话框中，选择“多级编号”选项卡，选择含有三级编号的选项，选择“自定义”按钮。在弹出的“自定义多级编号列表”对话框中，选择“1 级”编号，在“编号格式”栏中删除末尾的“.”，在末尾输入“章”，前面输入“第”，即（形如：“第①章”），在“编号样式”选项中选择“一、二、三、…”样式，在“高级”选项中，将“对齐位置”设置为“0 厘米”，“缩进位置”设置为“0 厘米”，将级别链接到样式”选择中选择“标题 1”，“编号之后”设置为“空格”；选择“2 级”编号，在“编号格式”栏中删除末尾的“.”，勾选“正规形式编号”，“将级别链接到样式”选择中选择“标题 2”，将“编号之后”设置为“空格”，将“对齐位置”设置为“0 厘米”，“缩进位置”设置为“0 厘米”；选择“3 级”编号，在“编号格式”栏中删除末尾的“.”，将“对齐位置”设置为“0 厘米”，“缩进位置”设置为“0 厘米”，勾选“正规形式编号”，“将级别链接到样式”选择中选择“标题 3”，“编号之后”设置为“空格”，点击“确定”按钮。

步骤 10：将插入点分别移动至“摘要”“结论”“致谢”“参考文献”“附录”处，在“开始”选项卡中，选择“编号”选项中的“无”，取消编号设置。

步骤 11：在“开始”选项卡中，选择“查找替换”选项，在弹出的“查找和替换”对话框中，选择“替换”选项卡，在“查找内容”栏中输入“第”，在“特殊格式”选项中选择“任意字符”选项，然后在“查找内容”栏中输入“章”（章后面有一个空格），点击“格式”按钮，选择“样式”选项在弹出的“查找样式”对话框中，选择“标题 1”样式，点击“确定”按钮，点击“全部替换”按钮。将“查找内容”栏删除，在特殊格式”选项中选择“任意数字”选项，然后在“查找内容”栏中输入“.”，继续在“特殊格式”选项中选择“任意数字”选项，点击“格式”按钮，选择“样式”选项在弹出的“查找样式”对话框中，选择“标题 2”样式，点击“确定”按钮，点击“全部替换”按钮。在“查找内容”栏中输入“.”，继续在“特殊格式”选项中选择“任意数字”选项，点击“格式”按钮，选择“样式”选项，在弹出的“查找样式”对话框中，选择“标题 3”样式，点击“确定”按钮，点击“全部替换”按钮。

5.【微步骤】

步骤 1：将插入点移动至“目录”页，在页眉处双击，打开“页眉”设置，在“页眉和页脚”选项卡中，选择“页眉页脚选项”选项，在弹出的“页眉/页脚设置”对话框中，勾选“奇偶页不同”，点击“确定”按钮，点击取消“同前节”选项。将插入点移动至“第一章”的页眉处，点击取消“同前节”选项。将插入点移动至“结论”的页眉处，点击取消“同前节”选项。

步骤 2：将插入点移动至“目录”页的页眉处，在“页眉和页脚”选项卡中，选择“页眉横线—上粗下细双横线”选项，选择“域”选项，在弹出的“域”对话框中，将“域名”设置为“样式引用”选项，“样式名”设置为“标题 1”样式，点击“确定”按钮。在“开始”选项卡中，选择“居中”选项。

步骤 3：将插入点移动至“第一章”页的奇数页页眉处，在“页眉和页脚”选项卡中，选择“页眉横线—上粗下细双横线”选项，选择“域”选项，在弹出的“域”对话框中，将“域名”设置为“样式引用”选项，“样式名”设置为“标题 1”样式，勾选“插入段落编号”选项，点击“确定”按钮。继续选择“域”选项，在弹出的“域”对话框中，将“域名”设置为“样式引用”选项，“样式名”设置为“标题 1”样式，点击“确定”按钮。在“开始”选项卡中，选择“居中”选项。将插入点移动至该页眉末尾处，在“插入”选项卡中，选择“图片”选项，在弹出的“插入图片”对话框中，打开考生文件夹下的“logo.png”文件。

步骤 4：将插入点移动至“第一章”页的偶数页页眉处，在“页眉和页脚”选项卡中，选择“页眉横线—上粗下细双横线”选项。在“插入”选项卡中，选择“图片”选项，在弹出的“插入图片”对话框中，打开考生文件夹下的“logo.png”文件，在图片后输入页眉文字“中国信息科技大学毕业论文”。在“开始”选项卡中，选择“居中”选项，将页眉居中。

步骤 5：将插入点移动至“结论”页的页眉处，在“页眉和页脚”选项卡中，选择“页眉横线—上粗下细双横线”选项，选择“域”选项，在弹出的“域”对话框中，将“域名”设置为“样式引用”选项，“样式名”设置为“标题 1”样式，点击“确定”按钮。在“开始”选项卡中，选择“居中”选项，将页眉居中。

步骤 6：将插入点移动至“目录”页的页脚处，在“页眉和页脚”选项卡中，点击取消“同前节”选项。将插入点移动至“第一章”页的页脚处，在“页眉和页脚”选项卡中，点击取消“同前节”选项。

步骤 7：将插入点移动至“目录”页的页脚处，在“页眉和页脚”选项卡中，选择“页码—页码”选项，在弹出的“页码”对话框中，将“样式”设置为“Ⅰ，Ⅱ，Ⅲ，…”，“起始页码”设置为 1，选择“本页及之后”选项，点击“确定”按钮。

步骤 8：将插入点移动至“第一章”页的奇数页页脚处，在“页眉和页脚”选项卡中，选择“页码—页码”选项，在弹出的“页码”对话框中，将“样式”设置为“1，2，3，…”，“起始页码”设置为 1，选择“本页及之后”选项，点击“确定”按钮。在页码前输入“第”，在页码后输入“页”。将插入点移动至“第一章”页的偶数页页脚处，在页码前输入“第”，在页码后输入“页”。在“页眉和页脚”选项卡中，点击“关闭”按钮。

6.【微步骤】

步骤 1：在“开始”选项卡中，选择“文字工具”选项中的“删除—删除空段”选项。

步骤 2：将插入点移动至“附录”页，在“页面布局”选项卡中，将“纸张方向”设置为“横向”。选定“关于肯德基快餐……谢谢您的合作!”，在“页面布局”选项卡中，选择“分栏”选项，点击“更多分栏”，在弹出的“分栏”对话框中，将“预设”项设置为“两栏”，勾选“分隔线”选项，点击“确定”按钮。

7.【微步骤】

步骤 1：将插入点移动至图 1 上一行的空白处，在“插入”选项卡中，选择“图片”选项，在弹出的“插入图片”对话框中，选定考生文件夹下的“图 1.png”文件，点击“打开”按钮。将插入点移动至图 2 处，在“插入”选项卡中，选择“图片”选项，在弹出的“插入图片”对话框中，选定考生文件夹下的“图 2.png”文件，点击“打开”按钮。

步骤 2：选定第 1 张图片，在“开始”选项卡中，选择“新样式”选项，在弹出的“新建样式”对话框中，将“名称”栏修改为“图片”。点击“格式”按钮，选择“段落”选项，在弹出的“段落”对话框中，将“对齐方式”设置为“居中对齐”，“特殊格式”设置为“无”，“行距”设置为“多倍行距”，“设置值”修改为“0.9”磅，点击“确定”按钮，继续点击“确定”按钮。

步骤 3：依次选定其他图片，在“开始”选项卡中，选择样式为“图片”样式（建议使用查找替换功能，比手工一个一个设置更快，有兴趣的同学可以试一试）。

步骤 4：将插入点移动至第 1 张图片页，删除“图 1”文字，在“引用”选项卡中，选择“题注”选项，在弹出的“题注”对话框中，将“标签”设置为“图”选项，点击“确定”按钮。

步骤 5：将插入点依次移动至其他图片页，删除“图 n”文字，依照步骤 4 完成操作。

步骤 6：在“开始”选项卡的“样式”功能区中，右击“题注”样式，选择“修改样式”选项。在弹出的“修改样式”对话框中，点击“格式”按钮，选择“段落”选项。在弹出的“段落”对话框中，将“对齐方式”设置为“居中对齐”，“特殊格式”设置为“无”，“行距”设置为“固定值”，“设置值”修改为“20”磅，点击“确定”按钮，继续点击“确定”按钮。

8.【微步骤】

步骤 1：将插入点移动至“目录”页，删除“请在此插入目录”文字，在“引用”选项卡中，选择“目录”选项中的“自定义目录”选项，在弹出的“目录”对话框中，取消“使用超链接”选项，点击“确定”按钮。

步骤 2：删除“请在此插入图目录”文字，在“引用”选项卡中，选择“插入表目录”选项，在弹出的“图表目录”对话框中，选择“图”选项，点击“确定”按钮。

步骤 3：将插入点移动至“目录”页，在“插入”选项卡中，选择“水印”选项中的“插入水印”选项，在弹出的“水印”对话框中，勾选“文字水印”选项，“内容”栏输入“目录”，“字体”设置为“宋体”，“版式”设置为“倾斜”，“透明度”修改为“80%”，“应用于”设置为“本节”，点击“确定”按钮。

9.【微步骤】

步骤 1：点击“文件”菜单，在弹出的菜单中选择“保存”命令。点击“文件”菜单，在弹出的菜单中选择“输出为 PDF”，在弹出的“输出为 PDF”对话框中，将文件保存在“源文件目录”，点击“开始输出”按钮，最后将文件名改为“毕业论文”。

步骤2：保存并关闭所有打开的作答文件。

项目2　邀请函制作

项目描述

某高校学生会计划举办一场“大学生网络创业交流会”活动，拟邀请部分专家和老师给在校学生演讲。因此，校学生会外联部需制作一批邀请函，并分别递送给相关的专家和老师。按如下要求，完成邀请函的制作：

（1）打开指定的素材文档“WPS.docx”（.docx为文件扩展名），后续操作均基于此文件。

（2）调整文档版面，要求页面高度18厘米、宽度30厘米，上、下页边距为2厘米，左、右页边距为3厘米。

（3）将考生文件夹下的图片“背景图片.jpg”设置为邀请函背景。

（4）根据“WPS-邀请函参考样式.docx”文件，调整邀请函中内容文字的字体、字号和颜色。

（5）调整邀请函中内容文字段落对齐方式。

（6）根据页面布局需要，调整邀请函中“大学生网络创业交流会”和“邀请函”两段落的间距。

（7）在“尊敬的”和“（老师）”文字之间，插入拟邀请的专家和老师姓名，拟邀请的专家和老师姓名在考生文件夹下的“通讯录.xlsx”文件中。每页邀请函中只能包含1位专家或老师的姓名，所有的邀请函页面请另外保存在一个名为“WPS-邀请函.docx”文件中。

（8）邀请函文档制作完成后，请保存“WPS.docx“文件。

项目实施

1.【微步骤】

步骤1：打开素材文档“WPS.docx”。

2.【微步骤】

步骤1：执行“页面布局”→“纸张大小”→“其他页面大小”命令，设置页面的高度为“18厘米”，宽度为“30厘米”。

视频　邀请函制作

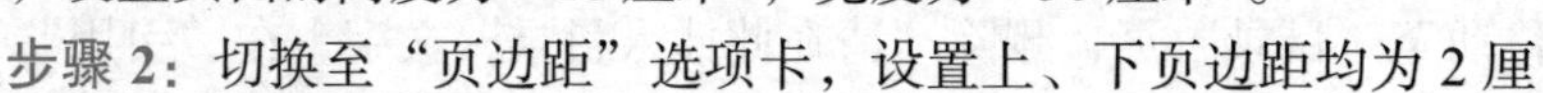

步骤2：切换至“页边距”选项卡，设置上、下页边距均为2厘米，左、右页边距均为3厘米。最后点击“确定”按钮。

提示：有些用户的计算机可能会出现一个弹框，直接点击“忽略”按钮即可。

3.【微步骤】

步骤1：执行“设计”→“页面背景”→“页面颜色”→“填充效果”命令。

步骤2：在“填充效果”对话框中选择“图片”选项卡，点击“选择图片”按钮。

步骤3：在“插入图片”对话框中点击“从文件”选项。

步骤4：在“选择图片”对话框中找到考生文件夹下的“背景图片.jpg”文件并选中，点击“插入”按钮，最后点击“确定”按钮。

4.【微步骤】

步骤1：根据“WPS-邀请函参考样式.docx”文件中的样式进行设计。选中所有文字，在“开始”→“字体”功能区设置文字的字体为“微软雅黑”，字号为“小四”。

步骤 2：选中标题“大学生网络创业交流会”和“邀请函”两行，设置其对齐方式为“居中”，字号为“小初”。

步骤 3：选中“大学生网络创业交流会”，设置其颜色为“标准色”→“蓝色”。

5.【微步骤】

步骤 1：选中“校学生会兹定于……”和“谢谢您对我校……”两行并右击，选择“段落”，将“段落”对话框中的“特殊”设置为“首行缩进”，“磅值”设置为“2 字符”，点击“确定”按钮。

步骤 2：选中“校学生会外联部”和“2024 年”两行，设置其对齐方式为“右对齐”。

6.【微步骤】

步骤 1：选中标题“大学生网络创业交流会”和“邀请函”两行。

步骤 2：右击并选择“段落”，在“段落”对话框中，设置段后间距为“1 行”，点击“确定”按钮。

注意：如果此时文档增加 1 页，则可以删除其中的一个空段来调整，使文档只占 1 页。

7.【微步骤】

步骤 1：光标定位在“尊敬的”和“老师”文字之间的空白处。执行“引用”→“邮件”命令。

步骤 2：执行“邮件合并”→“打开数据源”命令，在“选取数据源”对话框中找到考生文件夹下的“通讯录.xlsx”文件并选中，点击“打开”按钮，在“选择表格”对话框中选中“通讯录$”，点击“确定”按钮。

步骤 3：执行“邮件合并”→“插入合并域”命令，打开“插入域”对话框，选中“姓名”项，点击“插入”按钮，继续点击“关闭”按钮。

步骤 4：执行“邮件合并”→“合并到新文档”命令，在打开的对话框中，直接点击“确定”按钮，生成新的 WPS 文档。注意检查文档中有没有多余的空页，如果有则直接删除该空页。

步骤 5：按 F12 键（或执行“文件”→“另存为”→“浏览”命令），将新生成的文档保存至指定文件夹下，命名为“WPS-邀请函.docx”，并关闭该文档。

8.【微步骤】

保存并关闭 WPS.docx 文档。

模块小结

木章主要讲述了利用字处理软件 WPS Office 2019 文字进行文件的创建、文档的排版、表格的制作，图片、图形、艺术字的操作，以及邮件合并、协同编辑、页面设置、文档打印与输出等高级操作。通过本模块的学习，学生能够熟练掌握 WPS 文字的一些基本操作和技巧，为以后的文档编辑节约大量的时间，提高学习和工作效率。

真题实训

一、选择题

1. 在 WPS 文字的功能区中，不包含的选项卡是（　　）。

A. 引用　　B. 章节　　C. 邮件　　D. 审阅

2. 在 WPS 文字中，不可以将文档直接输出为（　　）。

A. PDF 文件　　B. 电子邮件正文

C. 扩展名为.PPTX 的文件　　D. 图片

3. 下列关于 WPS“协同编辑”的叙述中，错误的是（　　）。

A. 参与人可以随时查看文档的协作记录

B. 只有“协同编辑”发起人可以查看当前文档的在线协作人员

C. 参与人可以随时收到更新的消息通知

D. 多人可以同时编辑同一文档

4. WPS 文字中，为了将一部分文本内容移动到另一个位置，首先要进行的操作是(　　)。

A. 光标定位　　B. 复制　　C. 粘贴　　D. 选定内容

5. 下列不属于 WPS 文字模板文件扩展名的是（　　）。

A. .wpt　　B. .dotx　　C. .docx　　D. .dot

6. 在 WPS 文字中为所选单元格设置斜线表头，最优的操作方法是（　　）。

A. 绘制斜线表头　　B. 拆分单元格

C. 自定义边框　　D. 插入线条形状

7. 小明需要将 WPS 文字文档内容以稿纸格式输出，最优的操作方法是（　　）。

A. 利用“稿纸设置”功能

B. 利用“插入表格”功能绘制稿纸，然后将文字内容复制到表格中

C. 适当调整文档内容的字体和段落格式，然后将其直接打印到稿纸上

D. 利用“文档网格”功能

8. 对于 WPS 文字，下列关于页眉页脚的描述中，正确的是（　　）。

A. 可以为文档各节创建不同的页眉页脚

B. 页眉页脚在各种视图中都可以编辑

C. 编辑页眉页脚时，可以同时编辑正文

D. 不可以插入时间和日期

9. 使用 WPS 文字撰写包含若干章节的长篇论文时，若要使各章内容自动从新的页面开始，最优的操作方法是（　　）。

A. 将每章标题指定为标题样式，并将样式的段落格式修改为“段前分页”

B. 依次将每章标题的段落格式设为“段前分页”

C. 在每章结尾处连续按回车键使插入点定位到新的页面

D. 在每章结尾处插入一个分页符

二、操作题

打开素材文档“WPS.docx”（.docx 为文件扩展名），后续操作均基于此文件。

金山办公软件公司全新推出一款办公产品，需要制作一份产品宣传册，员工小张已经收集了相关图文素材，请帮助他完成排版美化工作。注意，该宣传册排版后的最终篇幅应控制为 6 页。

（1）设置文档属性的摘要信息：标题为“金山文档教育版宣传册”，作者为“KSO”。

（2）修改页面设置：纸张为 21 厘米 × 14.8 厘米（高 × 宽），上、下页边距均为 1.5 厘米，左、右页边距均为 2 厘米，页眉、页脚距边界均为 0.75 厘米。

（3）美化封面标题内容，请按照以下要求操作：

①将封面标题前两行文字的颜色设置为标准色“蓝色”。

②将封面标题第三行文字设置为斜体字并应用艺术字预设样式为“渐变填充 - 钢蓝”。

③将封面标题的首字母 K 设置为首字下沉 3 行。

（4）宣传册各部分已应用预设样式并已完成部分格式化工作，请进一步修改“标题 1”样式格式，要求：

①字号为小一号字、不加粗、白色，所用中文字体为黑体，所用英文、数字和符号均为 Arial 字体。

②居中对齐，段前、段后间距各 0.5 行，单倍行距。

③设置段落上、下边框为 1.5 磅粗黑实线，段落左右无边框，段落底纹颜色为“钢蓝，着色 5”。

④设置标题段落均自动另起一页，即始终位于下页首行。

（5）将蓝色文本（金山创始人求伯君……股份制商业银行）转换为表格（10 行 ×4 列），并按下面要求进行美化：

①将第 3 列所有单元格合并为一个单元格，合并单元格设置为“钢蓝，着色 5”，底纹搭配白色、加粗、黑体字，并设置文字方向按顺时针旋转 90°。

②将第 4 列中的所有数字和百分号“%”均设为二号字，并将百分号“%”设置为上标且字符位置下降 3 磅。

③设置表格对齐方式，第 1、2 列为“中部右对齐”，第 3 列为“分散对齐”，第 4 列为“中部两端对齐”。

④设置表格外侧上、下框线为 1.5 磅粗黑实线，表格内部横框线为 0.75 磅细“钢蓝，着色 5”实线，表格中的所有竖框线均设为“无”。

⑤先根据内容调整表格列宽，保证单元格内容不换行显示，再适应窗口大小，即表格左右恰好充满版心。

⑥将表格与其之前的段落之间距离设为 1 行，且二者之间不含空段落，适当调整表格高度，确保表格显示在同一页面。

（6）在“教学内容深度定制……”处对文档进行分节，使该文本及其后内容成为文档的小节。同时要求第 2 节从新的一页开始（必要时删除空白页），且该节的纸张方向为“横向”。

（7）按下列要求对两节的页眉页脚分别独立编排：

①第 1 节中的页面不设页眉横线，第 2 节应用“上粗下细双横线”样式的预设页眉横线。

②第 1 节中的页面不设页眉文字，第 2 节应用奇偶页不同的页眉文字，其中奇数页为段落右对齐的“金山文档教育版”字样、偶数页为段落左对齐的“KDOCS FOR EDUCATION”字样。

③第 1 节中的页面不设页码，第 2 节应用大写罗马数字页码（Ⅰ，Ⅱ，Ⅲ，…），且页码位置显示在“页脚外侧”，与页眉文字段落保持一致。

（8）在“教学内容深度定制……”中，为 3 个直角引号“「」”中的关键词添加超链接：

①关键词和对应的超链接地址如下：

金山文档教育版：https://edu.kdocs.cn/

稻壳儿：https://www.docer.con/

WPS 学院：https://www.wps.cn/learning/

②在添加了超链接的关键词之后插入脚注，并将页面中 3 行红色字体内容，分别添加到 3 个脚注中。

（9）对“教学内容深度定制……”之后每页的图片（共 4 张），按如下要求进行设置：

①将图片的文字环绕方式由默认的“嵌入型”修改为“四周型”。

②将图片固定在页面上的特定位置，要求水平向相对于页边距右对齐，垂直向相对于页

边距下对齐。不影响文字段落格式的前提下，允许适当修改图片大小，将文档控制在共 6 页的篇幅。

③为图片添加“右下斜偏移”的阴影效果。

（10）最后为了便于打印和共享，请保存“WPS.docx”文字文档后，在源文件目录下将其输出为带权限设置的 PDF 格式文件，权限设置为“禁止修改”和“禁止复制”，权限密码设置为三位数字“123”（无须设置文件打开密码），其他选项保持默认即可。

模块二

WPS Office 表格处理

学习任务

（1）熟悉 WPS 电子表格处理软件的选项卡和功能。
（2）掌握工作簿和工作表的创建。
（3）掌握表格数据录入与单元格格式的设置。
（4）掌握表格行高与列宽设置。
（5）掌握表格数据排序与数据筛选。
（6）掌握表格数据统计与分析处理。
（7）掌握分类汇总与数据透视表的创建。
（8）掌握页面和打印设置。

重点难点

（1）不同类型数据的输入方法。
（2）单元格的引用、公式和函数的应用。
（3）数据的统计和分析。
（4）图表的应用。
（5）数据透视表和数据透视图的应用。

任务 2-1　初识 WPS 表格

2-1-1　WPS 表格简介

WPS 表格的制作在日常学习、办公中有着非常广泛的应用，主要用来制作一些比较复杂的报表和计算烦琐的数据，如学生成绩表、工资表、销售情况表及公司日常开支表等。

WPS 表格支持 900 多个函数计算，具有条件表达式、排序、自动填充、多条件筛选、统计图表等丰富的功能。WPS 表格的 Docer（稻壳儿）表格模板提供了大量常用的工作表模板，可以帮助用户快速创建各类工作表格，高效实现多种数据计算功能。WPS 表格能够输出 PDF 格式文档，或另存为其他格式文档，并兼容 Microsoft Office Excel 文件格式，方便文件的交流与共享。

2-1-2　启动、认识和退出 WPS 表格

1. 启动 WPS 表格

启动 WPS 表格的一般方法如下：

方法 1：若桌面上已经存在“WPS Office”的快捷方式，直接双击该快捷方式图标，出

现 WPS 窗口，点击“新建”，进入新建页，点击“表格”，再点击“新建空白文档”，出现 WPS 表格窗口，如图 2-1 所示。

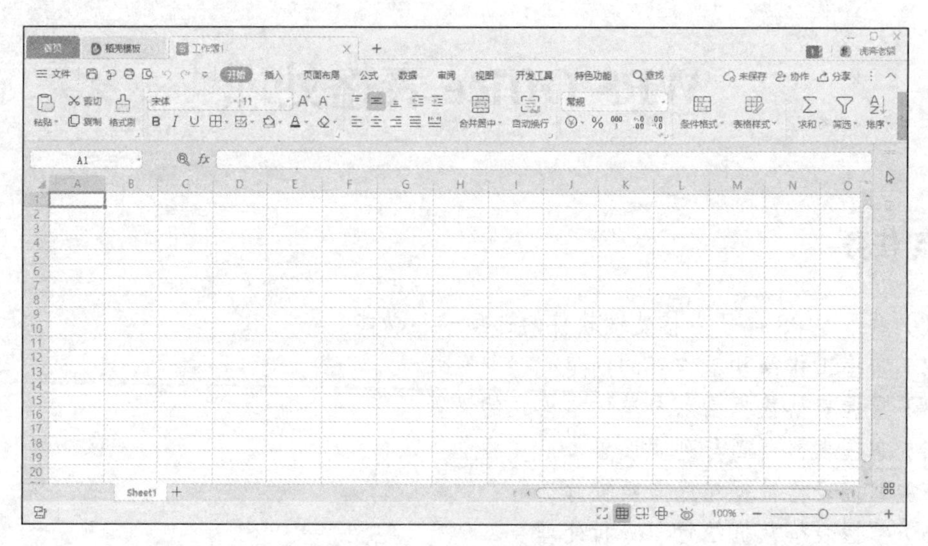

图 2-1 WPS 窗口及其组成

方法 2：点击“开始”菜单，找到“WPS Office”并点击，即可出现 WPS 窗口，接下来的操作与方法 1 一样。

方法 3：双击任何一个已存在的“*.et”“*.xls”或“*.xlsx”表格文件，即可启动 WPS 表格，并同时打开该文件。

2. 认识 WPS 表格工作窗口

WPS 表格工作窗口如图 2-1 所示，其主要功能如下：

（1）标题栏：位于 WPS 应用程序窗口的最顶端，用于显示当前打开的 WPS 文档的名称及路径。

（2）文档标签：处于反显状态的文档标签为当前正在编辑的 WPS 文档的名称，鼠标指向并悬停可显示路径。

（3）编辑栏：主要用于编辑单元格内容或公式，也可以显示活动单元格中使用的数据或公式。

（4）任务窗口：打开相应的任务操作窗口，如“数据透视表”“选择窗格”等。

（5）垂直滚动条：用于快速定位到表格垂直方向上需要编辑的位置。

（6）水平滚动条：用于快速定位到表格水平方向上需要编辑的位置。

（7）状态栏：位于 WPS 应用程序的最底端，状态栏中显示有关执行过程中的选定命令或操作的信息。当选定命令时，状态栏左边会出现该命令的简单描述，如选定单元格的平均值、计数、求和等信息。状态栏右边的显示比例按钮用于调节当前文档的显示比例。

（8）工作表标签：位于水平滚动条左侧，用于快速定位到工作簿中的任意工作表。

（9）工作表编辑区：用户可在此区域录入、修改或设置表格数据和格式。

（10）行号：用来标记工作表每一行的数字序列。WPS 表格中，有 65536 个行号，位于各行左侧。点击行号可选定工作表中的整行单元格；右击行号，将显示相应的快捷菜单。

（11）列号：用来标记工作表每一列的字母序列。WPS 表格中，每张工作表有 256 列，1～26 列分别使用单字母 A～Z 来表示。26 列以后的列用两个字母表示，比如 27 列用 AA 表示，而第 256 列的列号是 IV。点击列号可选定该列全部单元格。右击列号，将显示相应的快捷菜单。

（12）单元格：行号和列号交叉所在的区域称为单元格。

（13）名称框：位于编辑栏左端的下拉列表框，用于指示当前选定的单元格、图表项或绘图对象。点击某一单元格，名称框中即可显示其地址。在名称框中键入名称，再按回车键可快速选定单元格或单元格区域。

（14）工具栏：由一些图标按钮组成，每一个按钮都代表了一个命令。将鼠标指针移动到工具栏中的某一按钮上时，按钮就会突出显示。稍停片刻，按钮旁边就会出现一个灰色提示框，说明该按钮的名称或作用。点击图标按钮就可以执行相应的命令，从而完成某项工作。使用工具栏会使操作更加简便。

（15）快速访问工具栏：提供快捷地执行常用功能的工具按钮，如“保存”“输出为 PDF”“打印”“打印预览”“撤销”“恢复”等功能。

（16）选项卡功能区：提供各种常用的表格操作，包括“开始”“插入”“页面布局”“公式”“数据”“视图”“审阅”等 10 个功能选项。

选中某选项卡，可以看到该选项卡对应的功能区，功能区按功能分成各功能组，功能组提供了对表格操作的功能按钮，可以方便对表格进行快速操作或设置。如“开始”选项卡，包括单元格格式等功能组，其中单元格格式功能组中包含“剪贴板”“单元格格式”“条件格式”“表格样式”“求和”“排序”“筛选”“填充”等功能。

3. 退出 WPS 表格

方法 1：点击文档标题栏右侧的“×”按钮。

方法 2：点击“文件”菜单，选择“退出”命令。

方法 3：使用“Alt＋F4”组合键。

注意：如果点击工作簿标签右侧的“×”按钮，可关闭当前的工作簿窗口，不退出 WPS 环境。

2-1-3 理解工作簿、工作表、单元格的概念

工作簿类似于日常记账的账簿，其中可包含多个账页。在 WPS 表格中，文件可以用工作簿的形式保存，扩展名为“.et”。

工作表类似于上述账簿中的一个账页，默认在工作簿中体现为名为 Sheet1 的工作表标签。工作表不单独存在，它包含在工作簿中，要操作工作表，必须先打开工作簿。

单元格是二维工作表中的行列交叉区域，用来保存输入的数据。单元格是 WPS 表格中最基本的操作单位。当用户在某单元格上点击鼠标左键时，该单元格边框加粗，行列标号突出显示，同时单元格名称显示在名称框，单元格数据显示在编辑栏，该单元格称为活动单元格。在同一时刻，只能有一个活动单元格，如图 2-2 所示。

E5　fx 90.5

	A	B	C	D	E	F	G
1	学号	姓名	性别	班级	高等数学	大学英语	逻辑学
2	10001	李心怡	女	二班	91	98	94
3	10002	韩珂	男	一班	87	90	97
4	10003	刘艺涵	女	六班	66	66	74
5	10004	刘俊佟	女	四班	90.5	50	88
6	10005	刘佳慧	女	二班	73.5	78	73
7	10006	孙舜	男	二班	78	86.5	67
8	10007	周米文	男	六班	84	70.5	75
9	10008	孙瑜晗	男	三班	86.5	65	62.5
10	10009	赵瑜梦	男	四班	90.5	88	95

图 2-2　活动单元格

2-1-4 创建、打开与保存 WPS 工作簿

1. 创建工作簿及工作表

建立工作簿通常有以下 3 种方法。

方法 1：启动 WPS 表格后，按“Ctrl + N”组合键，可以快速创建一个空白工作簿——工作簿 1。

方法 2：在首页上点击“新建”命令选项（或点击文档标签右侧的新建标签按钮“+”），然后在“新建”→“文字”列表内选择“新建空白文档”图标，即可新建工作簿。

方法 3：在首页上点击“从模板创建”选项卡，然后在“从模板新建”选项卡中选择“文档”，选择模板类别后再点击具体的模板，如“财务会计”→“会计报表”。

注意：启动 WPS 表格时，自动创建的工作簿中包含“Sheet1”一张工作表。

2. 打开工作簿

（1）在 WPS Office 首页点击“打开”按钮，如图 2-3 所示，在弹出的如图 2-4 所示的“打开文件”对话框中，选择要打开的文件的完整路径，选定要打开的文件，点击“打开”按钮。

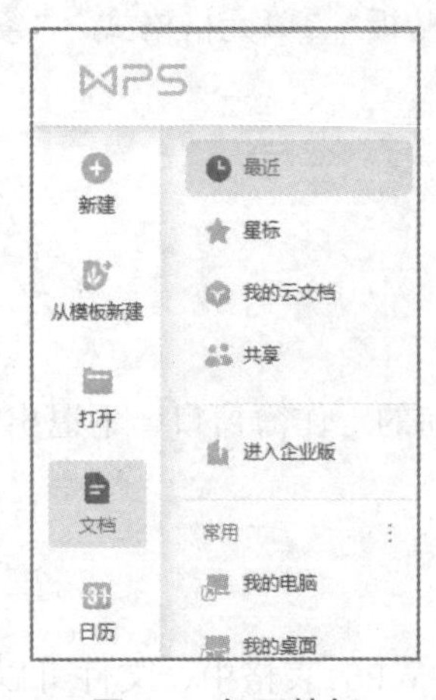

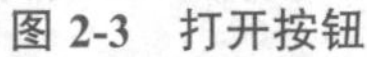
图 2-3 打开按钮

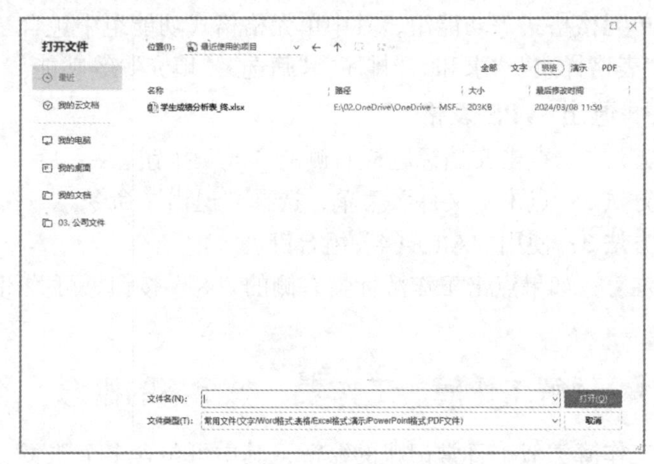

图 2-4 “打开文件”对话框

（2）在 WPS Office 首页点击“打开”按钮，在最近常用的文件列表中点击要执行的文件。

（3）双击文件所在目录下的文件图标，可以直接打开目标文件。

3. 保存工作簿

1）保存新建工作簿

保存新建文档的操作步骤如下：

步骤 1：依次点击“文件”→“保存”命令或点击“快速访问工具栏”中的“保存”按钮，弹出“另存文件”对话框。

步骤 2：输入文件名。在“文件名”文本框中输入即可。

步骤 3：选择保存位置。点击“位置”列表框右侧的箭头，选择目标文件夹。

步骤 4：选择保存类型。在“保存类型”下拉列表中选择文件类型，默认类型为“WPS 表格文件（*.et）”。

步骤 5：点击“保存”按钮。

2）以原名保存修改后的工作簿

依次点击“文件”→“保存”命令或点击“快速访问工具栏”中的“保存”按钮或按键

盘上的“Ctrl + S”组合键即可实现。

3）另存工作簿

无论是否进行过修改操作，若想更换文件名、保存位置或保存类型，并将原来的文件留作备份，则进行以下操作：

步骤 1：依次点击“文件”→“另存为”命令或按键盘上的 F12 键，弹出“另存文件”对话框。

步骤 2：输入文件名并指定保存位置或保存类型。

步骤 3：点击“保存”按钮。

任务 2-2　掌握单元格的基本操作

2-2-1　选定数据区域

1. 单元格的地址表示

工作表是由单元格按行列形式组成的二维表，用列标标注列，用行号标注行，如图 2-2 所示。单元格位于列和行的交会点，为便于对单元格的引用，可以采取类似于坐标的方式进行地址表示，列标在前，行号在后。在图 2-2 中，当前单元格位于 E 列 5 行，它的地址就用 E5 表示。

2. 选定一个单元格

在要选定的单元格上点击，可以选定该单元格，该单元格成为活动单元格，其地址在名称框中显示出来。

3. 选定多个单元格

1）选定连续的矩形区域单元格

方法 1：将鼠标放在要选定的矩形区域左上角单元格上，按下鼠标左键不放，拖动鼠标到矩形区域的右下角单元格上松开，即可选定该矩形区域。

方法 2：点击要选定的矩形区域左上角单元格，按住 Shift 键不放，再点击矩形区域的右下角单元格，选定该矩形区域。如图 2-5 所示，所选定的矩形区域的左上角单元格地址为 A2，右下角单元格地址为 D7，则可以将该区域表示为“A2:D7”。

方法 3：点击要选定的矩形区域左上角单元格，按住“Ctrl + Shift”组合键不放，再按方向键“←”“↑”“↓”“→”，选定箭头对应方向、连续、大面积的数据区域。

2）选定不连续的单元格

先使用以上方法选定第一个区域，按住 Ctrl 键不放，再选定其他区域。如图 2-6 所示，所选定的区域可以表示为“A2,B3:D7”。

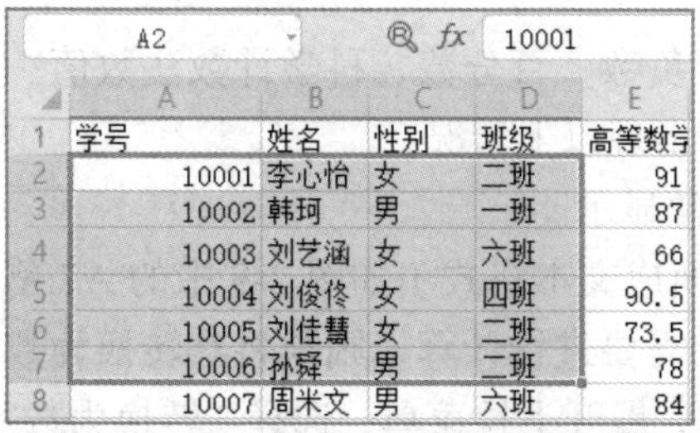

A2　fx 10001

	A	B	C	D	E
1	学号	姓名	性别	班级	高等数学
2	10001	李心怡	女	二班	91
3	10002	韩珂	男	一班	87
4	10003	刘艺涵	女	六班	66
5	10004	刘俊佟	女	四班	90.5
6	10005	刘佳慧	女	二班	73.5
7	10006	孙舜	男	二班	78
8	10007	周米文	男	六班	84

图 2-5　选定连续的矩形区域

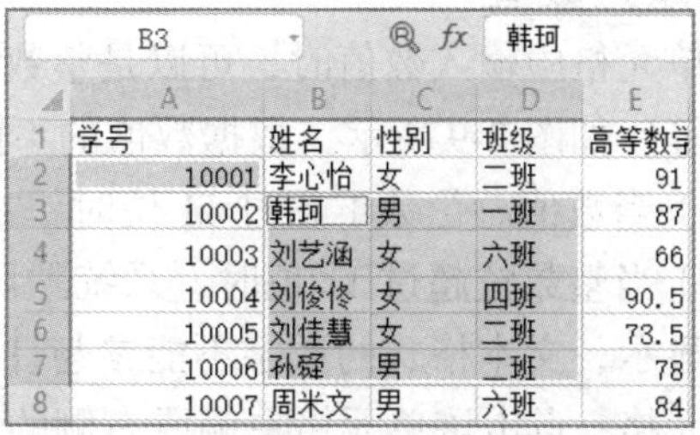

B3　fx 韩珂

	A	B	C	D	E
1	学号	姓名	性别	班级	高等数学
2	10001	李心怡	女	二班	91
3	10002	韩珂	男	一班	87
4	10003	刘艺涵	女	六班	66
5	10004	刘俊佟	女	四班	90.5
6	10005	刘佳慧	女	二班	73.5
7	10006	孙舜	男	二班	78
8	10007	周米文	男	六班	84

图 2-6　选定不连续的数据区域

2-2-2　数据录入

单元格是承载数据的最小单元，点击目标单元格，录入数据后，按 Enter 键或用鼠标点击其他单元格，或点击编辑栏左侧的“√”按钮，确认输入，如图 2-7 所示。

E5　fx　90.5

	A	B	C	D	E
1	学号	姓名	性别	班级	高等数学
2	10001	李心怡	女	二班	91
3	10002	韩珂	男	一班	87
4	10003	刘艺涵	女	六班	66
5	10004	刘俊佟	女	四班	90.5
6	10005	刘佳慧	女	二班	73.5
7	10006	孙舜	男	二班	78
8	10007	周米文	男	六班	84

图 2-7　数据录入

1. 录入字符

不参与计算的普通文本通常称为字符，在 WPS 表格中输入字符时，字符左对齐显示。根据字符宽度和列宽的不同，存在以下 3 种情况：

（1）单元格宽度能够容纳字符内容时左对齐显示。

（2）单元格宽度不能够容纳字符全部内容时，如果该单元格右侧单元格无内容，字符会右扩到右侧单元格中显示。

（3）单元格宽度不能够容纳字符全部内容，但该单元格右侧单元格中有内容时，字符在本单元格中显示，超出宽度的部分会被隐藏。如图 2-8 所示：A1 单元格的内容为“2024 年”，正常左对齐显示；A2 和 A3 单元格的内容均为“2024 年人工智能技术将深入渗透各行各业”，B2、C2 单元格为空，A2 单元格的内容右扩显示；B3 单元格的内容为“2024 年人工智能”，A3 单元格中超出的内容被隐藏。如果要在 A3 单元格中显示全部信息，可以加大 A 列的宽度，也可以将 A3 单元格设置为“自动换行”或“缩小字体填充”，具体操作见 2-2-5 的相关内容。

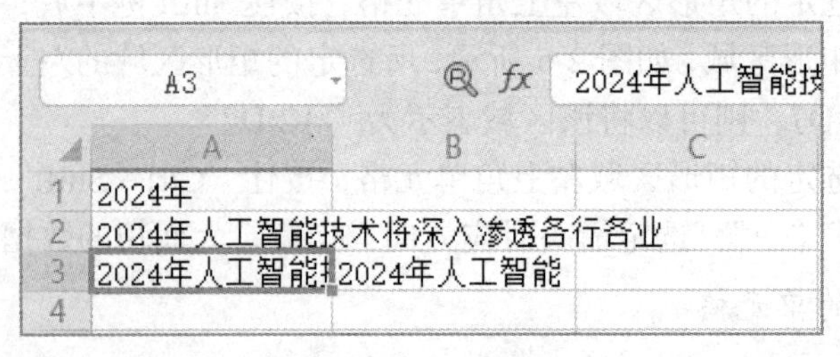

图 2-8　字符显示

2. 录入数值

在单元格中输入数值时，可以是整数、小数、负数、百分数、科学计数法数值、货币格式数值等，如图 2-9 所示，根据数值的不同，可能出现以下情况：

（1）当数值总位数不超过 11 位时，右对齐正常显示。

（2）当整数位超过 11 位时，系统默认将其转换成文本格式（如图 2-9 中的 A7 单元格），左对齐显示，文本格式的数字不能参与计算。如果需要进行计算，则须将其转换为数字：选择该单元格，点击该单元格左侧或右侧的警告信息，展开下拉菜单，选择“转换为数字”，如图 2-9 所示。

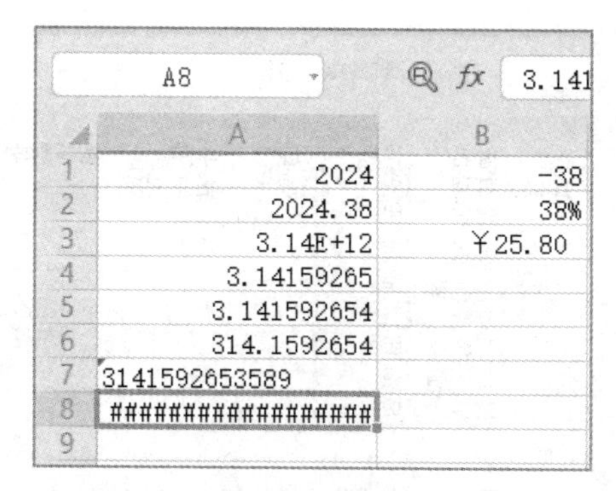

	A	B
1	2024	-38
2	2024.38	38%
3	3.14E+12	￥25.80
4	3.14159265	
5	3.141592654	
6	314.1592654	
7	3141592653589	
8	##################	
9		

图 2-9　数值显示

（3）当列宽不足以显示单元格的数值时，系统用“#”填充（如图 2-9 中的 A8 单元格），适当增大列宽即可显示数值。

3. 录入日期和时间

在 WPS 表格中，如果输入的数据符合日期或时间的格式，系统会以日期或时间的方式来存储数据，右对齐显示。

常用的日期格式：如 2024 年 3 月 8 日，可以写为 2024-03-08、2024/03/08 或 24/03/08 等。

常用的时间格式：如 11:15 AM、11:15 PM、18:15、20 时 45 分、下午 4 时 10 分等（AM 表示上午，PM 表示下午，和前面数字之间保留一个空格）。

如果同时输入日期和时间，中间要用空格分隔。更多的日期和时间格式，可以通过单元格格式来设定，请参考 2-3-5 的内容。

4. 智能填充数据

利用 WPS 表格提供的智能填充功能，可以实现快速向单元格输入有规律的数据。

1）填充相同数据

比如，先在 C2 单元格中输入“男”，可以使用智能填充功能在 C2 单元格以下的单元格中也填入同样的内容，具体操作如下：

步骤 1：选中 C2 单元格，该单元格则显示加粗边框，同时在粗边框的右下角出现一个小方块，该小方块被称为填充柄，如图 2-10 所示。将鼠标指针指向填充柄，指针变成“+”字形状。

步骤 2：按住鼠标左键，竖向拖动 C2 单元格右下角的填充柄至 C9 单元格，松开左键；也可以双击填充柄进行向下自动填充，填充效果如图 2-11 所示。

	A	B	C	D	E	F	G
1	学号	姓名	性别	班级	学院	高等数学	大学英
2	10002	韩珂	男	1班	信息学院	87	90
3		程恬					
4		郭潘					
5		王同硕					
6		高雷					
7		齐畅					
8		蒋子晅					
9		李琛					
10							

图 2-10　填充柄

C2 fx 男

	A	B	C	D	E	F	G
1	学号	姓名	性别	班级	学院	高等数学	大学英语
2	10002	韩珂	男	1班	信息学院	87	90
3		程恬	男				
4		郭潘	男				
5		王同硕	男				
6		高雷	男				
7		齐畅	男				
8		蒋子晅	男				
9		李琛	男				
10							

图 2-11　相同内容填充效果

2）填充序列数据

在图 2-10 中，选定 A2 单元格，使用上述“1）填充相同数据”的方法，用鼠标拖动 A2 单元格的填充柄至 A9 单元格，松开左键。再用同样的方法将 D2 单元格填充至 D9 单元格，将 E2 单元格填充至 E9 单元格，填充效果如图 2-12 所示。

从图 2-12 的填充效果可以看出，A2 单元格填充至 A9 单元格、D2 单元格填充至 D9 单元格的效果并不像 C2 单元格填充至 C9 单元格那样的内容复制，而是自动形成了一个数据序列。这是 WPS 表格填充的一项智能填充功能：在单元格填充时，若系统判断到单元格数据可能是一个序列时，会自动以序列方式填充。

D2 fx 1班

	A	B	C	D	E	F	G
1	学号	姓名	性别	班级	学院	高等数学	大学英语
2	10002	韩珂	男	1班	信息学院	87	90
3	10003	程恬	男	2班			
4	10004	郭潘	男	3班			
5	10005	王同硕	男	4班			
6	10006	高雷	男	5班			
7	10007	齐畅	男	6班			
8	10008	蒋子晅	男	7班			
9	10009	李琛	男	8班			
10							

图 2-12　序列智能填充效果

当我们在填充类似序列的数据，但实际上又不是序列时，可以在拖动填充柄的同时按住 Ctrl 键，即可实现内容的复制，而不是以序列方式填充。比如在图 2-12 中，所有学生的班级都是“信息学院”，我们可以在拖动 E2 单元格的填充柄至 E9 单元格的同时按住 Ctrl 键，实现复制填充，填充效果如图 2-13 所示。

E2 fx 信息学院

	A	B	C	D	E	F	G
1	学号	姓名	性别	班级	学院	高等数学	大学英语
2	10002	韩珂	男	1班	信息学院	87	90
3	10003	程恬	男	2班	信息学院		
4	10004	郭潘	男	3班	信息学院		
5	10005	王同硕	男	4班	信息学院		
6	10006	高雷	男	5班	信息学院		
7	10007	齐畅	男	6班	信息学院		
8	10008	蒋子晅	男	7班	信息学院		
9	10009	李琛	男	8班	信息学院		
10							

图 2-13　类似序列的复制填充效果

也可以在直接拖动序列填充后，打开右下角的快捷菜单，如图 2-14 所示，可以看到系统默认是“以序列方式填充”，这时如果选择“复制单元格”选项，即可实现复制填充，填充效果与图 2-13 相同。

D2　fx　1班

	A	B	C	D	E	F	G
1	学号	姓名	性别	班级	学院	高等数学	大学英语
2	10002	韩珂	男	1班	信息学院	87	90
3	10003	程恬	男	2班			
4	10004	郭潘	男	3班			
5	10005	王同硕	男	4班			
6	10006	高雷	男	5班			
7	10007	齐畅	男	6班			
8	10008	蒋子晅	男	7班			
9	10009	李琛	男	8班			

○ 复制单元格(C)
● 以序列方式填充(S)
○ 仅填充格式(F)
○ 不带格式填充(O)
○ 智能填充(E)

图 2-14　通过快捷菜单实现复制填充效果

3）填充自定义序列数据

在实际工作中，可能还要用到很多不同格式的序列数据，WPS 表格已经预定义了一些常用的序列数据，用户还可以根据自己工作文档的排版要求自定义序列。点击“文件”菜单，选择“选项”，打开“选项”对话框，选择左侧的“自定义序列”，如图 2-15 所示。可以看到，

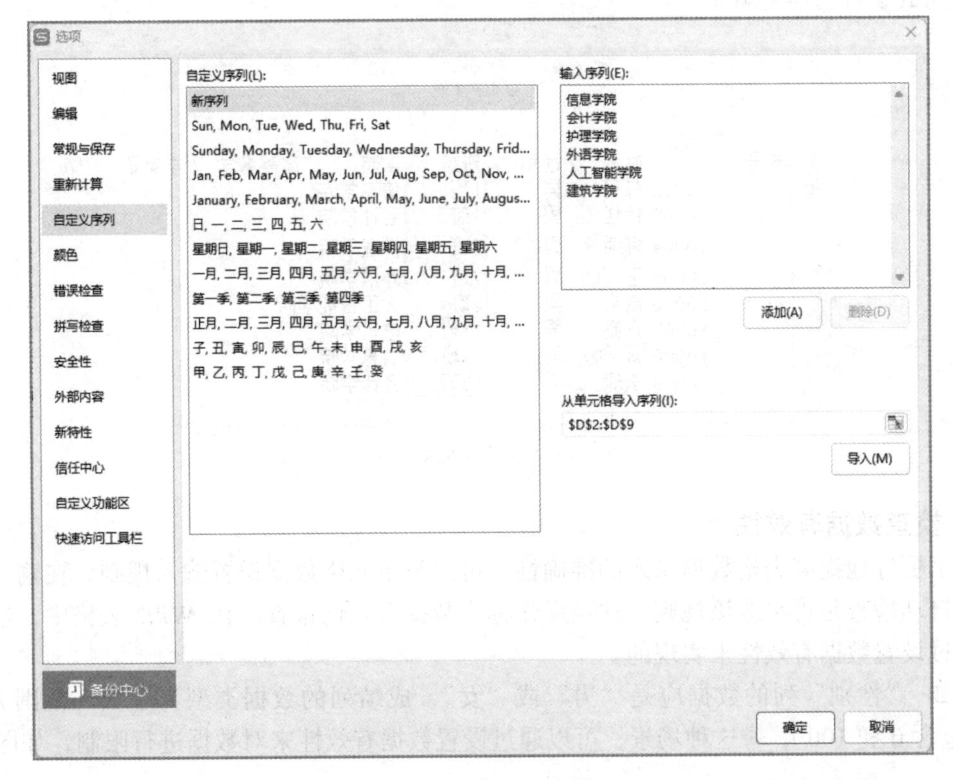

图 2-15　自定义序列

系统预置的有诸如中英文星期、月份、季度及天干地支等序列，也可以在“输入序列”框中输入要添加的自定义序列，比如输入“信息学院，会计学院，护理学院，外语学院，人工智能学院，建筑学院”（不同序列项之间用换行表示），完成后点击“添加”按钮，该序列会添加到“自定义序列”框中，最后点击“确定”按钮。

添加了自定义的序列后，就可以按自定义的序列实现自动填充了。例如，在图 2-10 中，选中 E2 单元格，拖动其填充柄至 E9 单元格，此时填充操作为自动按序列进行填充了，填充效果如图 2-16 所示。

J8 fx

	A	B	C	D	E	F	G
1	学号	姓名	性别	班级	学院	高等数学	大学英语
2	10002	韩珂	男	1班	信息学院	87	90
3	10003	程恬	男	2班	会计学院		
4	10004	郭潘	男	3班	护理学院		
5	10005	王同硕	男	4班	外语学院		
6	10006	高雷	男	5班	人工智能学院		
7	10007	齐畅	男	6班	建筑学院		
8	10008	蒋子咺	男	7班	信息学院		
9	10009	李琛	男	8班	会计学院		
10							

图 2-16　自定义序列的填充效果

4）智能填充

除了复制填充和自定义序列填充外，WPS 表格还可以自动分析数据规律（如等差、等比数列等）进行智能填充。

例如，在图 2-16 中，在 D3 单元格中输入“3 班”，删除 D4:D9 单元格区域中的内容，拖动鼠标同时选定 D2 和 D3，拖动单元格区域右下角填充柄至 D9 单元格，填充效果如图 2-17 所示，完成了自动等差填充。

D2 fx 1班

	A	B	C	D	E	F	G
1	学号	姓名	性别	班级	学院	高等数学	大学英语
2	10002	韩珂	男	1班	信息学院	87	90
3	10003	程恬	男	3班	会计学院		
4	10004	郭潘	男	5班	护理学院		
5	10005	王同硕	男	7班	外语学院		
6	10006	高雷	男	9班	人工智能学院		
7	10007	齐畅	男	11班	建筑学院		
8	10008	蒋子咺	男	13班	信息学院		
9	10009	李琛	男	15班	会计学院		
10							

图 2-17　智能等差填充效果

5. 检查数据有效性

为了更好地提高表格数据录入的准确性，可以为单元格数据设置输入规则，在输入数据时系统自动检查是否符合该规则，这项操作称为数据有效性检查。在 WPS 表格中，这一功能是通过设置数据有效性来实现的。

例如，“性别”列的数据应是“男”或“女”，成绩列的数据类型为小数，范围为 0～100（包含 0 和 100），像这种场景，可以通过设置数据有效性来对数据进行限制，如图 2-18 所示。

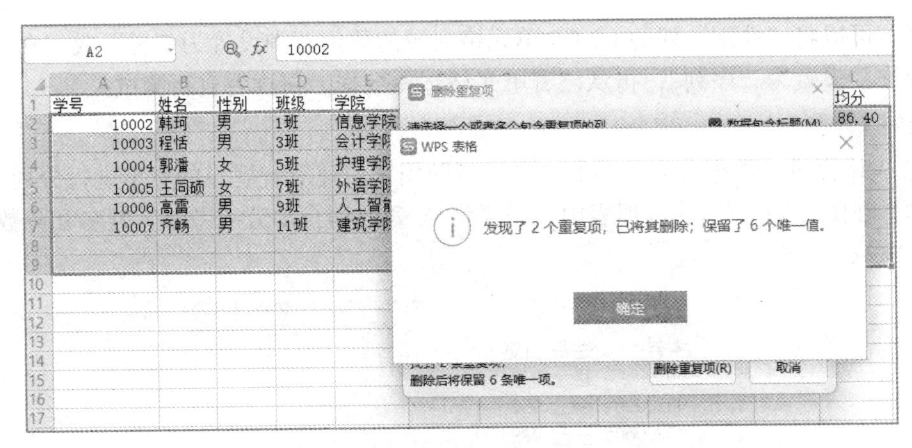

图 2-18 设置数据有效性

选中 F2:L9 单元格区域，点击“数据”选项卡，点击功能区的“有效性”按钮，打开“数据有效性”对话框，如图 2-19 所示。将有效性条件中的“允许”设置为“小数”，将“数据”设置为“介于”，将“最小值”设置为 0，“最大值”设置为 100，点击“确定”按钮。其中，“输入信息”选项卡用于定义选定单元格时需显示输入信息；“出错警告”选项卡用于定义输入无效数据时显示出错警告，包括警告样式、警告标题和警告内容。

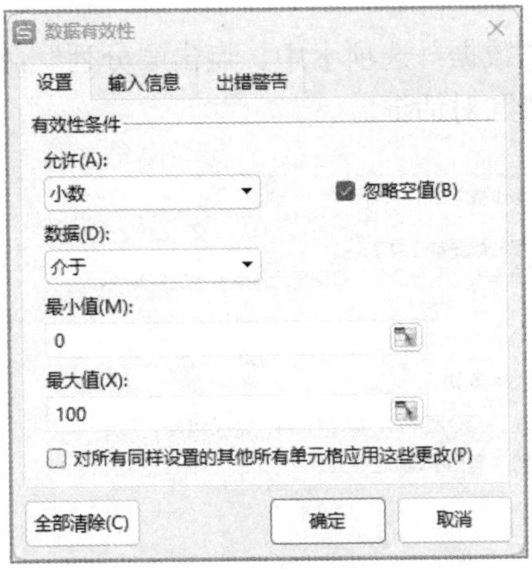

数据有效性
设置 输入信息 出错警告
有效性条件
允许(A):
小数
忽略空值(B)
数据(D):
介于
最小值(M):
0
最大值(X):
100
对所有同样设置的其他所有单元格应用这些更改(P)
全部清除(C) 确定 取消

图 2-19 “数据有效性”对话框

将 F2:F8 单元格区域设置以上规则后，系统就能根据预设的规则对键入的数据进行检查，以验证键入数据是否符合要求，当录入不符合规则要求的数据并确认输入时，系统会发出“错误提示”，如图 2-20 所示。

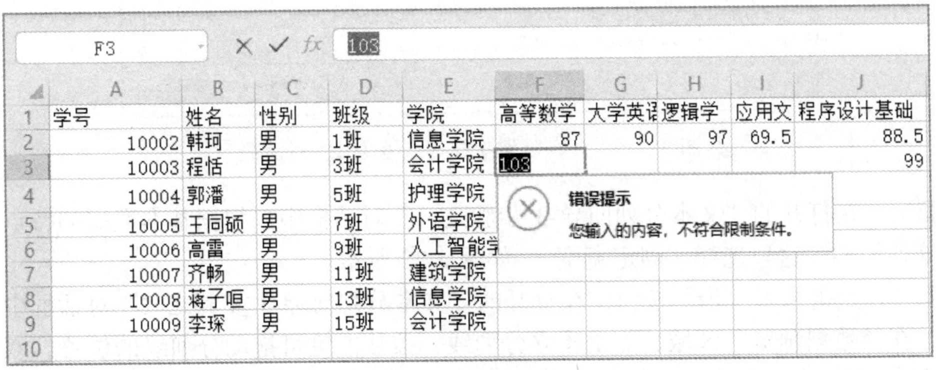

	A	B	C	D	E	F	G	H	I	J
1	学号	姓名	性别	班级	学院	高等数学	大学英语	逻辑学	应用文	程序设计基础
2	10002	韩珂	男	1班	信息学院	87	90	97	69.5	88.5
3	10003	程恬	男	3班	会计学院	103				99
4	10004	郭潘	男	5班	护理学院					
5	10005	王同硕	男	7班	外语学院					
6	10006	高雷	男	9班	人工智能学					
7	10007	齐畅	男	11班	建筑学院					
8	10008	蒋子咺	男	13班	信息学院					
9	10009	李琛	男	15班	会计学院					

错误提示
您输入的内容，不符合限制条件。

图 2-20 不符合“数据有效性”规则的错误提示

同样，可以将“性别”列的C2:C9单元格区域的数值范围设置为“男”或“女”。注意：需将“允许”设置为“序列”，再从已有单元格选择数据。请读者自行测试。

6. 数据分列

WPS表格提供“数据分列”功能，可以帮助用户快速对有规律的文本进行分列。

例如，在图2-21所示的数据表中，需要将A列数据自动分成考号、姓名和分数3列并置于A、B、C三列。

	A	B	C
1	考号　　姓名 分数		
2	00200603 赵一 678		
3	00200604 孙二 592		
4	00200605 王五 489		
5	00200606 李明 661		
6	00200607 郭雅 729		
7	00200608 张华 492		
8	00200609 钟林 634		
9	00200610 刘明 598		
10	00200611 钱亮 705		

图2-21　分列功能素材

具体操作步骤如下：

步骤1：选中A列，在“数据”选项卡中，点击“分列”命令按钮，打开如图2-22所示的“文本分列向导-3步骤之1”对话框。

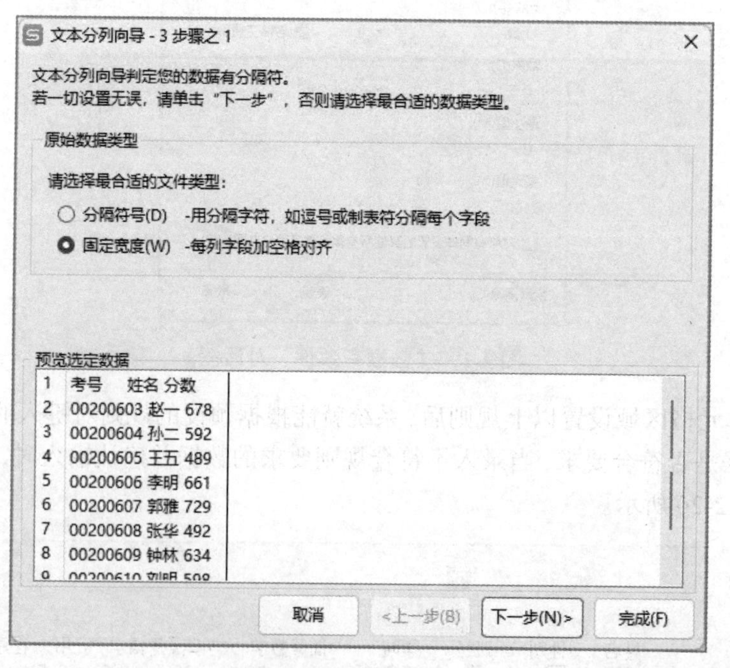

图2-22　“文本分列向导-3步骤之1”对话框

步骤2：在打开的“文本分列向导-3步骤之1”对话框中，根据基本数据的特点，选择合适的分列类型，这里选择“固定宽度”，如图2-22所示。

步骤3：点击“下一步”按钮，在打开的“文本分列向导-3步骤之2”对话框中设置字段宽度。在“数据预览”区域，点击建立分列线，按住左键可拖动分列线的位置，双击可取消分列线，如图2-23所示。

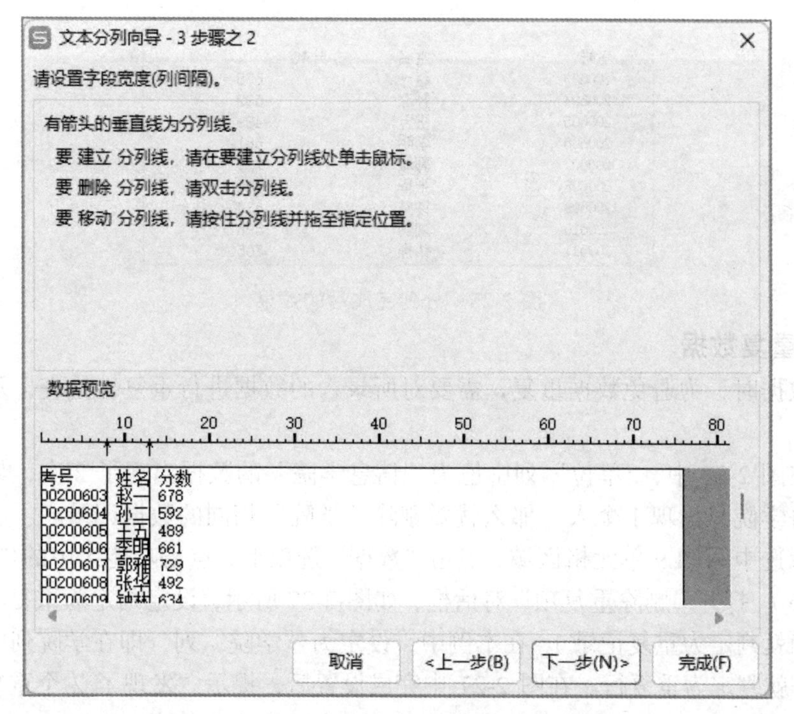

图 2-23　“文本分列向导-3 步骤之 2”对话框

步骤 4：分列完毕后，点击“下一步”按钮，设置每列的数据类型。例如，第一列要设置为“文本”，否则分列后，考号最前面的“0”将被舍去。而第三列设置为“常规”，WPS 表格将按单元格中的内容自动判断并设置成数据类型。如图 2-24 所示。

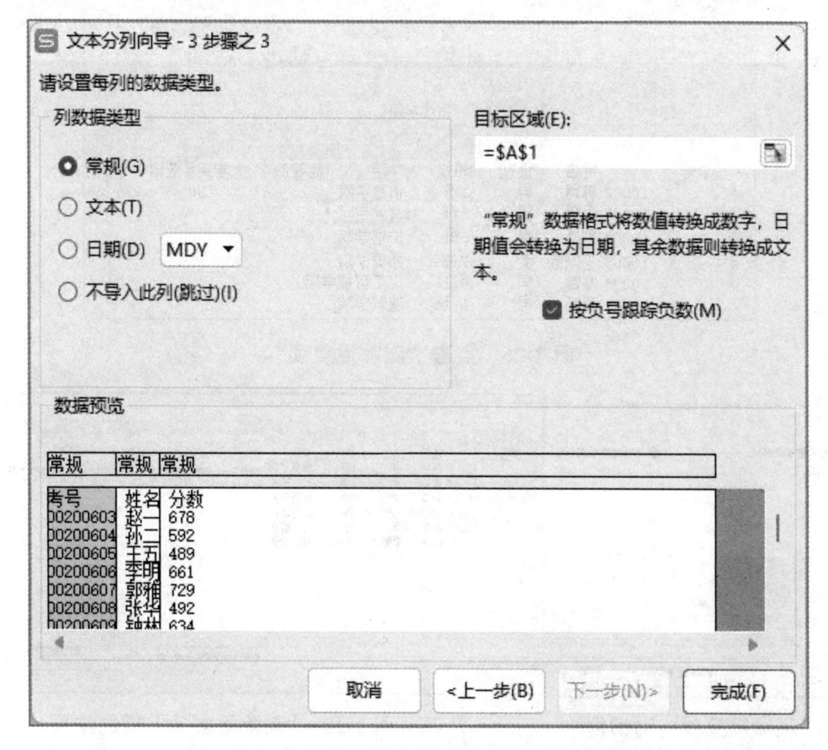

图 2-24　“文本分列向导-3 步骤之 3”对话框

步骤 5：点击“完成”按钮，分列完毕。完成后的效果如图 2-25 所示。

	A	B	C
1	考号	姓名	分数
2	200603	赵一	678
3	200604	孙二	592
4	200605	王五	489
5	200606	李明	661
6	200607	郭雅	729
7	200608	张华	492
8	200609	钟林	634
9	200610	刘明	598
10	200611	钱亮	705

图 2-25　分列完成后的效果

7. 删除重复数据

在录入数据时，为避免数据重复，需要对所录入的数据进行重复性检查，及时删除重复的数据。

例如，在图 2-20 中，“单位”列中值为“信息学院”的数据出现了 2 次，如果在整理数据时，要求每学院只出现 1 个人，那么就要删除“学院”相同的数据记录。

拖动鼠标选中 A1:L9 单元格区域，点击“数据”选项卡，点击功能区中的“删除重复项”按钮（图 2-26），打开“删除重复项”对话框，如图 2-27 所示，设定判定为重复项的条件（对应列的值相同就判定为重复记录）。在本例中，设定为“学院”列，即在学院列中，只要“学院”值相同，就判定为重复行。在图 2-27 中完成设置后，提示“发现了 2 个重复项，已将其删除；保留了 6 个唯一项”。设定完判定条件后，点击“删除重复项”按钮，工作表会删除重复值所在的记录行，如图 2-28 所示。

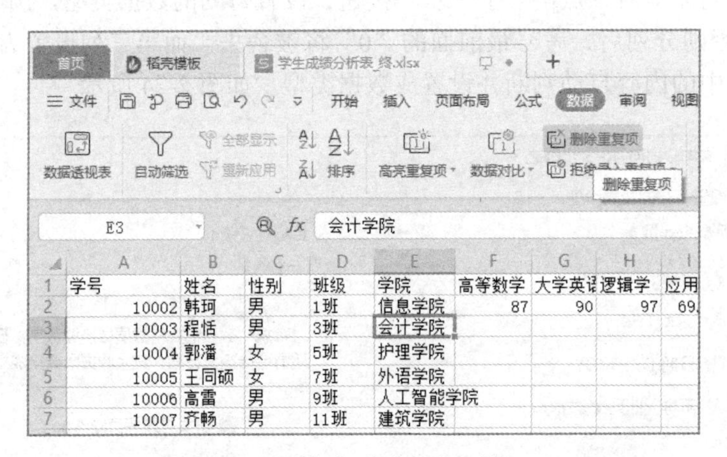

图 2-26　点击“删除重复项”

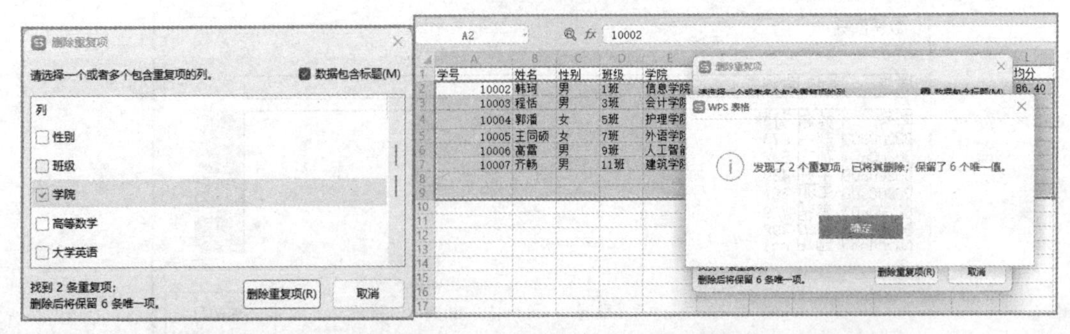

图 2-27　“删除重复项”对话框　　　图 2-28　“删除重复项”后的结果

2-2-3　修改、复制、移动和清除数据

在工作表的单元格中输入的文字、数字、时间、日期、公式等内容，由于可能存在输入

错误或数据发生变化，需要对其进行编辑和修改。WPS 表格中编辑单元格内容的操作既可以在单元格中进行，也可以在编辑栏中进行。

1. 修改单元格中数据

单元格中数据的修改，可以用 2 种方法实现。

方法 1：双击待修改数据所在的单元格，光标进入该单元格，直接编辑修改。

方法 2：先选定单元格，然后在“编辑栏”中进行编辑修改，如图 2-29 所示。

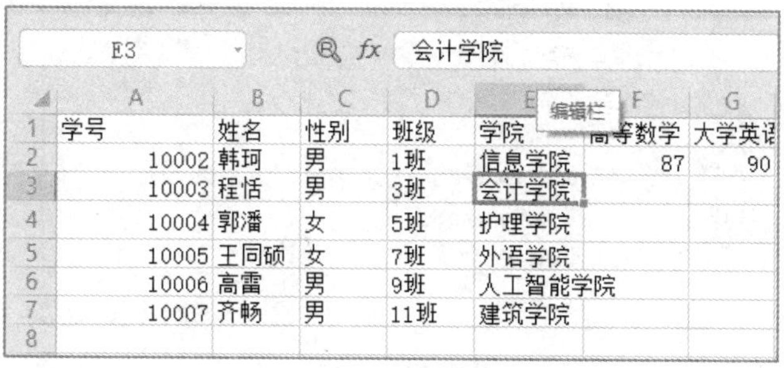

E3 fx 会计学院 编辑栏

	A	B	C	D	E	F	G
1	学号	姓名	性别	班级	学院	高等数学	大学英语
2	10002	韩珂	男	1班	信息学院	87	90
3	10003	程恬	男	3班	会计学院		
4	10004	郭潘	女	5班	护理学院		
5	10005	王同硕	女	7班	外语学院		
6	10006	高雷	男	9班	人工智能学院		
7	10007	齐畅	男	11班	建筑学院		
8							

图 2-29 在“编辑栏”修改数据

2. 复制或移动单元格中数据

方法 1：通过快捷菜单完成复制/移动。

步骤 1：选定需要复制/移动的单元格或单元格区域。

步骤 2：在选定区域上右击，弹出快捷菜单，选择“复制”或“剪切”命令（或使用快捷键“Ctrl + C”进行复制/快捷键“Ctrl + X”进行剪切）。

步骤 3：到指定的位置上右击，弹出快捷菜单，选择“粘贴”命令（或使用快捷键“Ctrl + V”进行粘贴）。

方法 2：鼠标指向被复制、移动单元格或单元格区域的边缘，指针由空十字形变为“✥”，然后按住 Ctrl 键，拖动到目的位置后松开鼠标即可完成复制；如果不按 Ctrl 键直接拖动，则表示移动，如图 2-30 所示。

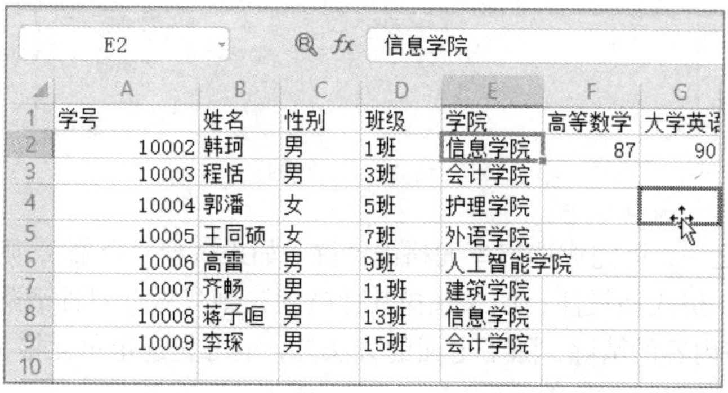

E2 fx 信息学院

	A	B	C	D	E	F	G
1	学号	姓名	性别	班级	学院	高等数学	大学英语
2	10002	韩珂	男	1班	信息学院	87	90
3	10003	程恬	男	3班	会计学院		
4	10004	郭潘	女	5班	护理学院		
5	10005	王同硕	女	7班	外语学院		
6	10006	高雷	男	9班	人工智能学院		
7	10007	齐畅	男	11班	建筑学院		
8	10008	蒋子暄	男	13班	信息学院		
9	10009	李琛	男	15班	会计学院		
10							

图 2-30 “复制”“移动”单元格的拖动过程

3. 清除单元格

单元格的清除是指从单元格中去掉原来存放在单元格中的数据、批注或数据格式等。清除后，单元格还留在工作表中。

方法 1：选定要清除的单元格并右击，弹出快捷菜单，根据需要在“清除内容”子菜单中选择“全部”“格式”“内容”或“批注”，如图 2-31 所示。

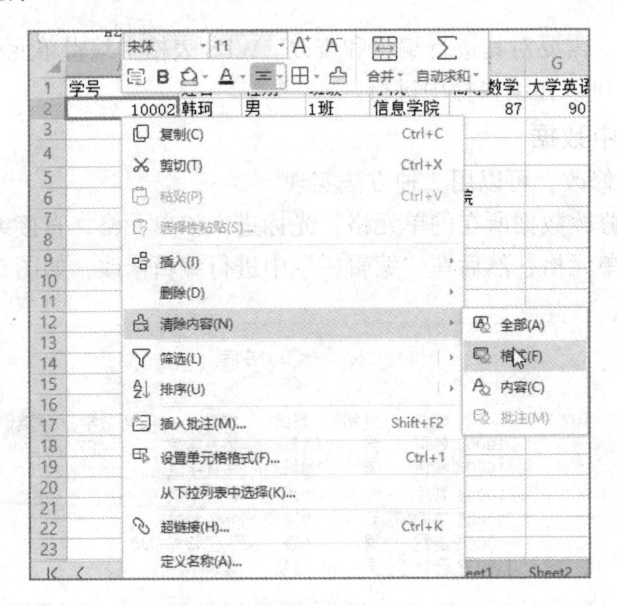

图 2-31 “清除内容”选项

方法 2：选定要清除的单元格，点击“开始”选项卡中的“格式”命令按钮，移动鼠标到“清除”菜单，根据需要在下拉菜单中选择“全部”“格式”“内容”或“批注”，如图 2-32 所示。

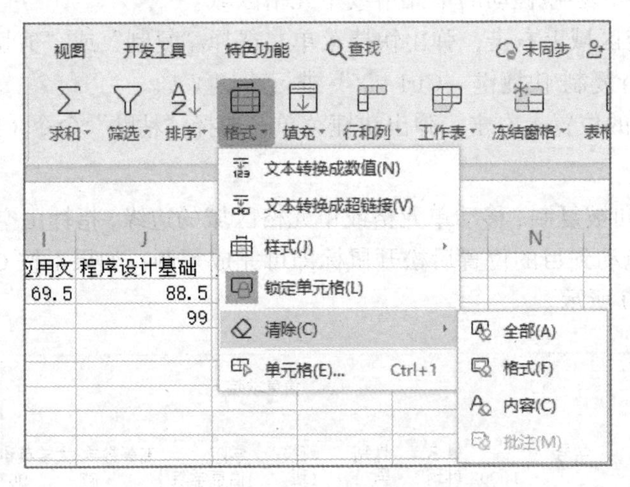

图 2-32 “格式”→“清除”命令

使用以上方式之一，可完成选定单元格的清除。如果选择“全部”，则清除单元格中的所有信息，包括内容、格式和批注；如果选择其他选项，则只做针对性清除。

方法 3：单元格内容的清除，除了上面的方法外，也可先选定单元格，然后直接按 Delete 键来实现。

2-2-4 插入与删除单元格、行、列

1. 插入单元格、行或列

在 WPS 表格中，可以在指定的位置插入空白的单元格、行或列。

选定需要插入单元格、行或列的位置并右击，弹出快捷菜单，如图 2-33 所示，选择“插入”命令，打开子菜单，根据需要可插入单元格、行或列。

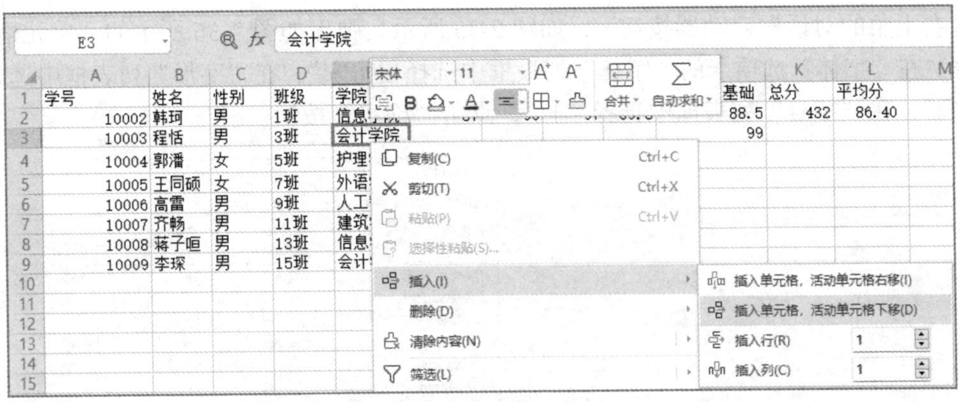

图 2-33 插入单元格、行或列

插入单元格时，可设定当前活动单元格右移或下移；插入行或列时，可设置插入的行数或列数，当行数或列数大于 1 时，其右侧会出现“√”按钮，点击“√”可在当前单元格上面插入行或在左侧插入列。请读者自行练习查看操作结果。

2. 删除单元格、行或列

在 WPS 表格中，可以删除指定单元格、单元格所在行或单元格所在列。

选定需要删除的单元格并右击，弹出快捷菜单，如图 2-34 所示，选择“删除”命令，打开子菜单，根据需要可将单元格左移、上移或删除单元格整行、整列。

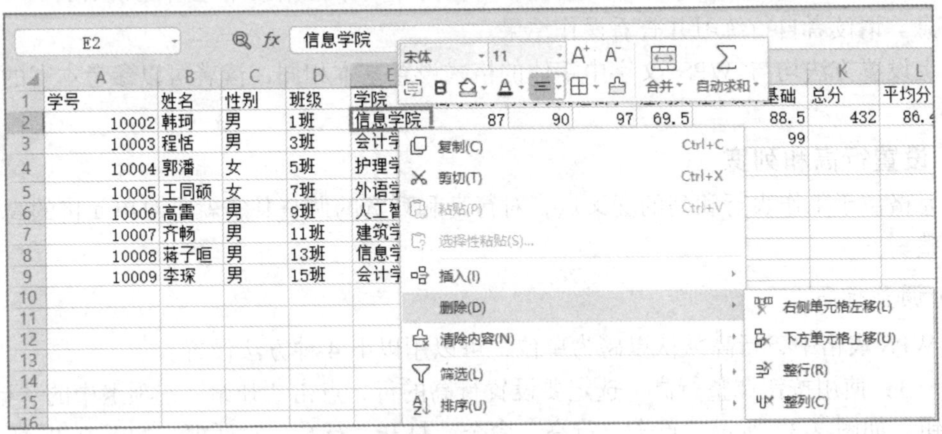

图 2-34 删除单元格、行或列

删除单元格时，可设定右侧单元格左移或下方单元格上移，也可以删除当前单元格所在行或所在列。删除整行时，下方所有行会上移；删除整列时，右侧所有列会左移。

注意：“清除”和“删除”是两个不同的操作。“清除”是将单元格里的内容、格式、批注之一或全部删除掉，而单元格本身会被保留；“删除”则是将单元格和单元格里的全部内容一起删除。请读者自行练习查看操作结果。

2-2-5 设置单元格格式

对工作表中的单元格进行格式设置，可使工作表的外观更加美观，排列更整齐，重点更突出、醒目。单元格的格式设置包括字体设置，行高、列宽的调整，数字格式，数据的对齐以及边框、底纹的设置等。

1. 设置字体

选中需设置字体、字号等效果的单元格或单元格区域，点击“开始”选项卡→“字体”

功能区右下角的对话框启动器按钮，如图 2-35 所示，弹出如图 2-36 所示的“单元格格式”对话框，在“字体”选项卡的“字体”列表框中选择“仿宋”，在“字形”列表框中选择“加粗 倾斜”，在“字号”列表框中选择“11”，点击“确定”按钮。

图 2-35 单元格字体设置图

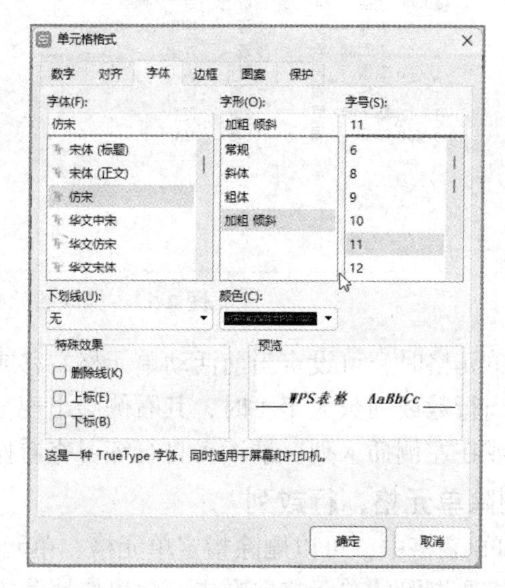

图 2-36 “单元格格式”设置对话框

在“字体”功能区或“字体”对话框中，还可以为单元格或单元格区域添加下画线、颜色等信息。请读者自行练习并查看操作结果。

以上设置方法均与 WPS 文字中字体的格式设置基本相同，读者可以参考本书的相应部分内容。

2. 设置行高和列宽

单元格位于工作表行和列的交叉点，对行高和列宽的调整其实就是对单元格的高度和宽度的调整。

1）调整行高

在 WPS 表格中，行高默认以磅为单位，可以用以下 4 种方法设置。

方法 1：使用按钮调整行高。选定要设置行高的行，点击“开始”选项卡中的“行和列”命令按钮，如图 2-37 所示，点击“行高”命令，打开“行高”对话框，如图 2-38 所示，在“行高”文本框中输入数值、修改单位，然后点击“确定”按钮。

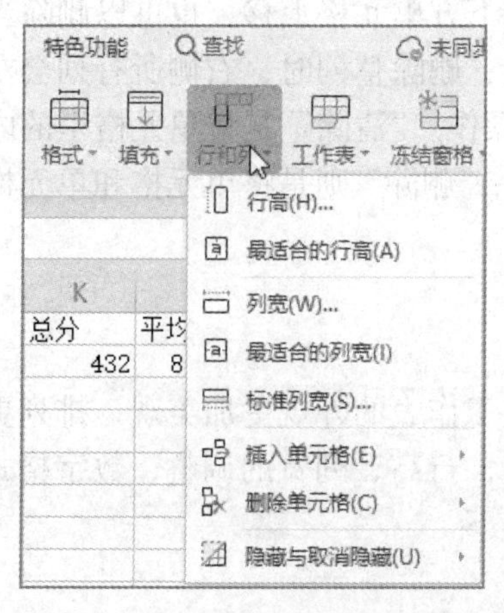

图 2-37 “行和列”命令按钮

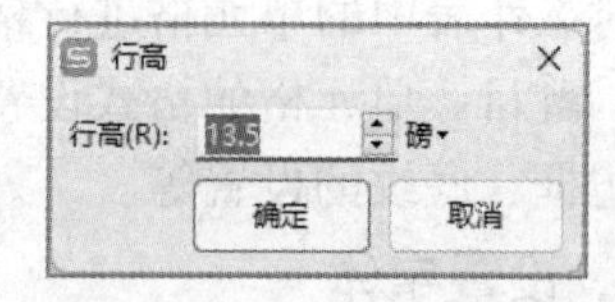

图 2-38 “行高”对话框

方法 2：使用快捷菜单调整行高。选中要设置行高的行并右击，弹出快捷菜单，如图 2-39 所示，点击“行高”命令，弹出如图 2-38 所示的“行高”对话框，输入数值、修改单位，然后点击“确定”按钮。

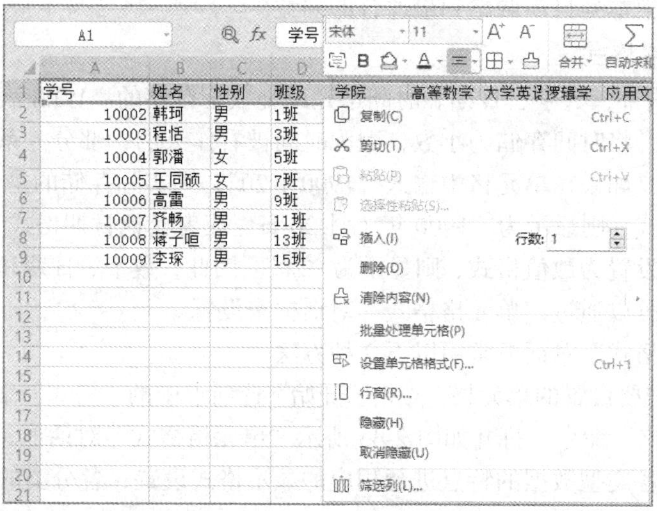

图 2-39　用快捷菜单设置“行高”

方法 3：用鼠标拖动调整行高。将鼠标指针指向要改变行高的行号之间的分隔线上，当鼠标变成“+”形状时，按住鼠标左键上下拖动进行调整，但这种方法难以精确地控制行高。

方法 4：调整为最适合行高。把鼠标直接定位在需调整行高的某行号的下边界，然后双击鼠标左键，可以把本行自动调整到最适合的行高。

2）调整列宽

在 WPS 表格中，列宽默认以字符为单位，可以用以下 4 种方法设置。

方法 1：使用命令调整列宽。选定要设置列宽的列，点击“开始”选项卡中的“行和列”命令按钮，如图 2-37 所示，点击“列宽”命令，打开“列宽”对话框，如图 2-40 所示，输入数值、修改单位，然后点击“确定”按钮。

方法 2：使用快捷菜单调整列宽。点击要设置列宽的列标选定该列，在该列上右击，弹出快捷菜单，如图 2-41 所示，点击“列宽”命令，弹出图 2-40 所示的“列宽”对话框，输入数值、修改单位，然后点击“确定”按钮。

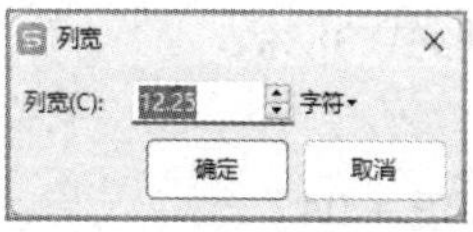

图 2-40　“列宽”对话框

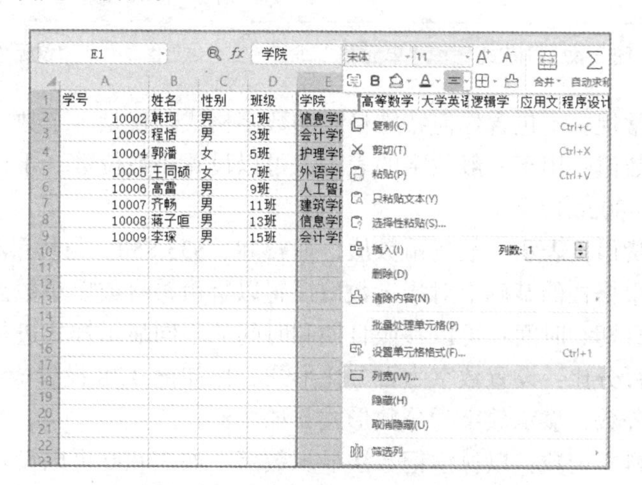

图 2-41　用快捷菜单设置“列宽”

方法 3：用鼠标拖动调整列宽。将鼠标指针指向要改变列宽的列标之间的分隔线上，当鼠标变成“✛”形状时，按住鼠标左键左右拖动进行调整，但这种方法难以精确地控制列宽。

方法 4：调整为最适合列宽。把鼠标直接定位在需调整列宽的某列标的右边界，然后双击鼠标左键，可以把本列自动调整到最适合的列宽。

3. 设置单元格格式

在 WPS 表格内部，数字、日期和时间都是以纯数字存储的。WPS 表格将日期存储为一系列连续的序列数，将时间存储为小数，因为时间被看作天的一部分。系统以 1900 年的 1 月 1 日作为数值 1，如果在单元格中输入“1900-1-20”，则实际存储的是 20。如果将单元格格式设置为日期格式，则显示为“1900 年 1 月 20 日”或者其他日期格式（如“1900/1/20”）；如果将单元格格式设置为数值格式，则显示为“20”。因此，数字、日期和时间这些数据在单元格中的显示形式可以通过“单元格格式”对话框来设置。

打开“单元格格式”对话框常用以下 2 种方法：

方法 1：选定需要设置的单元格，点击“开始”选项卡中的“格式”命令按钮，如图 2-42 所示，点击“单元格”命令，打开如图 2-43 所示“单元格格式”对话框。选择“数字”选项卡，用户可以根据各类型数据的特点进行相应的显示格式设置，各分类的含义如下。

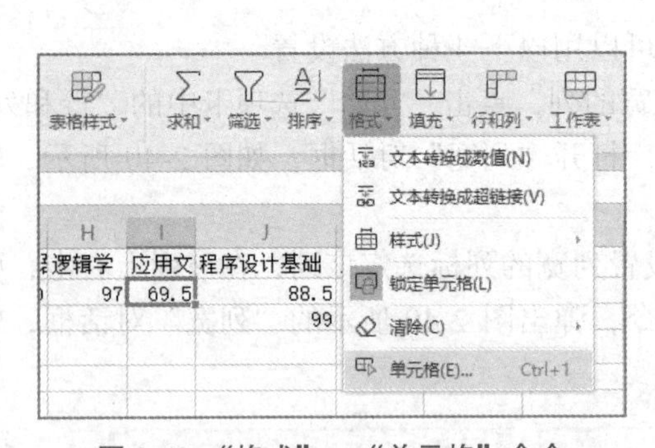

图 2-42 “格式”→“单元格”命令

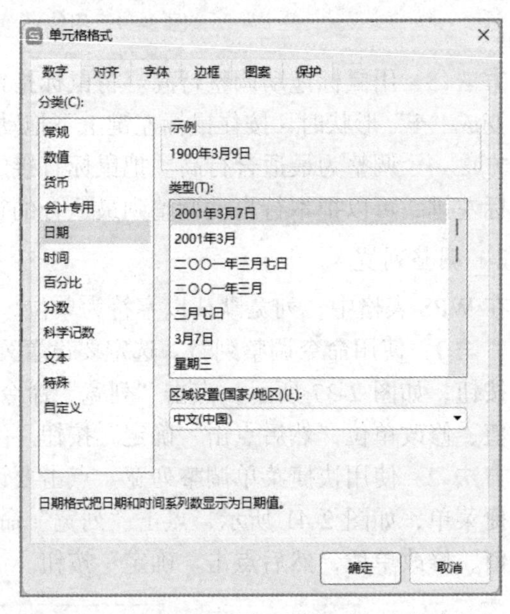

图 2-43 “单元格格式”对话框“数字”选项卡

①常规：不包含任何特殊格式的数字格式，仅是一个数字。

②数值：用于一般数字的表示，可以设置小数位数、千位分隔符、负数等不同格式，如 8,026、–8026.12 等。

③货币：表示一般货币数值，如¥338、$33,850。与货币格式有关的“会计专用”格式，是在货币格式的基础上对指定数值设置以货币符号或以小数点对齐。

④日期、时间：可以参照日期和时间的不同显示样式进行选择。

⑤百分比：设置数字为百分比形式，比如把 0.38 设置成百分比形式 38%。

⑥分数：显示数字为分数形式，如 3/8。

⑦科学记数：以科学记数法显示数字，如 38000 可以设置为 3.80E + 04。

⑧文本：设置数字为文本格式，文本格式不能参与计算。

⑨特殊：这种格式可以将数字转换为常用的中文大小写数字、邮政编码或人民币数值的大写形式。

⑩自定义：我们在使用表格录入数据、统计报表时，有时需要针对表格内容自定义设置特有的单元格格式。如手机号分段显示、为数据批量添加单位、快速进行条件判断等。

方法 2：在选定的单元格或单元格区域上右击，弹出快捷菜单，如图 2-44 所示，选择“设置单元格格式”命令，打开如图 2-45 所示的“单元格格式”对话框。

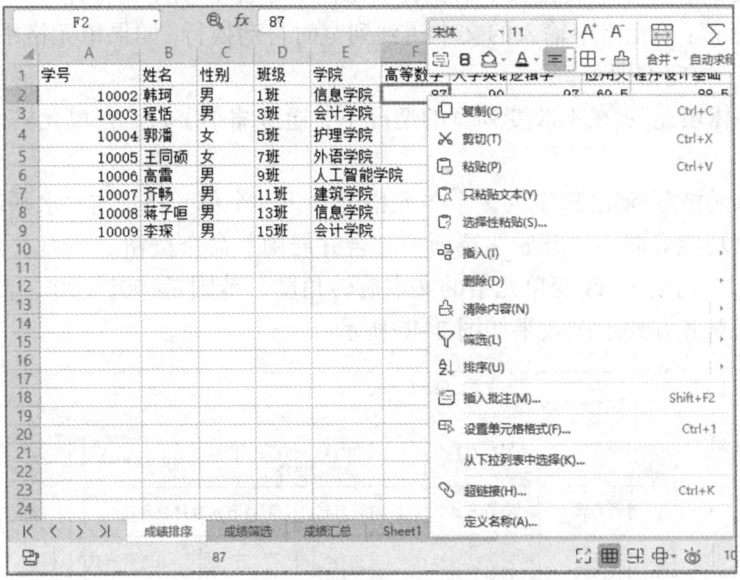

图 2-44 “设置单元格格式”快捷菜单

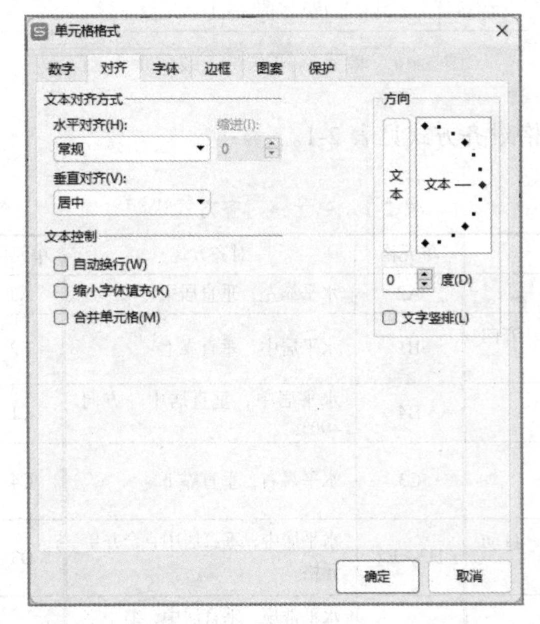

图 2-45 “单元格格式”对话框“对齐”选项卡

4. 设置单元格对齐方式

打开“单元格格式”对话框，选择“对齐”选项卡，如图 2-45 所示，根据需要设置“水平对齐”“垂直对齐”“文本控制”和“方向”等选项，对所选定区域的对齐方式进行设置。

（1）“水平对齐”：用来设置单元格左右方向的对齐方式，包括“常规”“靠左（缩进）”“居中”“靠右（缩进）”“填充”“两端对齐”“跨列居中”和“分散对齐（缩进）”。其中“填充”是以当前单元格的内容填满整个单元格，“跨列居中”为将选定的同一行多个单元格的数据（只有一项数据）居中显示。其他方式与 WPS 文字类似。

（2）“垂直对齐”：用来设置单元格上下方向的对齐方式，包括“靠上”“居中”“靠下”“两端对齐”和“分散对齐”，其用法与 WPS 文字类似。

（3）“文本控制”：用来设置文本的换行、缩小、字体、填充和合并。

①“自动换行”：单元格中输入的文本达到列宽时自动换行。如果单元格中需要手工换行，按“Alt + Enter”快捷键即可。

②“缩小字体填充”：在不改变列宽的情况下，通过缩小字符，在单元格内用一行显示所有的数据。

③“合并单元格”：将已选定的多个单元格合并为一个单元格，与“水平对齐”方式中的“居中”合用，功能等同于“开始”选项卡“合并居中”命令按钮。

（4）“方向”（角度）：改变单元格的文本旋转角度，范围是–90°～90°。

单元格数据对齐方式示例效果如图 2-46 所示。

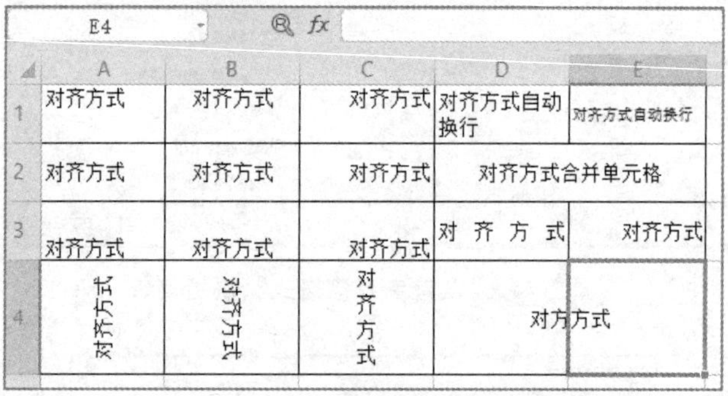

图 2-46　单元格数据对齐效果示例图

图 2-46 中，各单元格对齐方式见表 2-1。

表 2-1　单元格对齐方式说明

单元格	对齐方式	单元格	对齐方式	单元格	对齐方式
A1	水平靠左，垂直靠上	A2	水平靠左，垂直居中	A3	水平靠左，垂直靠下
A4	水平居中，垂直居中，方向 90°	B1	水平居中，垂直靠上	B2	水平居中，垂直居中
B3	水平居中，垂直靠下	B4	水平居中，垂直居中，方向 –90°	C1	水平靠右，垂直靠上
C2	水平靠右，垂直居中	C3	水平靠右，垂直靠下	C4	水平居中，垂直居中，文字竖排
D1	水平常规，垂直居中，自动换行	D2，E2	水平居中，垂直居中，合并单元格	D3	水平分散对齐，垂直居中
D4，E4	水平跨列居中，垂直居中	E1	水平常规，垂直居中，缩小字体填充	E3	水平靠左（缩进 2），垂直居中

5. 设置表格边框

默认情况下，我们看到的 WPS 表格的灰色边框线只是网格线，是供我们编辑使用的，可以通过“视图”选项卡下的“显示网格线”命令进行打开或关闭。默认的网格线在打印时不会被打印出来。如果用户需要打印表格线和边框，则必须进行相应的设置。有 2 种常用方法。

方法 1：使用功能区的命令按钮，具体操作步骤如下：

步骤 1：选定需要设置边框的单元格或单元格区域。

步骤 2：点击“开始”选项卡中的“框线”命令按钮，展开如图 2-47 所示的下拉列表，选择所需要的边框样式。如果要设置更加复杂的边框线，可以点击下拉列表中的“其他边框”命令，弹出如图 2-48 所示的“单元格格式”对话框的“边框”选项卡，具体操作在下述“方法 2”中进行说明。

图 2-47　框线设置下拉框

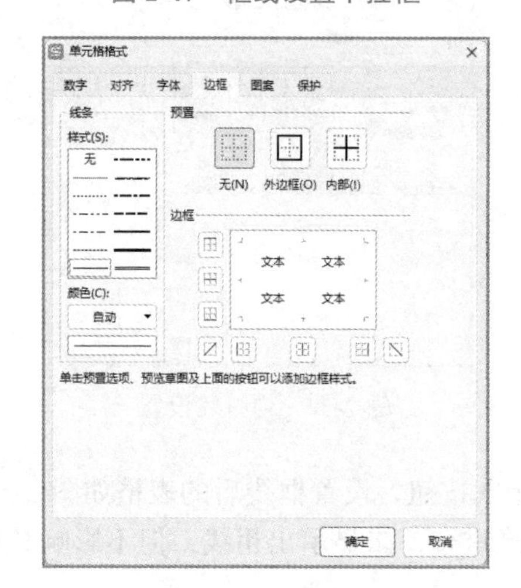

图 2-48　“单元格格式”对话框“边框”选项卡

方法 2：使用“边框”选项卡。使用上述“方法 1”中的“其他边框”命令，或按以下操作步骤打开“单元格格式”对话框“边框”选项卡：

步骤 1：选定需要设置边框的单元格或单元格区域。

步骤 2：右击选定区域，在弹出的快捷菜单中点击“设置单元格格式”命令，打开“单元格格式”对话框，选择“边框”选项卡，如图 2-48 所示。其中：

在“线条”区域中指定线型样式和线条的颜色；在“预置”区域中设定是“无”框线、

“外边框”，还是“内部”边框；在“边框”区域中可以分别点击提示按钮以指定边框位置。最后点击“确定”按钮完成设置。

例如，将图 2-47 中的表格外边框设为绿色粗实线，内框线设为绿色细实线。

步骤 1：在“单元格格式”对话框“边框”选项卡的“样式”中选择粗实线，在“颜色”中选择“绿色”，在“预置”中点击“外边框”，设置状态如图 2-49 所示。

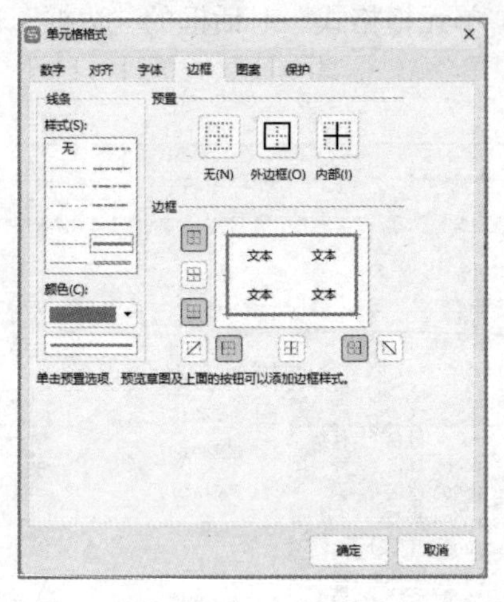

图 2-49　外边框设置

步骤 2：在图 2-49 的“样式”中选择细实线，在“预置”中点击“内部”，设置状态如图 2-50 所示。

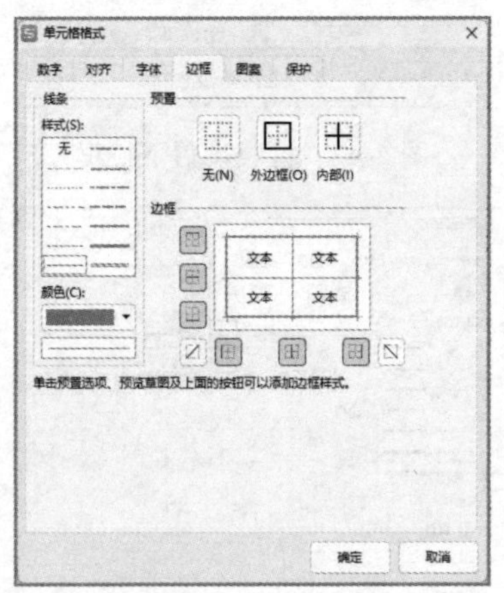

图 2-50　内框线设置

步骤 3：最后点击“确定”按钮，设置框线后的表格如图 2-51 所示。表格的左侧和上侧外框线因为与行号和列标边缘重合，未显示出粗线，但不影响其预览与输出，表格的打印预览效果如图 2-52 所示。

	A	B	C	D	E	F	G	H	I	J	K	L
1	学号	姓名	性别	班级	学院	高等数学	大学英语	逻辑学	应用文	程序设计基础	总分	平均分
2	10002	韩珂	男	1班	信息学院	87	90	97	69.5	88.5	432	86.40
3	10003	程恬	男	3班	会计学院					99		
4	10004	郭潘	女	5班	护理学院							
5	10005	王同硕	女	7班	外语学院							
6	10006	高雷	男	9班	人工智能学院							
7	10007	齐畅	男	11班	建筑学院							
8	10008	蒋子晅	男	13班	信息学院							
9	10009	李琛	男	15班	会计学院							

图 2-51　设置框线的表格

学号	姓名	性别	班级	学院	高等数学	大学英讠	逻辑学	应用文	程序设计基础	总分	平均分
10002	韩珂	男	1班	信息学院	87	90	97	69.5	88.5	432	86.40
10003	程恬	男	3班	会计学院					99		
10004	郭潘	女	5班	护理学院							
10005	王同硕	女	7班	外语学院							
10006	高雷	男	9班	人工智能学院							
10007	齐畅	男	11班	建筑学院							
10008	蒋子暄	男	13班	信息学院							
10009	李琛	男	15班	会计学院							

图 2-52　表格的打印预览效果

6. 设置表格底纹

为达到更好的视觉效果，可以给工作表的单元格添加底纹颜色或者图案。给工作表的单元格添加底纹颜色可使用“填充颜色”命令，具体操作步骤如下：

步骤 1：选定需要添加底纹颜色的单元格或单元格区域。

步骤 2：点击“开始”选项卡下的“填充颜色”命令按钮，如图 2-53 所示，在打开的颜色列表中选择所需要的填充颜色。

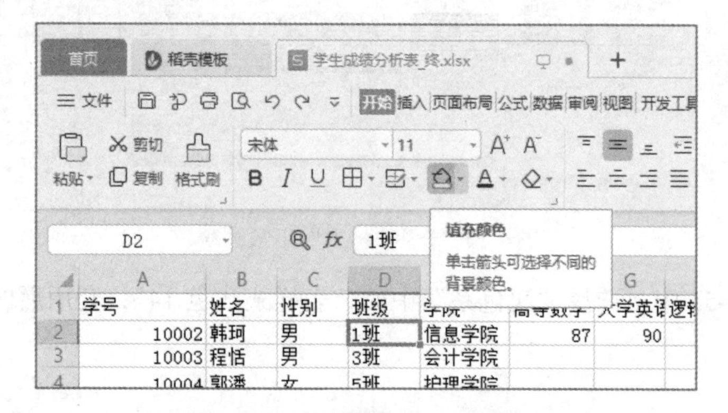

图 2-53　“填充颜色”下拉列表

给工作表的单元格添加底纹图案可使用“图案”选项卡，具体操作步骤如下：

步骤 1：选定需要加底纹图案的单元格或单元格区域。

步骤 2：用上述方法打开“单元格格式”对话框，点击“图案”选项卡，如图 2-54 所示。

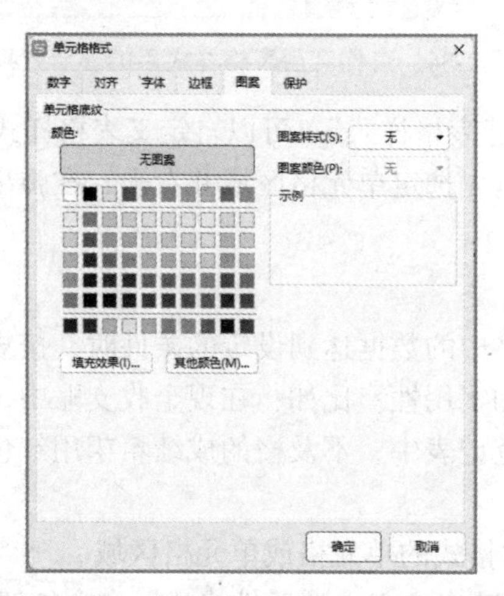

图 2-54　“单元格格式”对话框“图案”选项卡

可以在“颜色”区域选择背景色，如果需要进一步设置底纹效果，可以在“图案样式”和“图案颜色”中选择底纹的样式和颜色。

7. 自动套用格式

WPS 表格内置了一些实用的表格格式，可以把它们套用到正在编辑的表格上，实现对表格的快速格式化。

具体套用步骤如下：

步骤 1：选定要套用格式的单元格区域。

步骤 2：点击“开始”选项卡下的“表格样式”命令按钮，展开如图 2-55 所示的列表，可以在“预设样式”（可在“浅色系”“中色系”“深色系”中切换）中选择一项，也可以在“表格样式推荐”中选择一项。

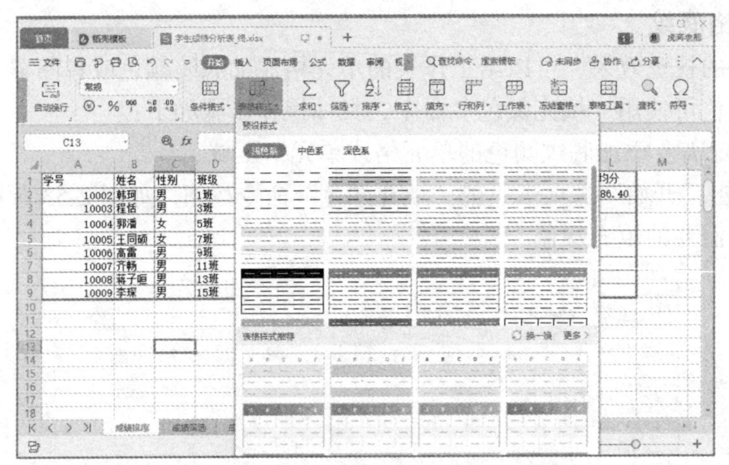

图 2-55 “表格样式”下拉列表

例如，在图 2-55 中，选择“浅色系”中的“表样式浅色 14”，套用后的表格显示效果如图 2-56 所示。

	A	B	C	D	E	F	G	H	I	J	K	L
1	学号	姓名	性别	班级	学院	高等数学	大学英i	逻辑学	应用文	程序设计基础	总分	平均分
2	10002	韩珂	男	1班	信息学院	87	90	97	69.5	88.5	432	86.40
3	10003	程恬	男	3班	会计学院					99		
4	10004	郭潘	女	5班	护理学院							
5	10005	王同硕	女	7班	外语学院							
6	10006	高雷	男	9班	人工智能学院							
7	10007	齐畅	男	11班	建筑学院							
8	10008	蒋子暄	男	13班	信息学院							
9	10009	李琛	男	15班	会计学院							

图 2-56 表格套用表格样式后的显示效果

在图 2-55 中，点击“新建表格样式”，可以自定义表格样式。

要清除套用的格式，可以先选定单元格区域并右击，在弹出的快捷菜单中选择“清除内容”下的“格式”。

8. 添加条件格式

条件格式是指规定单元格中的数据达到设定的条件时，按规定的格式显示。这样会使表格更加清晰、易读，有很强的实用性。比如：在现金收支账中，当出现超支的情况时，希望用红色显示超支额；在成绩登记表中，不及格的成绩希望用红色标出等。

具体操作步骤如下：

步骤 1：选定要设置条件格式的单元格或单元格区域。

步骤 2：点击“开始”选项卡，点击“条件格式”命令按钮，展开如图 2-57 所示的下拉列表，根据需要选择一种选项，设置好相应数值，点击“确定”按钮。

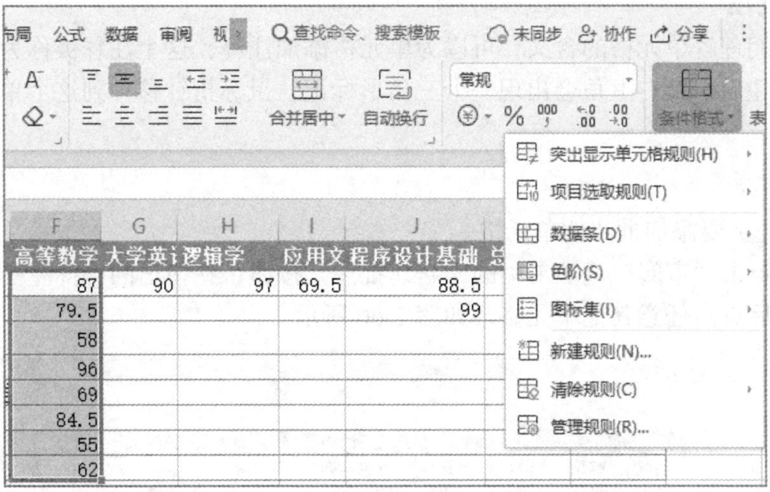

图 2-57　“条件格式”下拉列表

步骤 3：如果有多个条件，可以再次选择相应的选项，输入相关的数值，多个条件可以叠加生效。

例如，在图 2-57 中，要将“高等数学<60”的得分单元格设置为“浅红填充色深红色文本”，具体操作步骤如下：

步骤 1：选定表格，点击“条件格式”→“突出显示单元格规则”→“小于”命令，打开“小于”对话框，如图 2-58 所示。

图 2-58　“小于”对话框

步骤 2：在“小于”对话框左侧文本框中输入数值“60”，在右侧下拉列表中选择“浅红填充色深红色文本”，点击“确定”按钮。设置后的效果如图 2-59 所示。

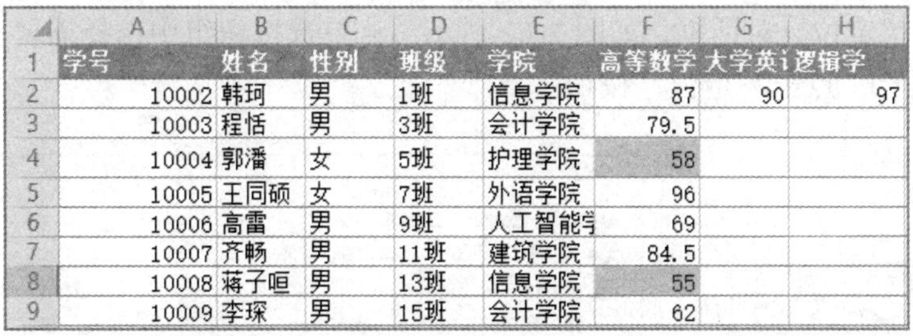

	A	B	C	D	E	F	G	H
1	学号	姓名	性别	班级	学院	高等数学	大学英	逻辑学
2	10002	韩珂	男	1班	信息学院	87	90	97
3	10003	程恬	男	3班	会计学院	79.5		
4	10004	郭潘	女	5班	护理学院	58		
5	10005	王同硕	女	7班	外语学院	96		
6	10006	高雷	男	9班	人工智能学	69		
7	10007	齐畅	男	11班	建筑学院	84.5		
8	10008	蒋子晅	男	13班	信息学院	55		
9	10009	李琛	男	15班	会计学院	62		

图 2-59　设置“条件格式”后的效果

①修改条件格式。首先选定需要更改条件格式的单元格或单元格区域，再打开相关的对话框，然后改变已输入的条件，最后点击“确定”按钮。

②清除条件格式。首先选定需要更改条件格式的单元格或单元格区域，打开如图 2-57 所示的“条件格式”下拉列表，选择“清除规则”，打开子菜单，可以“清除所选单元格的

规则”或“清除整个工作表的规则”。

9. 添加批注

为便于人们理解单元格的含义，可以为单元格添加注释，这个注释被称为批注。一个单元格添加了批注后，其右上角会出现一个三角形标记，鼠标指针移动到这个单元格上时会显示批注信息。

1）添加批注

步骤 1：选定要添加批注的单元格。

步骤 2：点击“审阅”选项卡中的“新建批注”按钮，在弹出的“批注”文本框中输入批注内容，然后点击任意其他单元格，如图 2-60 所示。

	A	B	C	D	E	F	G	H	I
1					期末考试学生成绩分析				
2	学号	姓名	性别	班级	学院	高等数学	大学英i	逻辑学	应用文
3	10002	韩珂	男	1班	信息学院	87	90	97	69.5
4	10003	程恬	男	3班	会计学院	79.5			
5	10004	郭潘	女	5班	护理学院	58			
6	10005	王同硕	女	7班	外语学院	96			
7	10006	高雷	男	9班	人工智能学	69			
8	10007	齐畅	男	11班	建筑学院	84.5			
9	10008	蒋子暄	男	13班	信息学院	55			
10	10009	李琛	男	15班	会计学院	62			

批注：XiongHW: 突出显示未及格的成绩

图 2-60 显示批注信息

2）编辑或删除批注

步骤 1：选定有批注的单元格。

步骤 2：点击“审阅”选项卡中的“编辑批注”或“删除批注”按钮，即可进行批注编辑或删除已有的批注。

2-2-6 定位、查找与替换

在使用工作表的过程中，我们有时候需要找出指定的数据，或者要查找指定数据在表中是否存在，或者要将指定的数据替换成其他数据。对于这些需求，WPS 表格提供的“查找”命令就可以快速、准确地完成操作。

1. 定位

点击“开始”选项卡中的“查找”命令按钮，展开如图 2-61 所示的下拉列表，点击“定位”命令，打开“定位”对话框，如图 2-62 所示。从单选按钮组中选择需要查找的对象类型（默认是“数据”），点击“定位”按钮。

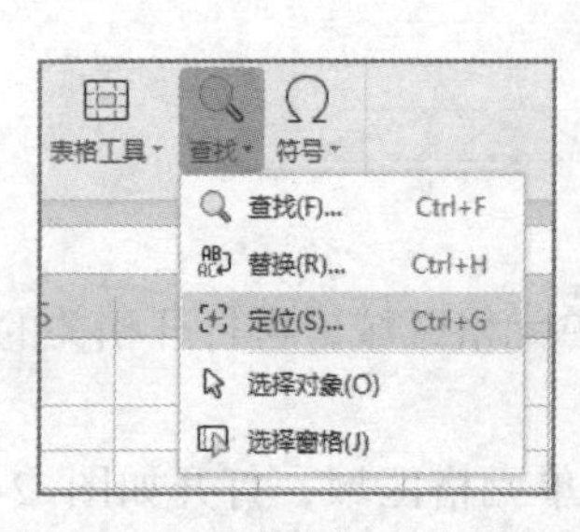

图 2-61 “查找”下拉列表

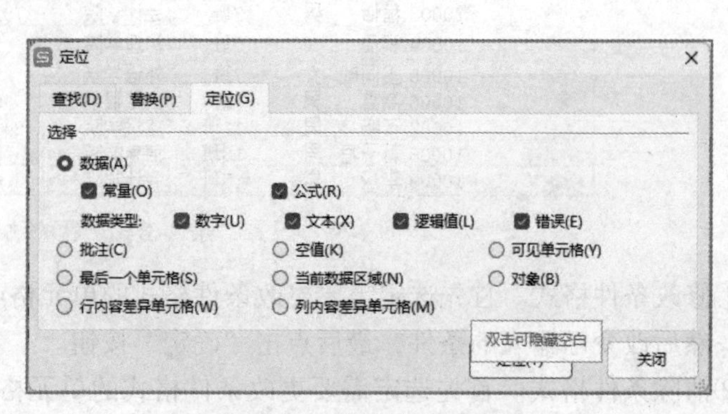

图 2-62 “定位”对话框

2. 查找

查找是在指定的范围内寻找指定内容的快速方法，反馈找到或者找不到的结果。具体操作步骤如下：

步骤 1：选定查找范围，若没有选定查找区域，则在整个工作表中进行查找。

步骤 2：点击“开始”选项卡中的“查找”命令按钮，从下拉列表中选择“查找”命令，打开“查找”对话框，如图 2-63 所示。点击“选项”按钮可以“显示/隐藏”扩展信息。在“查找内容”文本框中输入或选择要查找的内容，比如“2 班”，点击“查找全部”按钮可以在查找范围内找到所有内容相匹配的单元格，如图 2-64 所示。点击“查找上一个”或“查找下一个”按钮，则是从当前单元格位置开始向上或向下查找到一个匹配项即停下来。如果要继续查找，则需要再次点击这两个按钮。

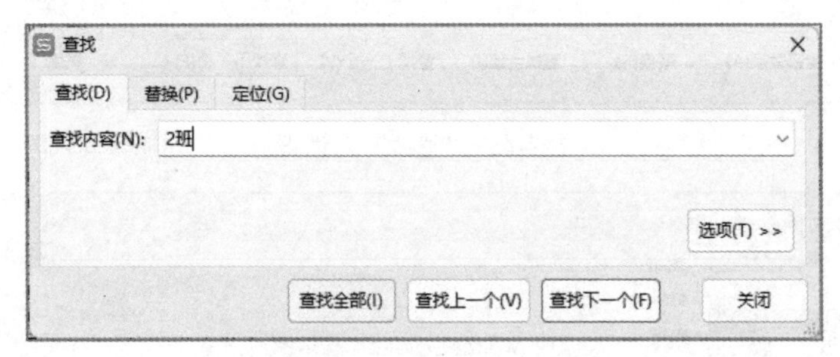

图 2-63　“查找”对话框

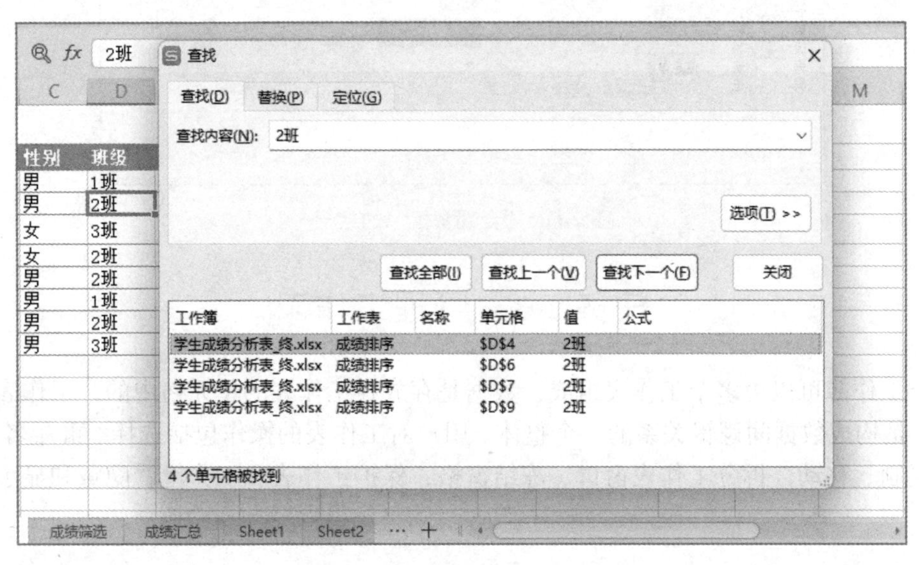

图 2-64　“查找全部”的结果

WPS 表格不仅可以查找内容，还可以查找指定格式，用户可以点击“格式”下拉列表，来设定要查找的格式。

如果找不到指定内容，系统会反馈“WPS 表格找不到正在搜索的数据。请检查您的搜索选项、位置。”的提示。

3. 替换

替换操作可以将查找到的内容替换成另外的内容，具体操作步骤如下：

步骤 1：选定查找范围，若没有选定查找区域，则在整个工作表中进行查找。

步骤 2：点击“开始”选项卡中的“查找”命令按钮，从下拉列表中选择“替换”命令，打开“替换”对话框，如图 2-65 所示。点击“选项”按钮可以“显示/隐藏”扩展信息。在

“查找内容”文本框中输入或选择要查找的内容，比如“2 月”，在“替换为”文本框中输入或选择要替换的内容，比如“3 月”，点击“全部替换”按钮可以一次性将查找范围内找到的匹配单元格的内容替换成指定内容，如图 2-66 所示。点击“查找上一个”或“查找下一个”按钮，则是从当前单元格位置开始向上或向下查找到一个匹配项，点击“替换”按钮，可逐一替换。

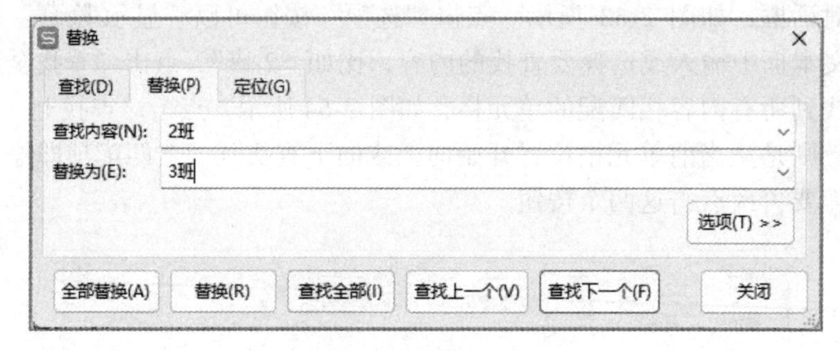

图 2-65 “替换”对话框

图 2-66 “全部替换”的结果

任务 2-3 管理工作表

一个工作簿可以由多个工作表组成，数据是存放在工作表的单元格中的，工作表是一张二维表，是构成数据间逻辑关系的一个整体。用户对工作表的操作包括选择、重命名、插入、删除、复制、移动，拆分工作表窗口、冻结窗格，保护工作表和工作簿，隐藏和显示工作表等。

2-3-1 选择和重命名工作表

1. 选择工作表

打开 WPS 工作簿，默认看到的当前工作表为 Sheet1，如果工作簿中有多个工作表，此时需要查看其他工作表中的内容，则必须点击相应工作表标签将其切换为当前工作表，当前工作表的名字以白底加粗显示，如图 2-67 所示。如果要查看“成绩筛选”表中的内容，则可以在“成绩筛选”表标签上点击，将当前工作表切换到“成绩筛选”表。

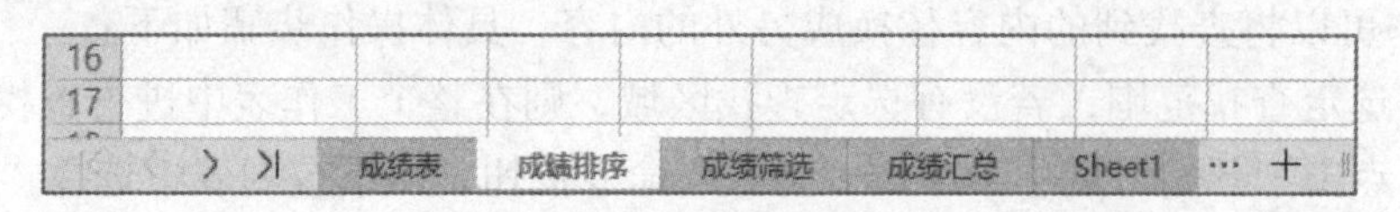

图 2-67 工作表标签

如果要选定多个相邻的工作表，则可以点击第一个工作表标签，然后按住 Shift 键并点击最后一个工作表标签，则两个工作表之间的所有工作表都被选中。

如果要选定多个不相邻的工作表，可以在按住 Ctrl 键的同时，点击要选定的每个工作表标签。

如果用鼠标右击工作表标签，在快捷菜单中选择“选定全部工作表”命令，则可以选中当前工作簿中的所有工作表，如图 2-68 所示。

G487　fx　77.5

	A	B	C	D	E	F	I
1	学号	姓名	性别	班级	高等数学	大	程序设计基础
2				二班	>=95		
3				六班	>=95		
4							
5							
6	学号	姓名	性别	班级	高等数学	大	程序设计基础
66	10060	陈渝	男	六班	96		69.5
117	10111	范杰	男	六班	97		78.5
250	10244	韩欣然	女	六班	96		51
288	10282	韩瑞轩	女	六班	95		92
354	10348	雷雨	女	二班	96		65.5
385	10379	王一丁	男	六班	96		87
447	10441	郑舒心	男	二班	96		79.5
487	10481	林洛伊	男	六班	95.5		81.5
493	10487	陆梵宇	女	二班	97		92
507	10501	李博文	男	二班	95		93.5
509							
510							

插入(I)...
删除工作表(D)
重命名(R)
移动或复制工作表(M)...
合并表格(E)
拆分表格(C)
保护工作表(P)...
工作表标签颜色(T)
隐藏(H)
取消隐藏(U)...
选定全部工作表(S)
创建表格目录...
字号(F)

成绩表　成绩排序　成绩筛

图 2-68　“工作表标签”快捷菜单

同时选定多个工作表后，其中只有一个工作表是当前工作表（图 2-68 中的当前工作表为“成绩筛选”），在当前工作表的某个单元格中输入数据，或者进行单元格格式设置，相当于对所有选定工作表同样位置的单元格做了同样的操作。

同时选定多个工作表后，则这些工作表构成了成组工作表。要取消成组工作表，则可以在选定的工作表标签上右击，在快捷菜单中选择“取消成组工作表”。

2. 重命名工作表

为了见名知义，可以根据工作表的内容来命名工作表。比如可以将图2-67中的“Sheet1”重命名为“学分统计”，以后在使用时就可以很方便地找到该表。

操作方法有以下 3 种：

方法 1：右击要重命名的工作表标签（如 Sheet1），选择“重命名”，标签文字变成蓝底白字，处于可编辑状态，输入新的工作表名称，如图 2-69 所示，然后按 Enter 键或用鼠标点击工作表其他位置，完成工作表重命名操作。

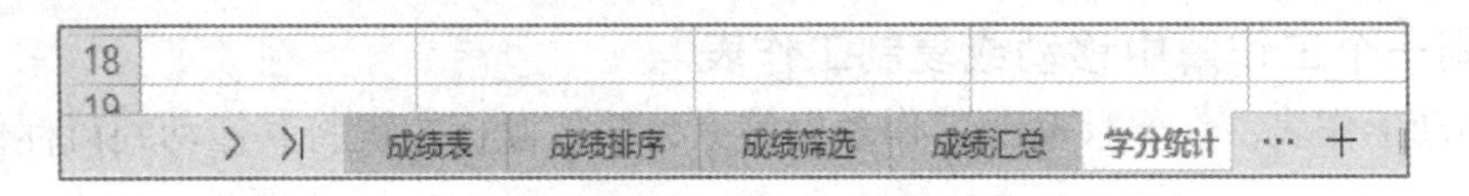

图 2-69　编辑工作表标签

方法 2：在要重命名的工作表标签上双击，进入工作表标签编辑状态，后续操作同方法 1。

方法 3：点击要重命名的工作表标签，使之成为当前工作表，点击“开始”选项卡中的“工作表”命令按钮，显示下拉列表，如图 2-70 所示，选择“重命名”，后续操作同方法 1。

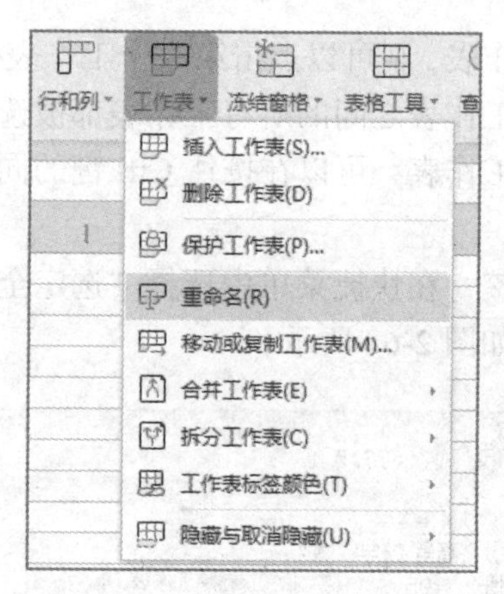

图 2-70 “工作表”下拉列表

2-3-2 插入和删除工作表

1. 插入工作表

若要在工作簿中插入工作表，有以下 3 种方法：

方法 1：如果要在所有工作表的右边插入一个空白表，则可点击工作表标签组右侧的“新建工作表”按钮“+”，如图 2-67 所示。

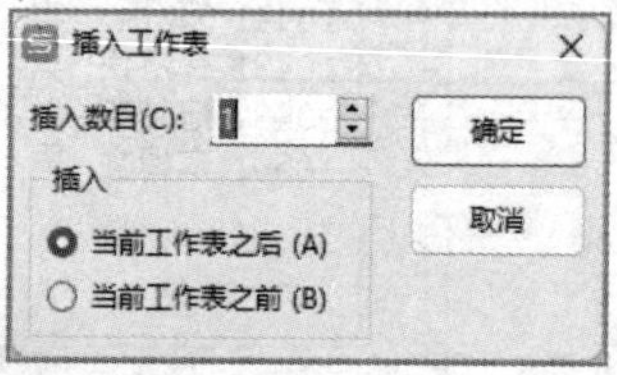

方法 2：在要插入位置的工作表标签上右击，弹出快捷菜单，如图 2-68 所示，选择“插入”命令，弹出如图 2-71 所示的“插入工作表”对话框，设置好“插入数目”和插入位置，点击“确定”按钮，完成工作表的插入。

图 2-71 “插入工作表”对话框

方法 3：选中要插入位置的工作表，点击“开始”选项卡中的“工作表”命令按钮，如图 2-70 所示，在下拉列表中点击“插入工作表”命令，弹出如图 2-71 所示的“插入工作表”对话框，设置好“插入数目”和插入位置，点击“确定”按钮，完成工作表的插入。

2. 删除工作表

不需要的工作表，可以将其删除，常用方法有以下 2 种：

方法 1：在要删除的工作表标签上右击，弹出快捷菜单，如图 2-68 所示，选择“删除工作表”命令。如果表中存在数据，系统会有相应提示，删除前需要确认；如果表为空表，系统会直接删除。

方法 2：选中要删除的工作表，点击“开始”选项卡中的“工作表”命令按钮，如图 2-70 所示，在下拉列表中点击“删除工作表”命令。如果表中存在数据，系统会有相应提示，删除前需要确认；如果表为空表，系统会直接删除。

2-3-3 移动或复制工作表

1. 在同一个工作簿中移动或复制工作表

（1）移动工作表。在要移动的工作表标签上，按住鼠标左键将其拖动到目标位置，松开鼠标即可。

（2）复制工作表。按住 Ctrl 键不放，用鼠标左键拖动工作表标签，就可以复制一个工作表，新工作表和原工作表内容相同。

2. 在不同工作簿间移动或复制工作表

在不同工作簿间移动或复制工作表，要使用快捷菜单或“工作表”下拉列表，具体操作步骤如下：

步骤 1：打开目标工作簿，再打开准备复制工作表的源工作簿。

步骤 2：右击要复制的工作表标签，在弹出的快捷菜单中选择“移动或复制工作表”命令；也可以使用“工作表”下拉列表中的“移动或复制工作表”命令打开“移动或复制工作表”对话框，如图 2-72 所示。

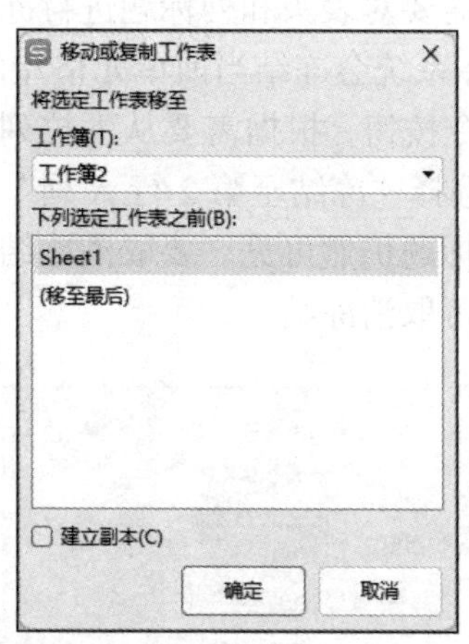

图 2-72　“移动或复制工作表”对话框

步骤 3：在图 2-72 中，在“将选定工作表移至工作簿”下拉列表中选择目标工作簿，然后在“下列选定工作表之前”列表框中选择要复制的具体位置。如果不勾选“建立副本”复选框，则此次操作就是移动工作表；如果勾选“建立副本”复选框，则表示复制。设置完成后，点击“确定”按钮。

2-3-4　拆分工作表窗口和冻结窗格

1. 拆分工作表窗口

如果要同时查看工作表中相距较远的两部分内容，可以通过“拆分窗口”的功能将工作表同时显示在 4 个区域中，4 个区域都可以对工作表进行独立编辑和修改。

点击“视图”选项卡中的“拆分窗口”按钮，系统会将当前工作表窗口拆分成 4 个大小可调的区域，拆分位置从当前单元格的左上方开始，如图 2-73 所示。

D13

	A	B	C	D	E	F	D	E	F	G	H	I	J
1						期末考试学		期末考试学生成绩分析					
2	学号	姓名	性别	班级	学院	高等数学	班级	学院	高等数学	大学英i	逻辑学	应用文	程序设计基础
3	10002	韩珂	男	1班	信息学院	87	1班	信息学院	87	90	97	69.5	88.5
4	10003	程恬	男	3班	会计学院	79.5	3班	会计学院	79.5				99
5	10004	郭潘	女	3班	护理学院	58	3班	护理学院	58				
6	10005	王同硕	女	3班	外语学院	96	3班	外语学院	96				
7	10006	高雷	男	3班	人工智能5	69	3班	人工智能5	69				
8	10007	齐畅	男	1班	建筑学院	84.5	1班	建筑学院	84.5				
9	10008	蒋子叵	男	3班	信息学院	55	3班	信息学院	55				
10	10009	李琛	男	3班	会计学院	62	3班	会计学院	62				
11													
501													
502													
503													
504													
505													
506													

成绩表　100%

图 2-73　工作表“拆分窗口”状态

2. 取消拆分

如果当前工作表处于拆分状态，要取消拆分，点击“视图”选项卡中的“取消拆分”按钮，恢复默认视图状态。

3. 冻结窗格

当工作表内容很多时，为了便于浏览，可以锁定工作表中某一部分的行或列，使其在其他部分滚动时仍然可见。比如，滚动查看一个长表格的内容时，可以保持表头和列标题不参与滚动，始终显示在窗口中，就需要对表头和列标题进行冻结。

先确定好当前单元格的位置，系统会冻结当前单元格左侧与上方的单元格区域。点击“视图”选项卡中的“冻结窗格”命令按钮，根据需要从下拉列表中进行选择。如图 2-74 所示，选择 B2 单元格为当前单元格，选择“冻结至第 2 行 A 列”命令，冻结效果如图 2-75 所示，滚动下面的数据行时，表头和列标题仍然可见。要取消冻结窗格，点击“冻结窗格”按钮，选择“取消冻结窗格”命令，即可取消冻结。

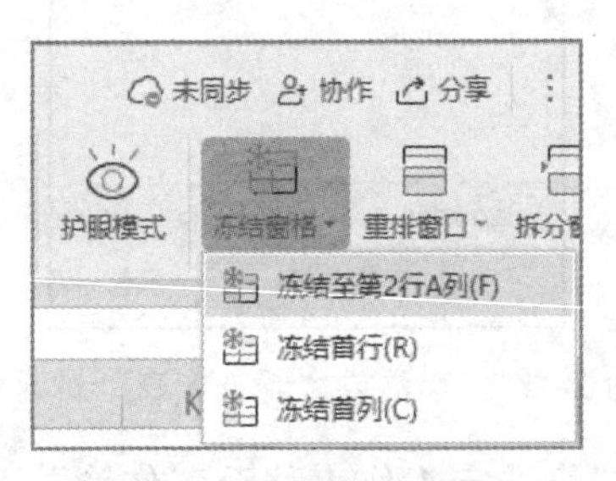

图 2-74 冻结窗格

	A	B	C	D	E	F	G	H	I	J	K	L	M
1		期末考试学生成绩分析											
2	学号	姓名	性别	班级	学院	高等数学	大学英i	逻辑学	应用文	程序设计基础	总分	平均分	
3	10002	韩珂	男	1班	信息学院	87	90	97	69.5	88.5	432	86.40	
4	10003	程恬	男	3班	会计学院	79.5				99			
5	10004	郭潘	女	3班	护理学院	58							
6	10005	王同硕	女	3班	外语学院	96							
7	10006	高雷	男	3班	人工智能学	69							
8	10007	齐畅	男	1班	建筑学院	84.5							
9	10008	蒋子咺	男	3班	信息学院	55							
10	10009	李琛	男	3班	会计学院	62							
11													

图 2-75 冻结窗格后的效果

2-3-5 保护工作表和工作簿

1. 使用“保护工作表”和“保护工作簿”对话框

保护工作表的操作步骤如下：

步骤 1：选定一个或多个需要保护的工作表。

步骤 2：点击“审阅”选项卡中的“保护工作表”按钮，弹出“保护工作表”对话框，如图 2-76 所示。

步骤 3：在此对话框中，用户可以设置保护选项，然后设置密码，点击“确定”按钮，在弹出的对话框中再次确认密码，点击“确定”按钮，工作表保护操作完成，这样该工作表只有在输入正确密码撤销保护后才能进行编辑。

当被保护的工作表需要撤销保护时，请点击“审阅”选项卡中的“撤销工作表保护”按钮，弹出“撤销工作表保护”对话框，输入原来设置的密码，点击“确定”按钮，即可撤销对工作表的保护。

保护工作簿的操作步骤如下：

点击“审阅”选项卡中的“保护工作簿”按钮，会弹出“保护工作簿”对话框，如图 2-77 所示。输入并再次确认密码后工作簿得到保护。工作簿被保护后其结构则不可更改，且删除、移动、添加、重命名、复制、隐藏等操作均不可进行。

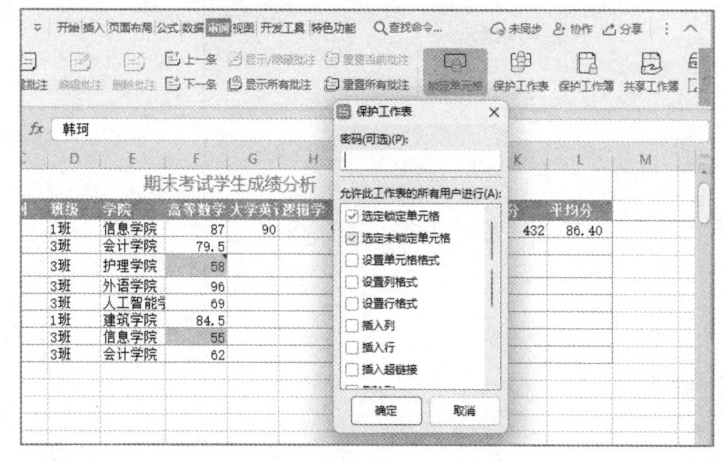

图 2-76　“保护工作表”对话框

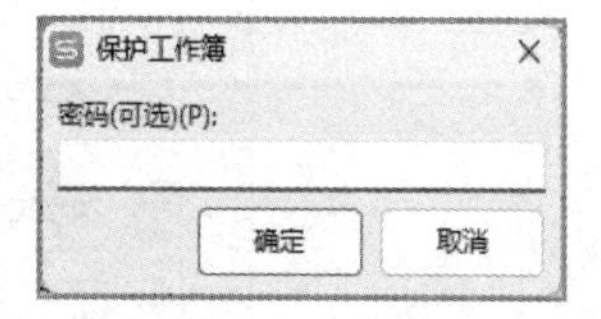

图 2-77　“保护工作簿”对话框

当被保护的工作簿需要撤销保护时，请点击“审阅”选项卡中的“撤销工作簿保护”按钮，弹出“撤销工作簿保护”对话框，输入原来设置的密码，点击“确定”按钮，即可撤销对工作簿的保护。

2. 使用“保存文件”对话框

为了保护自己的文件，避免被别人打开或修改，还可以给文件加密或把文件设置为只读。具体设置方法是：点击“文件”菜单中的“另存为”命令，打开“另存文件”对话框，如图 2-78 所示。点击对话框右下角的“加密”按钮，弹出“密码加密”对话框，如图 2-79 所示。依提示进行设置后点击“应用”按钮。已经受到保护的文件试图被打开或修改时，将会自动启动密码输入框，不能正确地输入密码将会被拒绝打开或修改。

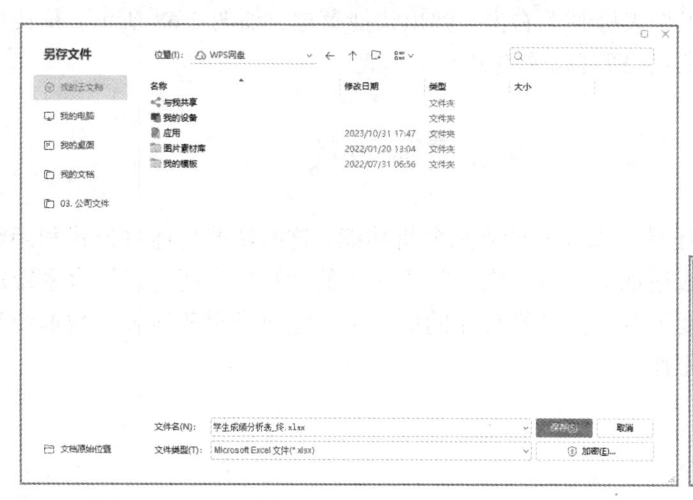

图 2-78　“另存文件”对话框

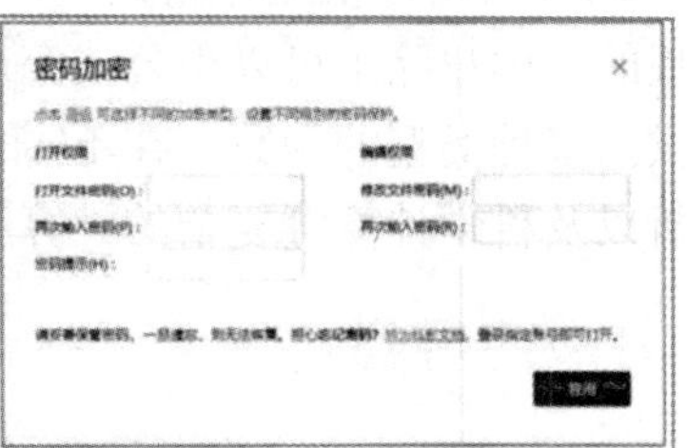

图 2-79　“密码加密”对话框

3. 使用“文档加密”功能

点击“文件”菜单，选择“文档加密”命令，如图 2-80 所示。可根据需要进行“文档权限”（私密文档保护）、“密码加密”和“属性”等保护操作。

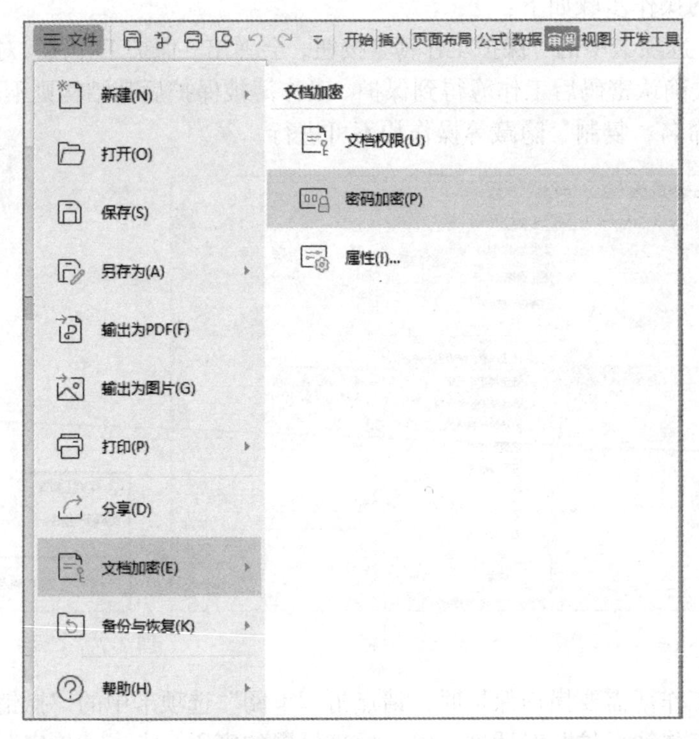

图 2-80 “文档加密”功能

2-3-6 隐藏和显示工作表

1. 使用“工作表”命令

选定一个或多个工作表，点击“开始”选项卡中的“工作表”命令按钮，在下拉列表中选择“隐藏与取消隐藏”下的相应选项，可以隐藏或显示工作表，如图 2-70 所示。

2. 使用“工作表标签”的快捷菜单

选定一个或多个工作表，在工作表标签上右击，弹出快捷菜单，如图 2-68 所示。从快捷菜单中选择“隐藏”或“取消隐藏”，即可隐藏或显示工作表。

任务 2-4 使用公式和函数

WPS 表格不仅能存储数据，还具有强大的计算和分析功能，这些功能是通过公式和函数实现的。用户除了可以用公式完成诸如加、减、乘、除等简单的计算外，还可以结合系统所提供的多种类型的函数，在不需要编制复杂计算程序的情况下，完成像财务报表、数据统计分析以及科学计算等复杂的计算工作。

2-4-1 使用公式

1. 公式的格式与录入

公式是 WPS 表格进行计算的主要方式，以等号“=”开头，用一个或多个运算符将常量、单元格地址、函数等连接起来的表达式。如图 2-81 所示，每位同学的总分为不同学科分数的和（这里需要用到求和函数 SUM），因此，K3 单元格中的公式应为“=SUM(F3:J3)”。

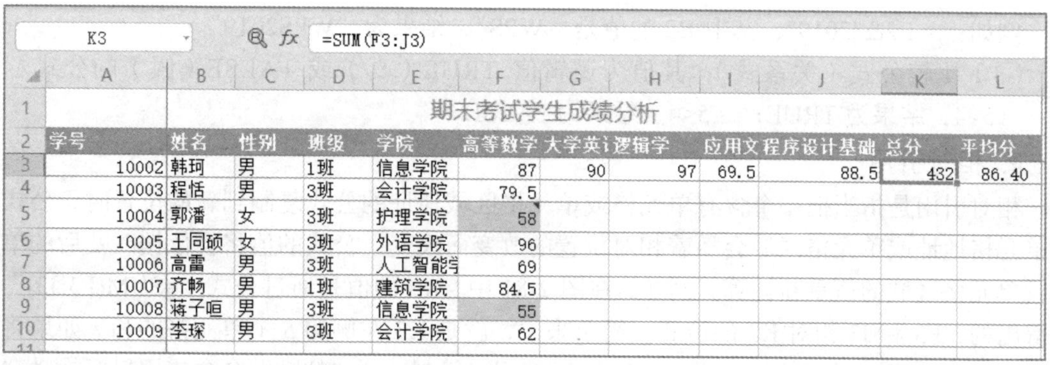

K3　=SUM(F3:J3)

	A	B	C	D	E	F	G	H	I	J	K	L
1		期末考试学生成绩分析										
2	学号	姓名	性别	班级	学院	高等数学	大学英i	逻辑学	应用文	程序设计基础	总分	平均分
3	10002	韩珂	男	1班	信息学院	87	90	97	69.5	88.5	432	86.40
4	10003	程恬	男	3班	会计学院	79.5						
5	10004	郭潘	女	3班	护理学院	58						
6	10005	王同硕	女	3班	外语学院	96						
7	10006	高雷	男	3班	人工智能学	69						
8	10007	齐畅	男	1班	建筑学院	84.5						
9	10008	蒋子晅	男	3班	信息学院	55						
10	10009	李琛	男	3班	会计学院	62						

图 2-81　公式示例

录入公式时要先选定要输入公式的单元格，在编辑栏中输入“=”（会在编辑栏和单元格中同时显示），接着依次输入公式中各个字符（涉及单元格引用的，可以直接点击相应的单元格，其地址会自动填入编辑栏的光标位置），比如本例中的“=SUM(F3:J3)”，输入完毕后点击编辑栏左侧的“√”按钮或按 Enter 键，公式计算结果会显示在单元格中。

修改公式时，可以双击单元格或在编辑栏进行，修改完毕后，点击“√”按钮或按 Enter 键结束。

2. 运算符

在 WPS 表格中，用运算符把常量、单元格地址、函数及括号等连接起来就构成了表达式。常用的运算符除了加、减、乘、除等算术运算符外，还有字符连接符、关系运算符和引用运算符等。运算符在计算时具有优先级，优先级高的先算，比如常说的先乘除后加减，有括号先算括号等。表 2-2 按运算符优先级从高到低列出了常用的运算符及其功能。

表 2-2　常用运算符及其功能

运算符	功能	示例
:	冒号，区域运算符，产生对包括在两个引用之间的所有单元格的引用	如：A1 值为 1，A2 值为 2，则=SUM(A1:A2)的值为 3 注：SUM()为求和函数，将在函数部分做详细介绍
	空格，交叉运算符，产生对两个引用共有的单元格的引用	如：A1 值为 1，A2 值为 2，B2 值为 3，则=SUM(A1:A2 A2;B2)的值为 2
,	逗号，联合运算符，将多个引用合并成一个引用	如:A1 值为 1,A2 值为 2,B2 值为 3,则= SUM(A1: A2,A2;B2)的值为 8
–	负号	–8，–D1
%	百分比	20%即 0.2
^	乘方	2^3 即 2^3，值为 8
*、/	乘、除	C1*5，D1/3
+、–	加、减	C2 + 50，D1–B1
=、<>	等于、不等于	4=5 的值为 FALSE，4<>5 的值为 TRUE
>、>=	大于、大于或等于	5>4 的值为 TRUE，5>=4 的值为 TRUE
<、<=	小于、小于或等于	5<4 的值为 FALSE，5<=4 值为 FALSE
&	将两个文本值连接成一个新的文本值	"WPS"&"2019"的值为“WPS2019”

3. 公式的种类

（1）算术公式：其值为数值的公式。

例如，= 5*4/2/2-A1，其中 A1 的值是 12，结果是 – 7。

（2）文本公式：其值为文本数据的公式。

例如：= E2&"2019"，其中 B2 的值是“WPS”，结果为“WPS2019”。

（3）比较公式（关系式）：其值为逻辑值 TRUE（真）或 FALSE（假）的公式。例如：= 5>4，结果为 TRUE；= 5<4，结果为 FALSE。

4. 相对引用

相对引用是指当把一个含有单元格或单元格区域地址的公式复制到新的位置时，公式中的单元格地址或单元格区域会随着相对位置的改变而改变，公式的值将会依据改变后的单元格或单元格区域的值重新计算。例如，在图 2-81 中，K3 的值是通过公式“=SUM(F3:J3)”计算得出的，F3 和 J3 相对 K3 的位置，简单来说，就是 K3 左侧的 5 个单元格的和。如果将公式“=SUM(F3:J3)”复制到 K4 单元格（可以使用“复制”→“粘贴”命令或用鼠标拖动“填充柄”），K3 到 K4 的位置变化规律会同样作用到 F3 到 J3 上，使公式中的 F3 和 J3 变化为 F4 和 J4，也就是说，公式“=SUM(F3:J3)”复制到 G4 单元格后，公式会变为“=SUM(F4:J4)”，这种自动变化也正好和 K4 单元格值的计算公式相同，如图 2-82 所示。

K4 =SUM(F4:J4)

	A	B	C	D	E	F	G	H	I	J	K	L
1	期末考试学生成绩分析											
2	学号	姓名	性别	班级	学院	高等数学	大学英i	逻辑学	应用文	程序设计基础	总分	平均分
3	10002	韩珂	男	1班	信息学院	87	90	97	69.5	88.5	432	86.40
4	10003	程恬	男	3班	会计学院	79.5	90	97	69.5		424.5	
5	10004	郭潘	女	3班	护理学院	58	66	74	72	83		
6	10005	王同硕	女	3班	外语学院	96	50	88	72	91.5		
7	10006	高雷	男	3班	人工智能§	69	78	73	71	77.5		
8	10007	齐畅	男	1班	建筑学院	84.5	86.5	67	65	68		
9	10008	蒋子晅	男	3班	信息学院	55	70.5	75	73	75		
10	10009	李琛	男	3班	会计学院	62	65	62.5	60.5	58.5		

图 2-82　公式复制后相对引用地址的变化

5. 绝对引用

如图 2-83 所示，B5 的计算公式为“=B4/E2”，即本分数段人数除以班级总人数，结果是正确的，但如果将这个公式复制到 C5，则按照上述“相对引用”的变化规则，C5 的计算公式为“=C4/F2”，如图 2-84 所示，显然分母为空，是错误的，无法得到正确的结果。同样，将 B5 的公式复制到 D5、E5，结果也是错误的。其出错的原因是分母作为班级人数应是不变的，也就是说，在复制公式时分母的值都应是对 E2 单元格的绝对引用。

B5 =B4/E2

	A	B	C	D	E
1	《计算机应用基础》课程成绩分析				
2	班级：	2023级人工智能技术与应用		人数：	43
3	分数段	[0, 60)	[60, 80)	[80, 90)	[90, 100]
4	人数	5	13	16	9
5	占比	11.63%			
6					

图 2-83　相对引用地址

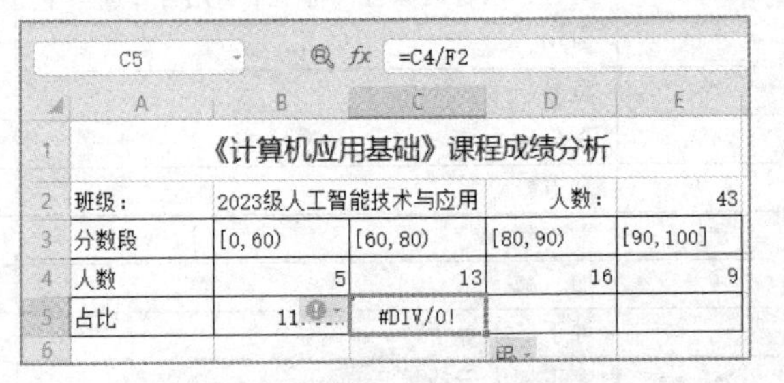

C5 =C4/F2

	A	B	C	D	E
1	《计算机应用基础》课程成绩分析				
2	班级：	2023级人工智能技术与应用		人数：	43
3	分数段	[0, 60)	[60, 80)	[80, 90)	[90, 100]
4	人数	5	13	16	9
5	占比	11.	#DIV/0!		
6					

图 2-84　相对引用地址复制

如果希望公式复制后引用的单元格或单元格区域的地址不发生变化，那么就必须采用绝对引用。所谓绝对引用，是指在公式中的单元格地址或单元格区域的地址不会随着公式引用位置的改变而发生改变。在列标和行号的前面加上一个“$”符号就可以将它改为绝对引用的地址。例如，在图 2-83 中，将 B5 的公式改为“=B4/$E$2”，复制公式后，所有“占比”的计算结果都正确了，如图 2-85 所示。

B5　　fx =B4/$E$2

	A	B	C	D	E
1	《计算机应用基础》课程成绩分析				
2	班级：	2023级人工智能技术与应用		人数：	43
3	分数段	[0,60)	[60,80)	[80,90)	[90,100]
4	人数	5	13	16	9
5	占比	11.63%	30.23%	37.21%	20.93%
6					

图 2-85　使用绝对引用地址

6. 混合引用

如果把单元格或单元格区域的地址表示为部分是相对引用的，部分是绝对引用的，如行号为相对引用、列标为绝对引用，或者行号为绝对引用、列标为相对引用，这种引用称为混合引用。例如，单元格地址“=$B3”和“=A$5”，前者表示保持列不发生变化，而行会随着公式行位置的变化而变化，后者表示保持行不发生变化，而列标会随着公式列位置的变化而变化。

7. 跨工作表引用单元格或单元格区域

跨工作表引用是指在当前工作表中引用其他工作表内的单元格或单元格区域。引用格式是：

工作表名!单元格引用

例如：在 Sheet2 表中引用 Sheet1 表中的 B2 单元格，就可以在 Sheet2 表的公式中用“Sheet1!B2”表示。

如果引用的是单元格区域，比如在 Sheet2 表中引用 Sheet1 表中的 B2:E5 单元格区域，可以在 Sheet2 表的公式中用“Sheet1!B2:E5”表示。

8. 三维引用

三维引用是指引用连续的工作表中同一位置的单元格或单元格区域。就像多张工作表整齐叠在一起的三维立体，用刻刀从上往下刻穿后在每张纸上都留下刻痕的效果。引用格式是：

工作表名称 1: 工作表名称 2!单元格引用

例如：在 Sheet5 表中要引用 Sheet1 ~ Sheet3 表中的 B2 单元格，就可以在 Sheet5 表的公式中用“Sheet1:Sheet3!B2”表示。

2-4-2　使用函数

WPS 表格内置的函数是预先定义的执行计算、分析等处理数据任务的特殊公式。它包括财务、日期与时间、数学和三角函数、统计、查找与引用、数据库、文本、逻辑等多个方面。熟练地使用函数可以有效提高数据处理速度。

1. 函数结构

函数由函数名和相应的参数组成，其格式如下：

函数名([参数 1],[参数 2],…)

例如，“SUM(A1:A2)”函数，SUM 为函数名，A1:A2 为参数，是一个单元格区域的引用。SUM()函数是一个求和函数，其功能是将各参数求和。

函数名及其功能由系统规定，用户不能改变，参数放在函数名后的圆括号内；参数可以是一个或多个，多个参数之间用逗号分隔。参数的类型可以是数值、名称、数组或是包含数值的引用（单元格或单元格区域的地址表示）。

也有个别函数没有参数，称为无参函数。对于无参函数，函数名后面的圆括号不能省略。例如，NOW()函数就没有参数，它返回的是系统内部时钟的当前日期与时间。

2. 输入函数

当用户对某个函数名及使用很熟悉时，可以像输入公式那样直接输入函数。一般情况下，可以使用函数向导来引导输入，其操作步骤如下：

步骤 1：选定需输入函数的单元格，例如 K5。

步骤 2：输入“=”（或在编辑栏中输入），再输入函数 SUM，随着函数名字母的逐个输入，系统会逐步给出更精确的提示，如图 2-86 所示，直到显示出要使用的函数后双击该函数，该函数会显示在单元格中，供编辑公式使用。在选择函数的时候还可以看到该函数的功能及使用技巧的视频介绍。

SUMIF　×　✓　fx　=SUM

	A	B	C	D	E	F	G	H	I	J	K	L
1		期末考试学生成绩分析										
2	学号	姓名	性别	班级	学院	高等数学	大学英语	逻辑学	应用文	程序设计基础	总分	平均分
3	10002	韩珂	男	1班	信息学院	87	90	97	69.5	88.5	432	86.40
4	10003	程恬	男	3班	会计学院	79.5	90	97	69.5	88.5	424.5	
5	10004	郭潘	女	3班	护理学院	58	66	74	72	83	=SUM	
6	10005	王同硕	女	3班	外语学院	96	50					
7	10006	高雷	男	3班	人工智能学	69	78					
8	10007	齐畅	男	1班	建筑学院	84.5	86.5					
9	10008	蒋子晅	男	3班	信息学院	55	70.5					
10	10009	李琛	男	3班	会计学院	62	65	62.5	60.5	58.5		
11												
12												
13												
14												
15												
16												
17												
18												

返回某一单元格区域中所有数值之和。
查看该函数的操作技巧

fx SUM
fx SUMIF
fx SUMIFS
fx SUMPRODUCT
fx SUMSQ
fx SUMX2MY2
fx SUMX2PY2
fx SUMXMY2

图 2-86　使用函数提示

或者点击编辑栏左侧的“*fx*”图标，弹出“插入函数”对话框，如图 2-87 所示。通过查找或分类选择到要用的函数后，双击该函数，在弹出的“函数参数”对话框中进行参数设置，如图 2-88 所示，可以直接输入计算范围；也可以点击数值框右侧的“区域选择”按钮，从工作表中选择计算范围，选择完成后按 Enter 键，最后点击“确定”按钮。计算结果如图 2-89 所示。

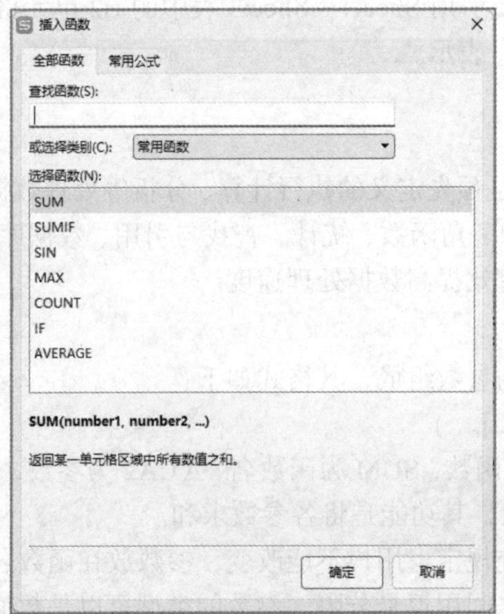

图 2-87　“插入函数”对话框

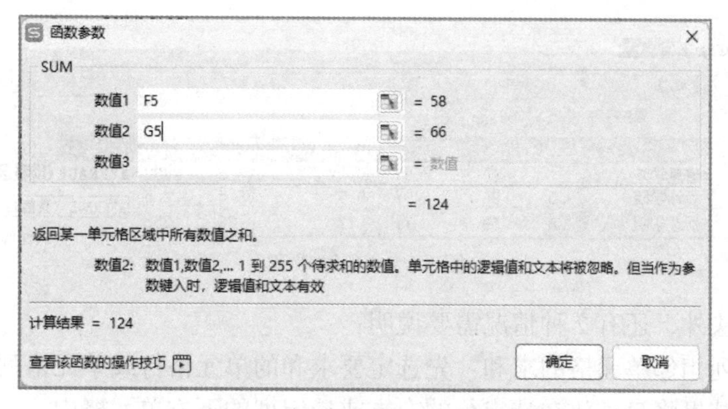

图 2-88　“函数参数”对话框

K4　fx　=SUM(F4:J4)

	A	B	C	D	E	F	G	H	I	J	K	L
1		期末考试学生成绩分析										
2	学号	姓名	性别	班级	学院	高等数学	大学英i	逻辑学	应用文	程序设计基础	总分	平均分
3	10002	韩珂	男	1班	信息学院	87	90	97	69.5	88.5	432	86.40
4	10003	程恬	男	3班	会计学院	79.5	90	97	69.5		424.5	
5	10004	郭潘	女	3班	护理学院	58	66	74	72	83	353	
6	10005	王同硕	女	3班	外语学院	96	50	88	72	91.5	397.5	
7	10006	高雷	男	3班	人工智能学	69	78	73	71	77.5	368.5	
8	10007	齐畅	男	1班	建筑学院	84.5	86.5	67	65	68	371	
9	10008	蒋子晅	男	3班	信息学院	55	70.5	75	73	75	348.5	
10	10009	李琛	男	3班	会计学院	62	65	62.5	60.5	58.5	308.5	
11												

图 2-89　函数插入完成

3. 自动求和

系统提供了自动求和的功能，是“开始”选项卡中的“平均值”按钮，利用它可以对工作表中所选定的单元格进行自动求平均值。它实际上相当于 AVERAGE 求平均值函数，但比插入函数更方便。如果点击下拉按钮，还可以求和、计数、最大值、最小值和插入其他函数，如图 2-90 所示。

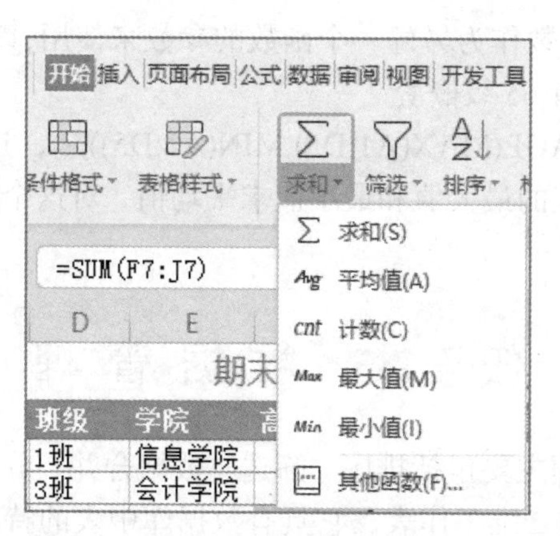

图 2-90　“求和”下拉列表

在图 2-89 所示的表中，先通过复制公式的方式将所有记录的“平均值”计算出来。选定 L3 单元格，点击图 2-90 中的“平均值”命令，系统会自动填入公式并判断出求平均值区域，如图 2-91 所示。这里的求平均值区域应该是“F3:K3”（如果不正确，也可以手工修改），点击编辑栏左侧的“√”按钮或按 Enter 键，L3 单元格中会显示平均值结果。

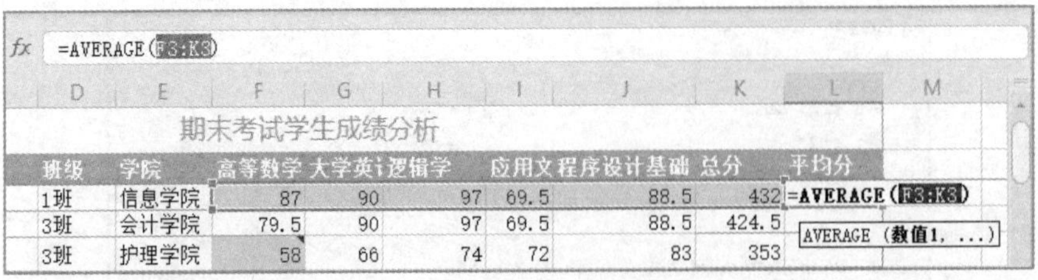

图 2-91　自动求和

除了以上方法外，还有 2 种情况需要说明：

①单行或单列相邻单元格的求和：先选定要求和的单元格行或单元格列，然后点击“求和”按钮，求和结果将自动放在选定行的右方或选定列的下方单元格中。

例如，对单元格区域 F4:J4 求平均值，首先选定单元格区域 F4:J4，点击“平均值”命令，计算结果会自动显示在 K4 单元格中。

②多行多列相邻单元格的求和：先选定需要求平均值的多行多列单元格区域，点击“平均值”命令，计算结果会显示在每列底部的对应单元格中。

4. 常用函数

WPS 表格中内置的函数很多，表 2-3 中列出了最常用的 8 个函数。

表 2-3　常 用 函 数

函数格式	功能介绍
SUM(参数 1,[参数 2]...)	返回所有参数的和
AVERAGE(参数 1,[参数 2]...)	返回所有参数的平均值
MAX(参数 1,[参数 2]...)	返回所有参数中的最大值
MIN(参数 1,[参数 2]...)	返回所有参数中的最小值
COUNT(参数 1,[参数 2]...)	返回所有参数中数值型数据的个数
ROUND(参数 1,参数 2)	将参数 1 四舍五入，保留参数 2 位小数
INT(参数)	返回一个不大于参数的最大整数值（取整）
ABS(参数)	返回参数的绝对值

5. 函数嵌套

函数嵌套是指把一个函数作为另外一个函数的参数来使用，以满足更为复杂的计算需求。WPS 表格中函数最多可以有 65 级嵌套。

例如：ROUND(AVERAGE(MAX(A1:D5),MIN(A1:D5)),2)，这是一个三重的函数嵌套，意思是将 A1:D5 单元格区域的最大值和最小值求平均值，对这个平均值四舍五入，保留两位小数。

任务 2-5　数 据 管 理

WPS 表格中，数据管理主要包括排序、筛选、数据合并、分类汇总等操作。这些操作都需要基于一个或多个标准的二维工作表，它具有数据库中表的特征：

（1）第一行是字段名，其余行是表中的数据，除第一行外，每行表示一条记录。

（2）每一列是一个字段，第一行的各列标题就是字段名，每列除第一行标题外的数据都具有相同的性质。

（3）在标准表中，不存在全空行或全空列，不存在跨行或跨列的合并。

本任务是基于图 2-89 中的“期末考试学生成绩分析”表为例，该表是一个具有库表特征的标准表。在以后工作中，用户在操作非标准表时，可以先选定非标准表中间的规则数据，然后进行数据处理工作。

2-5-1　数据排序

排序是根据标准表中的一列或多列数据的大小重新排列记录的顺序。这里的一列或多列称为排序的关键字段。排序分为升序（递增）和降序（递减）。

1. 一般排序规则

1）数值

数值的升序排列是按其值从小到大排序。

2）文本

一般（文本字符）的排列是按照数字、空格、标点符号、字母的顺序排序。汉字可以按照其拼音的字母顺序排列，也可以按照笔画多少排列，可以在排序时指定。

3）逻辑值

逻辑值升序排列时，假（FALSE）在前，真（TRUE）在后。

2. 排序的方法

1）简单排序

如果只将表中的一列作为排序关键字段进行排序，可以使用系统提供的“升序”或“降序”命令进行快速排序。简单排序举例操作步骤如下：

步骤 1：选定工作表中作为排序依据的列（此列即关键字段）中任意一个单元格。例如，在图 2-92 的表中选择 K2 单元格，即按照“总分”排序。

K2　fx　总分

	A	B	C	D	E	F	G	H	I	J	K	L
1		期末考试学生成绩分析										
2	学号	姓名	性别	班级	学院	高等数学	大学英i	逻辑学	应用文	程序设计基础	总分	平均分
3	10002	韩珂	男	1班	信息学院	87	90	97	69.5	88.5	432	
4	10003	程恬	男	3班	会计学院	79.5	90	97	69.5	88.5	424.5	84.90
5	10004	郭潘	女	3班	护理学院	58	66	74	72	83	353	
6	10005	王同硕	女	3班	外语学院	96	50	88	72	91.5	397.5	
7	10006	高雷	男	3班	人工智能学	69	78	73	71	77.5	368.5	
8	10007	齐畅	男	1班	建筑学院	84.5	86.5	67	65	68	371	
9	10008	蒋子晅	男	3班	信息学院	55	70.5	75	73	75	348.5	
10	10009	李琛	男	3班	会计学院	62	65	62.5	60.5	58.5	308.5	
11												

图 2-92　排序前的表

步骤 2：点击“开始”选项卡中“排序”命令按钮，如图 2-93 所示，从下拉列表中选择“升序”或“降序”选项，即完成以“总分”为关键字的“升序”或“降序”排列。排序的调整是以行为单位的，也就是说重新排列次序时是整行移动的。在此例中按“总分”升序排序的结果如图 2-94 所示。

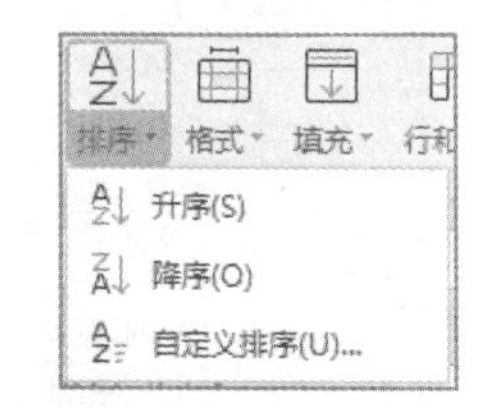

图 2-93　“排序”命令按钮

2）自定义排序

简单排序只能以一个关键字进行排序，有时不能满足数据处理要求。例如，图 2-94 中的表已按“总分”升序排列，但如果再要求“总分”相同的再按“大学英语”降序排列，就需要用到自定义排序了。自定义排序可以指定一个或多个排序关键字，每个排序关键字都可以设定升序或降序，因此自定义排序非常灵活，可以满足复杂的排序需求。

K2 fx 总分

	A	B	C	D	E	F	G	H	I	J	K
1		期末考试学生成绩分析									
2	学号	姓名	性别	班级	学院	高等数学	大学英	逻辑学	应用文	程序设计基础	总分
3	10009	李琛	男	3班	会计学院	62	65	62.5	60.5	58.5	308.5
4	10008	蒋子晅	男	3班	信息学院	55	70.5	75	73	75	348.5
5	10004	郭潘	女	3班	护理学院	58	66	74	72	83	353
6	10006	高雷	男	3班	人工智能	69	78	73	71	77.5	368.5
7	10007	齐畅	男	1班	建筑学院	84.5	86.5	67	65	68	371
8	10005	王同硕	女	3班	外语学院	96	50	88	72	91.5	397.5
9	10003	程恬	男	3班	会计学院	79.5	90	97	69.5	88.5	424.5
10	10002	韩珂	男	1班	信息学院	87	90	97	69.5	88.5	432

图 2-94　按“总分”升序排序的结果

自定义排序举例操作步骤如下：

步骤 1：在图 2-93 所示的“排序”下拉列表中选择“自定义排序”选项，弹出如图 2-95 所示的“排序”对话框。

排序

+ 添加条件(A)　删除条件(D)　复制条件(C)　选项(O)...　数据包含标题(H)

列		排序依据	次序
主要关键字	总分	数值	升序
次要关键字	大学英语	数值	降序

确定　取消

图 2-95　“排序”对话框

步骤 2：对话框中默认已有“主要关键字”，如果有多个排序关键字，则点击“添加条件”按钮，添加“次要关键字”，在“列”关键字下拉列表中选定排序的列名，在“排序依据”下拉列表中选定排序的对象，在“次序”下拉列表中选定“升序”或“降序”。如果表中包含列标题，则须选中“数据包含标题”复选框。例如，在本表中，设定“主要关键字”为“总分”，

排序依据为“升序”，设定“次要关键字”为“大学英语”，排序依据为“降序”，勾选“数据包含标题”。

步骤 3：设置完成后，点击“确定”按钮。排序效果如图 2-96 所示。在多关键字排序过程中，首先按主要关键字排序，主要关键字相同的情况下，再依次按次要关键字排序。

L15 fx

	A	B	C	D	E	F	G	H	I	J	K	L
1		期末考试学生成绩分析										
2	学号	姓名	性别	班级	学院	高等数学	大学英	逻辑学	应用文	程序设计基础	总分	平均分
3	10009	李琛	男	3班	会计学院	62	65	62.5	60.5	58.5	308.5	61.70
4	10008	蒋子晅	男	3班	信息学院	55	70.5	75	73	75	348.5	69.70
5	10007	齐畅	男	1班	建筑学院	84.5	86.5	67	65	68	371	74.20
6	10004	郭潘	女	3班	护理学院	58	84	74	72	83	371	74.20
7	10006	高雷	男	3班	人工智能	69	78	73	71	80	371	74.20
8	10005	王同硕	女	3班	外语学院	96	50	88	72	91.5	397.5	79.50
9	10003	程恬	男	3班	会计学院	79.5	90	97	69.5	88.5	424.5	84.90
10	10002	韩珂	男	1班	信息学院	87	90	97	69.5	88.5	432	86.40
11												

图 2-96　排序结果

2-5-2　数据筛选

筛选是查看指定数据的快捷方法，与排序不同的是，筛选不重排数据。它是按照用户的

查看要求，暂时将不用查看的行隐藏起来，只显示满足条件的行。WPS 表格提供了“筛选”和“高级筛选”的功能。

1. 筛选

由用户针对一列或多列的值给出显示条件，系统会根据条件从表中筛选出符合要求的行并显示出来，其他记录被暂时隐藏起来。

例如，从图 2-96 所示的表中，筛选出所有的“3 班”的学生信息。具体操作步骤如下：

步骤 1：点击工作表中的任意一个单元格。

步骤 2：点击“开始”选项卡中的“筛选”命令按钮，显示下拉列表如图 2-97 所示，选择“筛选”选项。这时工作表的标题行每个列标题的右侧会出现下拉按钮“▾”。

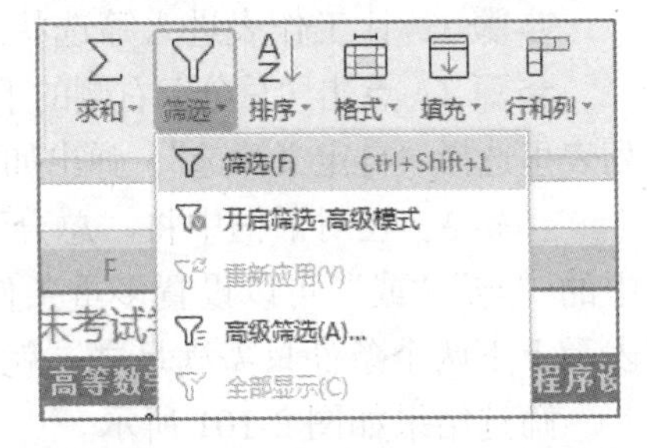

图 2-97　“筛选”下拉列表

步骤 3：点击“班级”列右侧的下拉按钮，弹出“筛选”对话框，如图 2-98 所示。选择“3 班”。这里可以根据需要选择一个或多个查看对象。

步骤 4：点击“确定”按钮，筛选结果如图 2-99 所示。经筛选的列标题右侧的下拉按钮变为“▼”。还可以在其他列上添加筛选条件，进行多条件筛选。

要取消或添加筛选项，可以再次打开“筛选”对话框，进行调整；如果要取消整个工作表的筛选，在图 2-97 的下拉列表中再次点击“筛选”选项即可。

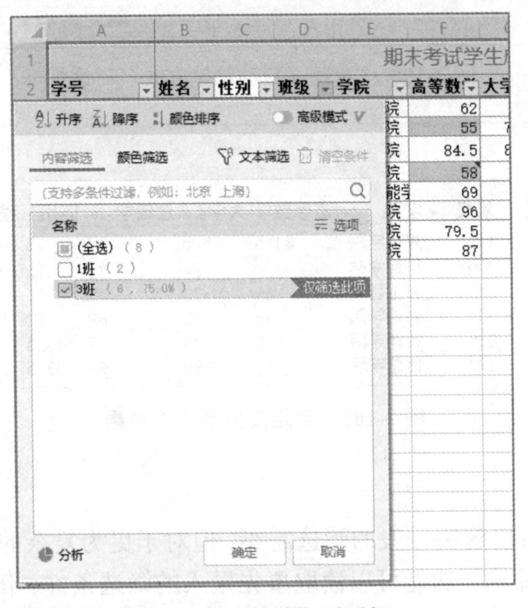

图 2-98　“筛选”对话框

	A	B	C	D	E	F	G	H	I	J	K	L
1	期末考试学生成绩分析											
2	学号	姓名	性别	班级	学院	高等数	大学英	逻辑学	应用	程序设计基	总分	平均分
3	10009	李琛	男	3班	会计学院	62	65	62.5	60.5	58.5	308.5	61.70
4	10008	蒋子暄	男	3班	信息学院	55	70.5	75	73	75	348.5	69.70
6	10004	郭潘	女	3班	护理学院	58	84	74	72	83	371	74.20
7	10006	高雷	男	3班	人工智能学	69	78	73	71	80	371	74.20
8	10005	王同硕	女	3班	外语学院	96	50	88	72	91.5	397.5	79.50
9	10003	程恬	男	3班	会计学院	79.5	90	97	69.5	88.5	424.5	84.90

图 2-99　筛选结果

2. 自定义筛选

点击标题行每个列标题右侧的下拉按钮“▾”，弹出如图 2-98 所示的“筛选”对话框。根据列数据格式的不同，这个对话框也有些不同，列为文本数据类型的在对话框中会有“文本筛选”，列为日期类型的在对话框中会有“日期筛选”，列为数值、货币等类型的会出现“数字筛选”。点击这些筛选命令都会弹出下拉列表，下拉列表的最下面都有一个“自定义筛选”。

例如，我们要从表中筛选出“总分”在 370 以上的学生名单，操作步骤如下：

步骤 1：让工作表进入筛选状态，标题行每个列标题右侧出现下拉按钮“▾”。

步骤 2：点击“总分”右侧的下拉按钮，在弹出的对话框中点击“数字筛选”命令，在下拉列表里选择“自定义筛选”，弹出如图 2-100 所示的“自定义自动筛选方式”对话框。

步骤 3：在对话框中将“总分”栏设置为“大于 370”，点击“确定”按钮。使用对话框中的“与”“或”可以设置多重条件：“与”表示上下两个条件必须同时满足才能显示，“或”表示上下两个条件只需满足之一就能显示。

筛选结果如图 2-101 所示。

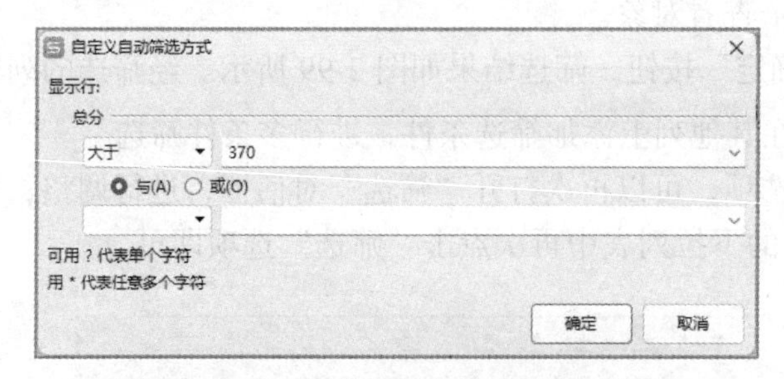

图 2-100 “自定义自动筛选方式”对话框

	A	B	C	D	E	F	G	H	I	J	K	L
1		期末考试学生成绩分析										
2	学号	姓名	性别	班级	学院	高等数学	大学英	逻辑学	应用	程序设计基础	总分	平均分
5	10007	齐畅	男	1班	建筑学院	84.5	86.5	67	65	68	371	74.20
6	10004	郭潘	女	3班	护理学院	58	84	74	72	83	371	74.20
7	10006	高雷	男	3班	人工智能学	69	78	73	71	80	371	74.20
8	10005	王同硕	女	3班	外语学院	96	50	88	72	91.5	397.5	79.50
9	10003	程恬	男	3班	会计学院	79.5	90	97	69.5	88.5	424.5	84.90
10	10002	韩珂	男	1班	信息学院	87	90	97	69.5	88.5	432	86.40

图 2-101 自定义自动筛选结果

3. 高级筛选

筛选和自定义筛选可以解决一般的筛选需要，但对于更为复杂的筛选问题，就难以解决。WPS 表格提供的“高级筛选”功能可以读取事先录入的筛选条件，依据筛选条件对指定工作表执行筛选操作，筛选的结果不仅可以在原表中显示，还可以把符合条件的数据输出到其他指定位置。

打开图 2-96 对应的标准表，例如，要筛选出“平均分>70”的“3 班”的学生以及所有的“5 班”的学生，其操作步骤如下：

步骤 1：在当前工作表中找个位置录入筛选条件。如图 2-102 所示，它表示从“班级”列筛选出“3 班”和“5 班”的学生，其中“3 班”只显示“平均分>70”的记录。

步骤 2：点击“开始”选项卡中的“筛选”命令按钮，显示下拉列表，选择“高级筛选”选项，弹出“高级筛选”对话框，如图 2-103 所示。

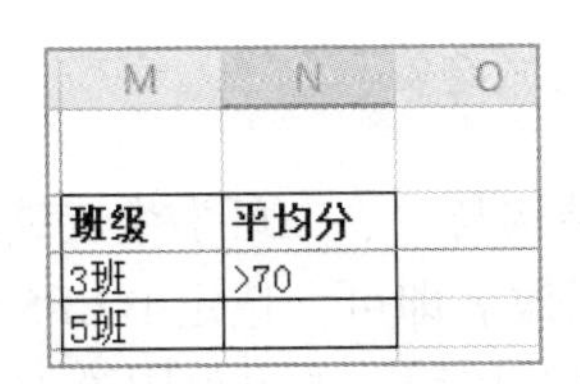

班级	平均分
3班	>70
5班	

图 2-102　录入筛选条件

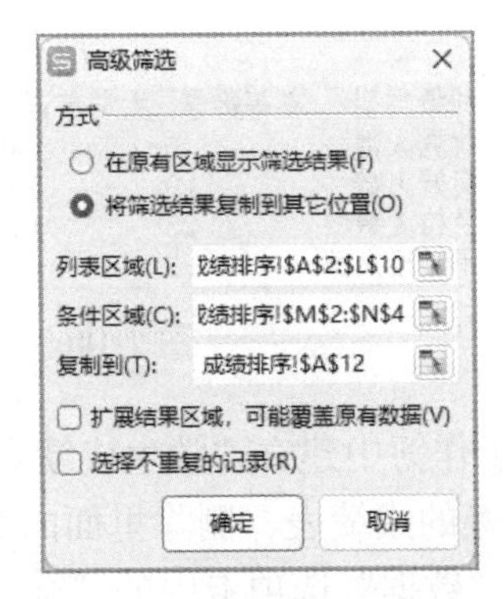

图 2-103　“高级筛选”对话框

步骤 3：在“列表区域”文本框中输入工作表区域地址“成绩排序!$A$2:$L$10”，在“条件区域”文本框中输入条件区域地址“成绩排序!$M$2:$N$4”，选择“将筛选结果复制到其他位置”，在“复制到”文本框中输入准备显示筛选结果的区域左上角单元格地址“成绩排序!$A$12”，点击“确定”按钮，结果如图 2-104 所示。这里的地址可以手工输入，也可以点击各文本框右侧的“![]”按钮从表中选取地址。

	A	B	C	D	E	F	G	H	I	J	K	L	M	N
1		期末考试学生成绩分析												
2	学号	姓名	性别	班级	学院	高等数学	大学英i	逻辑学	应用文	程序设计基础	总分	平均分	班级	平圴
3	10009	李琛	男	3班	会计学院	62	65	62.5	60.5	58.5	308.5	61.70	3班	>70
4	10008	蒋子晅	男	3班	信息学院	55	70.5	75	73	75	348.5	69.70	5班	
5	10007	齐畅	男	1班	建筑学院	84.5	86.5	67	65	68	371	74.20		
6	10004	郭潘	女	3班	护理学院	58	84	74	72	83	371	74.20		
7	10006	高雷	男	5班	人工智能学	69	78	73	71	80	371	74.20		
8	10005	王同硕	女	5班	外语学院	96	50	88	72	91.5	397.5	79.50		
9	10003	程恬	男	3班	会计学院	79.5	90	97	69.5	88.5	424.5	84.90		
10	10002	韩珂	男	1班	信息学院	87	90	97	69.5	88.5	432	86.40		
11														
12	学号	姓名	性别	班级	学院	高等数学	大学英i	逻辑学	应用文	程序设计基础	总分	平均分		
13	10004	郭潘	女	3班	护理学院	58	84	74	72	83	371	74.20		
14	10006	高雷	男	5班	人工智能学	69	78	73	71	80	371	74.20		
15	10005	王同硕	女	5班	外语学院	96	50	88	72	91.5	397.5	79.50		
16	10003	程恬	男	3班	会计学院	79.5	90	97	69.5	88.5	424.5	84.90		
17														
18														

成绩表　成绩排序　成绩筛选　成绩汇总　学分统计

图 2-104　高级筛选结果

2-5-3　数据合并

在工作中，经常有统一下发表格模板，让员工填写个人相关信息后回收统计的情况。如果要对这些回收上来的大量表格进行逐一汇总，显然工作量巨大。针对这些模板统一的表格进行汇总，WPS 表格提供了一个“数据合并”的功能，能够快速对多个数据区域中的数据进行合并计算、统计等。这里说的多个数据区域包括在同一工作表中、在同一工作簿中的不同工作表中或在不同工作簿中。数据合并是通过建立合并表格的方式进行的，合并后的表格可以放在数据区域所在的工作表中，也可以放在其他工作表中。

例如，图 2-105 一班学生成绩表和图 2-106 五班学生成绩表分别是两位教师填报的考核表，它们的结构是相同的，现在需要对这两张表进行汇总统计，形成考核汇总表。操作如下：

	A	B	C	D	E	F	G
1	成绩类型	高等数学	大学英语	逻辑学	应用文写作	程序设计基础	
2	优秀人数	5	3	7	7	12	
3	良好人数	18	23	28	30	22	
4	及格人数	22	17	12	10	14	
5	不及格人数	3	5	1	1	0	

图 2-105　一班学生成绩表

	A	B	C	D	E	F	G
1	成绩类型	高等数学	大学英语	逻辑学	应用文写作	程序设计基础	
2	优秀人数	6	4	8	8	13	
3	良好人数	19	24	29	31	23	
4	及格人数	23	18	13	11	15	
5	不及格人数	3	5	1	1	0	

图 2-106　五班学生成绩表

步骤 1：在本工作簿中建立“学生成绩表”，结构与一、二班学生成绩表相同。也可以直接复制其中一个班级的成绩表，删除里面的数据后改名即可。选定 B2:F5 单元格区域。

步骤 2：点击“数据”选项卡中的“合并计算”按钮，弹出如图 2-107 所示的“合并计算”对话框。

步骤 3：点击“引用位置”框右侧的“ ”按钮，选择“一班学生成绩表”工作表中的 B2:F5 单元格区域，点击“ ”按钮后再点击“添加”按钮，该“引用位置”的内容会添加到下面的“所有引用位置”区域中。重复以上步骤，将“五班学生成绩表”工作表中的 B2:F5 单元格区域也添加进来。

步骤 4：点击“确定”按钮，合并计算结果如图 2-108 所示。

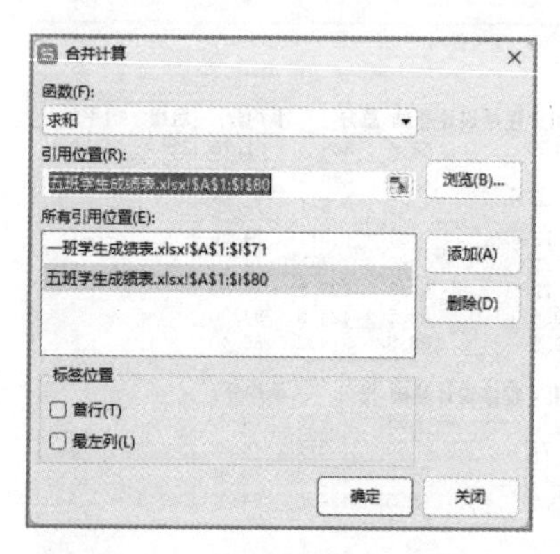

图 2-107　“合并计算”对话框

	A	B	C	D	E	F	G
1	成绩类型	高等数学	大学英语	逻辑学	应用文写作	程序设计基础	
2	优秀人数	11	7	15	15	25	
3	良好人数	37	47	57	61	45	
4	及格人数	45	35	25	21	29	
5	不及格人数	6	10	2	2	0	

图 2-108　合并计算结果

2-5-4　分类汇总

在实际工作中，有时需要对工作表中的记录（行）按某个字段（列）进行分类，然后对每一类别进行数据汇总，这种操作可以利用 WPS 表格的“分类汇总”功能快速完成。

例如，在图 2-96 所示的“期末考试学生成绩分析”中，按性别进行分类，然后统计男、女生的“高等数学”和“应用文写作”两门学科的平均成绩。具体操作步骤如下：

步骤 1：将需要进行分类汇总的工作表按分类字段进行排序。如在“学生成绩分析表”中，先对“性别”进行排序。

步骤 2：点击“数据”选项卡中的“分类汇总”按钮，打开“分类汇总”对话框，如图 2-109 所示。

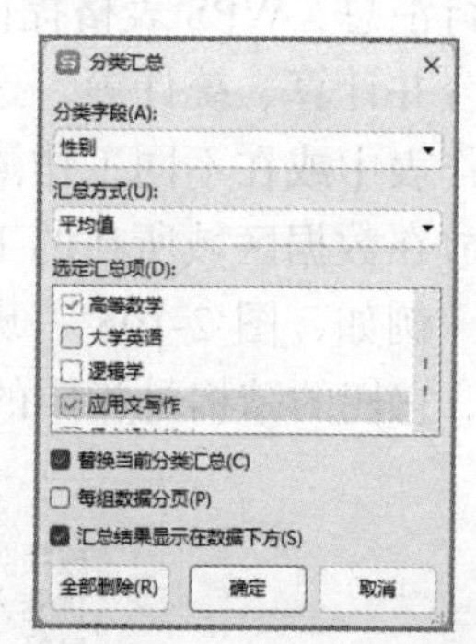

图 2-109　“分类汇总”对话框

步骤 3：选择分类字段为“性别”，汇总方式是“平均值”，选定汇总项为“高等数学”和“应用文写作”，点击“确定”按钮。结果如图 2-110 所示。

在结果中，数据区域左上角出现“1 | 2 | 3”分级按钮组，分别显示 3 个级别的汇总结果。点击“1”按钮，只显示全部数据的汇总结果，即总计结果；

	A	B	C	D	E	F	G	H	I
259	10491	李云图	男	三班	87.5	78	79	88	76.5
260	10494	樊润泽	男	三班	82	70	84	82	83
261	10496	孙林	男	二班	80.5	86	69	67	90
262	10497	李昀	男	三班	64.5	60	87	85	71
263	10498	张雨琦	男	四班	83.5	76.5	92.5	90.5	62.5
264	10500	马琦	男	五班	61	65	80.5	88	92.5
265	10501	李博文	男	二班	95	87	85	92	93.5
266	10502	王宇志	男	三班	80	86	84	78.5	75
267			男	平均值	77.03019			76.0528302	
268	10001	李心怡	女	二班	91	98	94	92	82
269	10003	刘艺涵	女	六班	66	66	74	72	83
270	10004	刘俊佟	女	四班	90.5	50	88	72	91.5
271	10005	刘佳慧	女	二班	73.5	78	73	71	77.5
272	10010	余韬	女	二班	77	90	74.5	72.5	77.5
273	10011	孙芊	女	三班	73.5	70	80	82.5	84
274	10015	郭玲玲	女	二班	82.5	72	67.5	65.5	77.5
275	10018	杨程雁	女	四班	73	76	56	54	73
276	10019	李冰月	女	三班	84	73	70	76	88
277	10026	史婷	女	四班	71.5	88	81	85	82.5

图 2-110　分类汇总结果

点击“2”按钮，只显示每组数据的汇总结果，即小计；点击“3”按钮，显示全部数据。

点击左侧组合树中的“-”号隐藏该分类的数据，只显示该分类的汇总信息；点击“+”号表示将隐藏的数据显示出来。

要删除分类汇总，在如图 2-109 所示的“分类汇总”对话框，点击“全部删除”按钮即可。

任务 2-6　制 作 图 表

图表能直观地体现工作表中的数据差异和发展趋势，能有效增强数据的说服力，具有赏心悦目的视觉效果，能激发阅读者的兴趣，给读者留下深刻的印象。本任务将介绍图表的基本组成，以及如何在 WPS 表格中创建和编辑图表。

2-6-1　了解图表的基本概念

WPS 表格提供了柱形图、折线图、饼图、条形图、面积图、XY（散点图）、股价图、雷达图、组合图、模板、在线图表共 11 种图表，每种图表又含有多种不同的展现形式。例如，柱形图可以直观地展示各数值间的差异，折线图可以清晰地展现数值的发展变化趋势，饼图在展示部分与整体的占比关系方面最有优势。

以柱形图为例，如图 2-111 所示，图表区主要由标题、绘图区、图例和坐标轴（包括分类轴和数值轴）等组成。

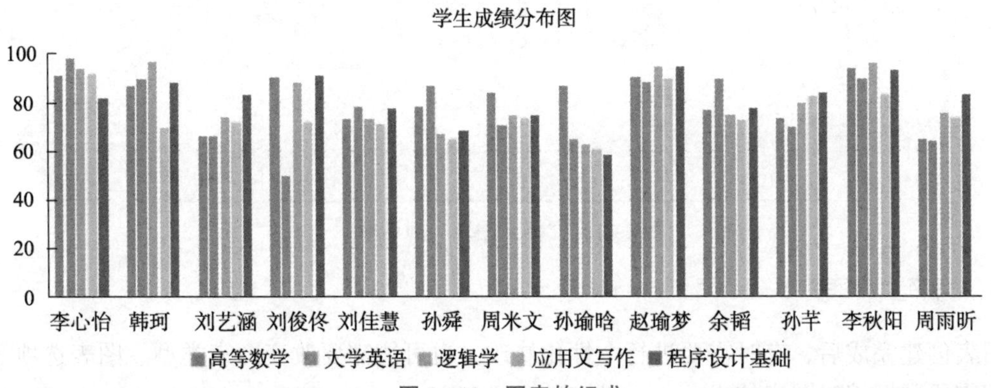

图 2-111　图表的组成

图表的数值表现是依据数据源的，这里的数据源就是指为图表提供数据支撑的工作表，当工作表的数据发生变化时，图表的显示也会同步发生改变。

2-6-2 创建图表

图 2-111 所示的图表是基于图 2-112 所示数据而创建的，下面以创建此示例的图表为例来说明创建图表的操作步骤。

	A	B	C	D	E	F
1	姓名	高等数学	大学英语	逻辑学	应用文写作	程序设计基础
2	李心怡	91	98	94	92	82
3	韩珂	87	90	97	69.5	88.5
4	刘艺涵	66	66	74	72	83
5	刘俊佟	90.5	50	88	72	91.5
6	刘佳慧	73.5	78	73	71	77.5
7	孙舜	78	86.5	67	65	68
8	周米文	84	70.5	75	73	75
9	孙瑜晗	86.5	65	62.5	60.5	58.5
10	赵瑜梦	90.5	88	95	90	94.5
11	余韬	77	90	74.5	72.5	77.5
12	孙芊	73.5	70	80	82.5	84
13	李秋阳	94	90	96	83.5	93
14	周雨昕	65	64	75.5	73.5	83.5

图 2-112 图表数据源

步骤 1：选定工作表中用于展示的数据区域 A1:F14。

步骤 2：点击“插入”选项卡中的“全部图表”按钮，弹出如图 2-113 所示的“插入图表”对话框。

步骤 3：根据展示的需要在对话框左侧选择图表类型，在右侧选择该类型下的不同样式。本例选择的是“柱形图”下“簇状柱形图”的第 1 类。选择完后点击“插入”按钮。

步骤 4：双击“图表标题”，进行编辑修改，完成后的图表如图 2-111 所示。

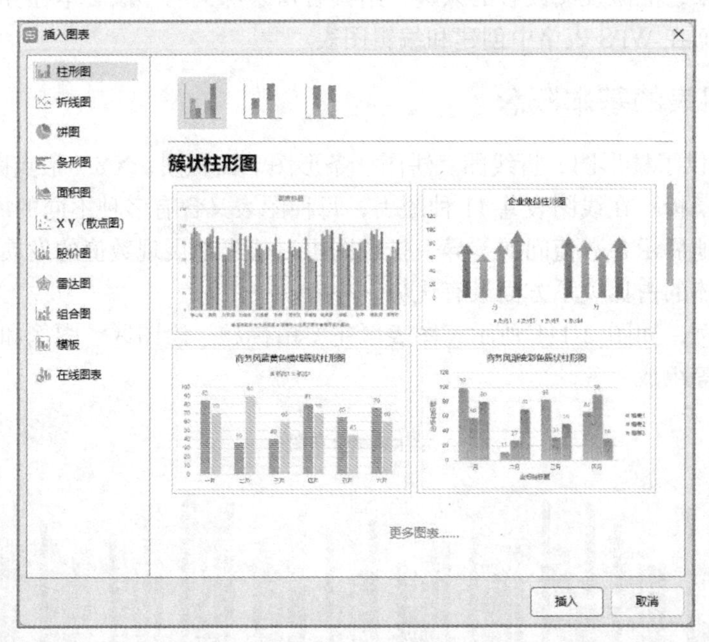

图 2-113 “插入图表”对话框

2-6-3 编辑图表

图表创建完成后，有时需要进行个性化修改，也可能需要改变图表类型、图表选项等，这些都需要掌握编辑图表技术。

1. 更改图表类型

更改图表类型的具体操作步骤如下：

步骤 1：选中图表，窗口顶部的选项卡会增加“图表工具”选项卡，如图 2-114 所示。

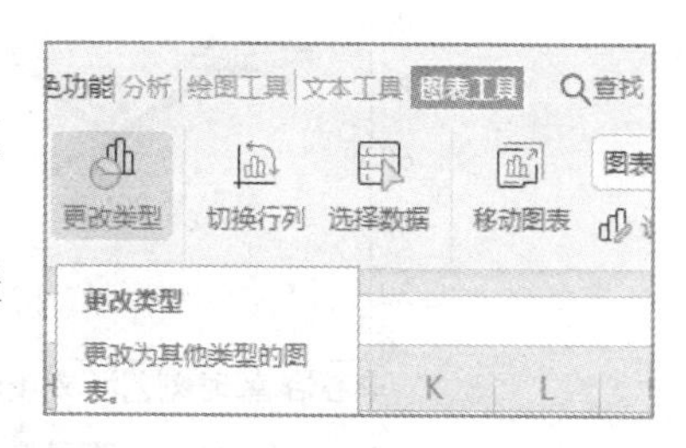

图 2-114　“图表工具”选项卡

步骤 2：点击“更改类型”命令按钮，弹出“更改图表类型”对话框，比如选择“折线图”，点击“插入”按钮，修改后的图表如图 2-115 所示。

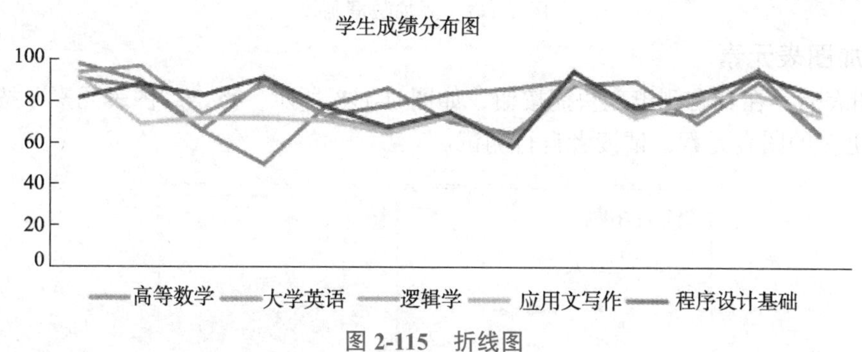

图 2-115　折线图

这里可更改为更多其他类型，也可以点击“切换行列”命令进行行列转换，请读者自行测试。

2. 更改图表数据项

现在的图表中只展示了三列数据，还有合计列的数据没有展示，如果要在图表中添加“合计（元）”数据项，则操作步骤如下：

步骤 1：选中图表，在“图表工具”选项卡中点击“选择数据”按钮，弹出“编辑数据源”对话框，如图 2-116 所示。

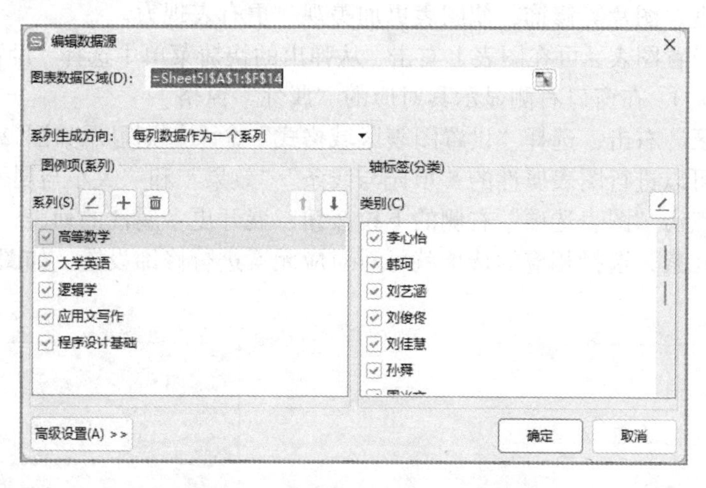

图 2-116　“编辑数据源”对话框

步骤 2：直接修改“图表数据区域”，也可以点击右侧的“ ”按钮，从工作表中选择 A1:D14 单元格区域，系统会自动填入。

在对话框的“图例项（系列）”中，可以添加/删除，也可以控制显示/隐藏“系列”，在“轴标签（分类）”中也可以控制显示/隐藏“类别”，请读者自行测试。

步骤 3：设置完成后，点击“确定”按钮，如图 2-117 所示。

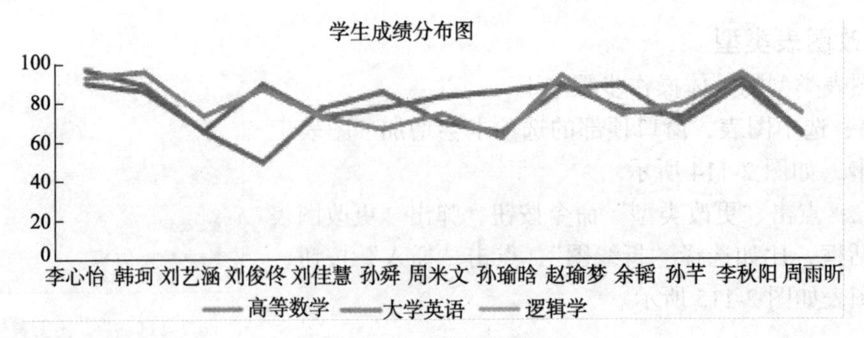

图 2-117 添加数据源

3. 添加图表元素

选定图表后，在其右侧出现快捷按钮，如图 2-118 所示。点击“图表元素”按钮，可以显示/隐藏更多的图表元素，请读者自行测试。

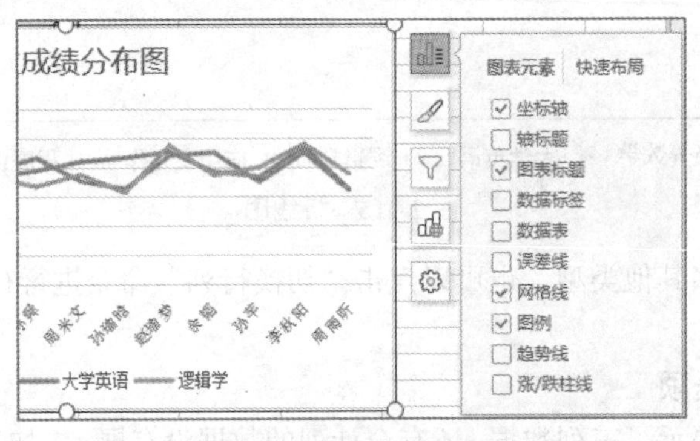

图 2-118 添加图表元素

4. 修饰图表

创建图表后，默认的视觉效果不一定符合用户的要求，这就需要对图表进行颜色、图案、线形、填充、边框、图片等修饰，使图表更加美观，更有表现力。

如果要重新设置图表，可在图表上右击，从弹出的快捷菜单中选择“设置***格式”（***与右击的对象相关），在窗口右侧显示其对应的“属性”窗格。

如在“图表区”右击，选择“设置图表区域格式”命令，则显示如图 2-119 所示的“图表选项”属性，可以进行图表属性的“填充与线条”“效果”和“大小与属性”，以及“文本选项”的设置。点击“图表选项”右侧的下拉按钮，展开更多属性的列表，列表中的选项一一对应图表中的元素，选择相应的选项就可对对应元素进行修饰设置，如图 2-120 所示。请读者自行测试。

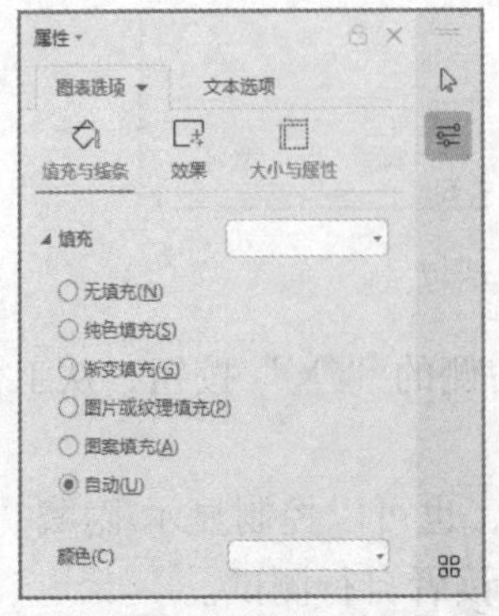

图 2-119 “图表选项”属性

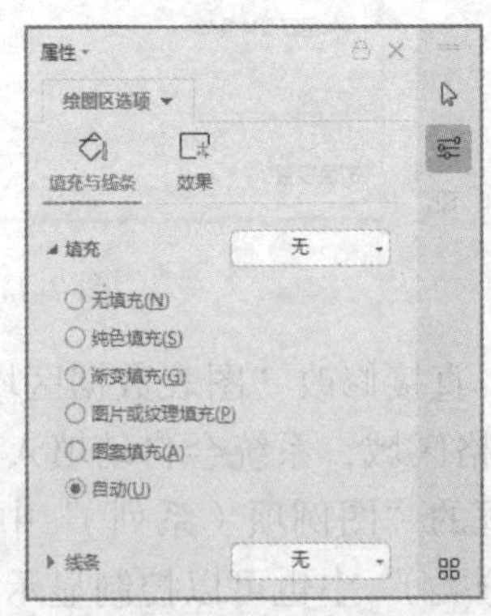

图 2-120 属性切换

任务 2-7 制作数据透视表和数据透视图

数据透视表是一种可以从源数据表中快速分类、统计，提取有效信息的交互式方法，能够帮助用户多层次、多角度深入分析数值、组织数据。

数据透视表特别适合以下应用场景：

（1）需要从大量基础数据中提取关键信息。

（2）需要多类别分类汇总、聚合、统计分析数值数据。

（3）需要提供简明、有吸引力并且带有批注的联机报表或打印报表。

2-7-1 创建数据透视表

本任务的操作是以如图 2-121 所示上部分的数据为数据源，按“性别”列进行分类，汇总出每个班级男、女生人数，并计算出“全部总人数”以及“每班人数”。创建的数据透视表如图 2-121 下部分所示。

	A	B	C	D	E	F	G	H	I	J	K	L	M
1	学号	姓名	性别	班级	高等数学	大学英语	逻辑学	应用文	程序设计基	总分	平均分	名次	综合成绩
2	10001	李心怡	女	二班	91	98	94	92	82	457	91.40	2	优秀
3	10002	韩珂	男	一班	87	90	97	69.5	88.5	432	86.40	4	优秀
4	10003	刘艺涵	女	六班	66	66	74	72	83	361	72.20	15	及格
5	10004	刘俊佟	女	四班	90.5	50	88	72	91.5	392	78.40	7	及格
6	10005	刘佳慧	女	二班	73.5	78	73	71	77.5	373	74.60	11	及格
7	10006	孙舜	男	二班	78	86.5	67	65	68	364.5	72.90	13	及格
8	10007	周米文	男	六班	84	70.5	75	73	75	377.5	75.50	10	及格
9	10008	孙瑜晗	男	三班	86.5	65	62.5	60.5	58.5	333	66.60	17	及格
10	10009	赵瑜梦	男	四班	90.5	88	95	90	94.5	458	91.60	1	优秀
11	10010	余韬	女	二班	77	90	74.5	72.5	77.5	391.5	78.30	8	及格
12	10011	孙芊	女	三班	73.5	70	80	82.5	84	390	78.00	9	及格
13	10012	李秋阳	男	四班	94	90	96	83.5	93	456.5	91.30	3	优秀
14	10013	周雨昕	男	六班	65	64	75.5	73.5	83.5	361.5	72.30	14	及格
15	10014	赵玥	男	五班	67	86	70.5	68.5	62.5	354.5	70.90	16	及格
16	10015	郭玲玲	女	二班	82.5	72	67.5	65.5	77.5	365	73.00	12	及格
17	10016	程恬	男	一班	89	72	79	87	97	424	84.80	5	及格
18	10017	陈温格	男	三班	80	90	83	81	84	418	83.60	6	及格
19	10018	杨程雁	女	四班	73	76	56	54	73	332	66.40	18	及格
20													
21													
22	**计数项:姓名**	**班级**											
23	**性别**	**二班**	**六班**	**三班**	**四班**	**五班**	**一班**	**总计**					
24	男	1	2	2	2	1	2	10					
25	女	4	1	1	2			8					
26	**总计**	**5**	**3**	**3**	**4**	**1**	**2**	**18**					

图 2-121 源数据及透视表示例

创建数据透视表的源数据表必须是标准表，操作步骤如下：

步骤 1： 点击源数据表中的任一单元格，点击“数据”选项卡中的“数据透视表”按钮，弹出“创建数据透视表”对话框，如图 2-122 所示。

步骤 2： 在“请选择要分析的数据”下，选择“请选择单元格区域”单选按钮，如果文本框中的内容与源数据表区域相同，就不必修改，如果不同，可使用其右侧选区按钮“ ”，在源数据表中选择需要创建透视表的区域（应包含列标题）。在“请选择放置数据透视表的位置”下，可以选择“新工作表”，将数据透视表放在新工作表中；或选择“现有工作表”，然后填入或选择要显示数据透视表的左上角单元格地址，本例选择此项，如图 2-122 所示。

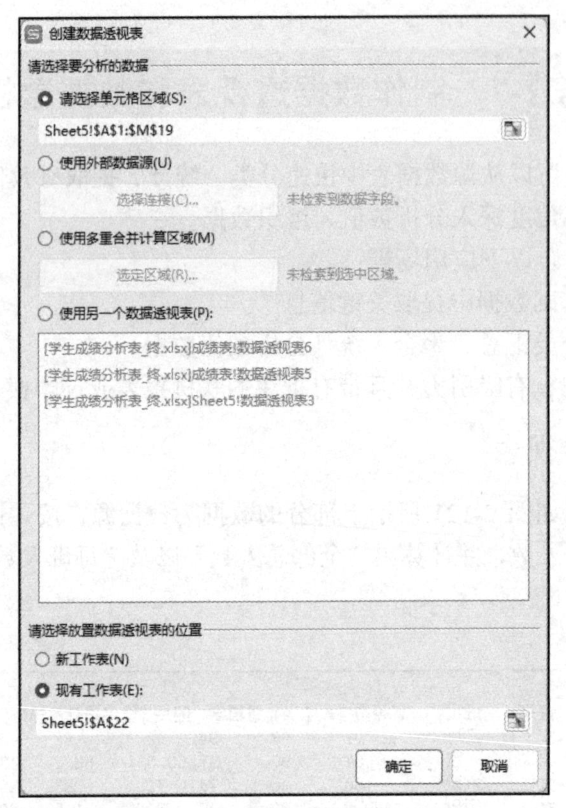

图 2-122 “创建数据透视表”对话框

步骤 3：点击“确定”按钮，显示出“数据透视表”位置及“字段列表”，如图 2-123 所示。按照图中右下角 4 个区域的效果，将右上角指定字段拖拽到指定区域。设置完成后的效果如图 2-123 左下角所示。

G23 fx 一班

	A	B	C	D	E	F	G	H	I	J	K	L	
2	10001	李心怡	女	二班	91	98	94	92	82	457	91.40	2	优
3	10002	韩珂	男	一班	87	90	97	69.5	88.5	432	86.40	4	优
4	10003	刘艺涵	女	六班	66	66	74	72	83	361	72.20	15	及
5	10004	刘俊佟	女	四班	90.5	50	88	72	91.5	392	78.40	7	及
6	10005	刘佳慧	女	二班	73.5	78	73	71	77.5	373	74.60	11	及
7	10006	孙舜	男	二班	78	86.5	67	65	68	364.5	72.90	13	及
8	10007	周米文	男	六班	84	70.5	75	73	75	377.5	75.50	10	及
9	10008	孙瑜晗	男	三班	86.5	65	62.5	60.5	58.5	333	66.60	17	及
10	10009	赵瑜梦	男	四班	90.5	88	95	90	94.5	458	91.60	1	优
11	10010	余韬	女	二班	77	90	74.5	72.5	77.5	391.5	78.30	8	及
12	10011	孙芊	女	三班	73.5	70	80	82.5	84	390	78.00	9	及
13	10012	李秋阳	男	四班	94	90	96	83.5	93	456.5	91.30	3	优
14	10013	周雨昕	男	六班	65	64	75.5	73.5	83.5	361.5	72.30	14	及
15	10014	赵玥	男	五班	67	86	70.5	68.5	62.5	354.5	70.90	16	及
16	10015	郭玲玲	女	二班	82.5	72	67.5	65.5	77.5	365	73.00	12	及
17	10016	程恬	男	一班	89	72	79	87	97	424	84.80	5	及
18	10017	陈温格	男	三班	80	90	83	81	84	418	83.60	6	及
19	10018	杨程雁	女	四班	73	76	56	54	73	332	66.40	18	及

计数项:姓名	班级						
性别	二班	六班	三班	四班	五班	一班	总计
男	1	2	2	2	1	2	10
女	4	1	1	2			8
总计	5	3	3	4	1	2	18

成绩表 成绩排序 成绩筛选

数据透视表
字段列表
将字段拖动至数据透视表区域
学号
姓名
性别
班级
高等数学
数据透视表区域
在下面区域中拖动字段
筛选器
列
班级
行
性别
值
计数项:姓名

图 2-123 “数据透视表”→“字段列表”

在数据透视表任务窗格中，点击“值”区域中的数据项，在弹出的快捷菜单中选择“值字段设置”，弹出“值字段设置”对话框，如图 2-124 所示。在此对话框中可以对指定字段的值汇总方式和值显示方式进行修改。如果要进行美化，可以使用前面所学的知识进行操作。

值字段设置
源名称：姓名
自定义名称(M)：计数项:姓名
值汇总方式　值显示方式
值字段汇总方式(S)
选择用于汇总所选字段数据的计算类型
求和
计数
平均值
最大值
最小值
乘积
数字格式(N)　确定　取消

图 2-124 “值字段设置”对话框

2-7-2 编辑数据透视表

数据透视表创建完成后，其布局、字段、统计规则、样式等都是可以修改的。选定数据透视表中的任一单元格，从窗口右侧的“字段列表”中，可以对“行”“列”“值”等进行修改。同时在窗口顶部添加了“分析”和“设计”两个选项卡，如图 2-125、图 2-126 所示。执行其中的命令可以实现对数据透视表的编辑，也可以在透视表上右击，弹出的快捷菜单如图 2-127 所示，从中选择相应命令对数据透视表进行修改。请读者自行测试。

图 2-125 “分析”选项卡

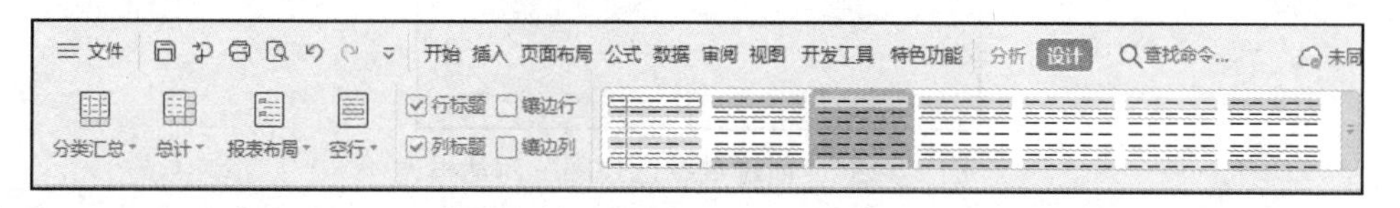

图 2-126 “设计”选项卡

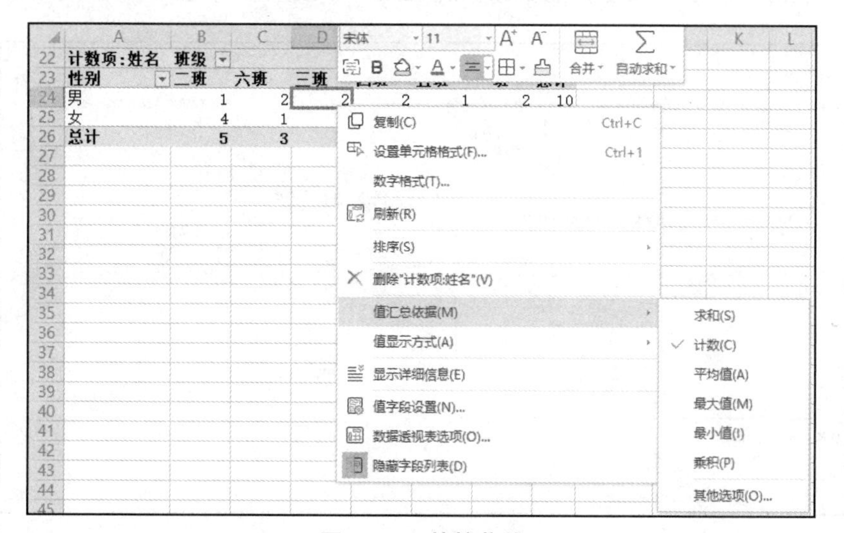

图 2-127 快捷菜单

要删除数据透视表，先选定数据透视表中的任一单元格，在“分析”选项卡中点击“删除数据透视表”按钮，或者在“分析”选项卡的“选择”命令下拉列表中选择“整个数据透视表”，然后按 Delete 键删除即可。

2-7-3 创建数据透视图

数据透视图为关联数据透视表中的数据提供其图形表示形式。创建数据透视图时，会显示数据透视图“字段列表”，可以修改图中的字段和数据。数据透视图与数据透视表是交互式的，修改其中的布局和数据都是互为影响的。

创建数据透视图的操作步骤如下：

步骤 1：在源数据表中任选一个单元格。

步骤 2：点击“插入”选项卡中的“数据透视图”按钮，弹出“创建数据透视图”对话框，设置好要分析的源数据区域、放置数据透视图的位置，如图 2-128 所示。

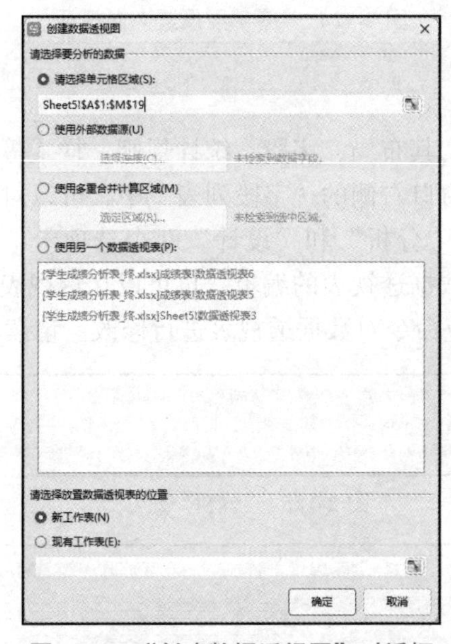

图 2-128 “创建数据透视图”对话框

步骤 3：点击“确定”按钮，显示数据透视图“字段列表”，如图 2-129 所示。

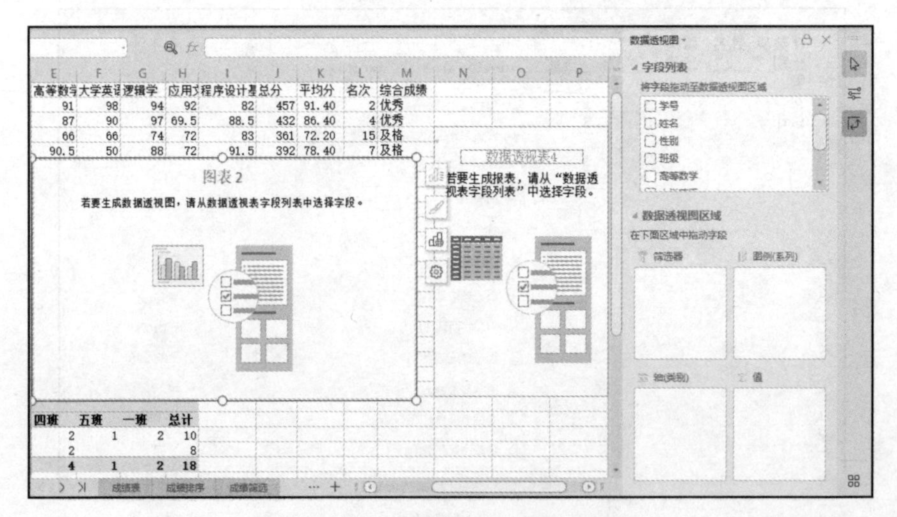

图 2-129 数据透视图“字段列表”

步骤 4：在数据透视图“字段列表”中，勾选或拖动“性别”到“轴（类别）”，后续操作步骤与创建数据透视表相同，结果如图 2-130 所示。

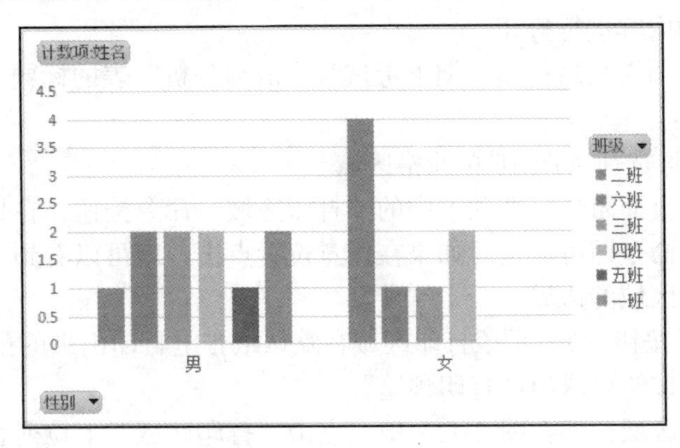

图 2-130　数据透视图

数据透视图创建后也可以更改图表类型（散点图、股价图等特定类型除外），修改标题、图例、数据标签、图表位置等信息，其操作步骤与标准图表类似，这里不再赘述。

如果是通过数据透视表来创建数据透视图，操作步骤如下：

步骤 1：选定数据透视表。

步骤 2：点击“分析”选项卡中的“数据透视图”按钮，或者点击“插入”选项卡中的“数据透视图”按钮。

步骤 3：在弹出的“插入图表”对话框中选择图表类型。

步骤 4：点击“插入”按钮。

具体操作和修改与普通图表操作类似，这里不再赘述。

任务 2-8　页面布局和打印输出

制作好的工作表，可以打印输出到纸张上，便于交换和存档。这就要用到 WPS 表格的页面设置和打印输出功能。

2-8-1　页面布局

WPS 表格输出的页面设置功能主要集中在“页面布局”选项卡中，点击“页面布局”选项卡，其功能区主要命令如图 2-131 所示。

期末考试学生成绩分析

学号	姓名	性别	班级	学院	高等数学	大学英i	逻辑学	应用文	程序设计基础	总分	平均分
10009	李琛	男	3班	会计学院	62	65	62.5	60.5	58.5	308.5	61.70
10008	蒋子晅	男	3班	信息学院	55	70.5	75	73	75	348.5	69.70
10007	齐畅	男	1班	建筑学院	84.5	86.5	67	65	68	371	74.20
10004	郭潘	女	3班	护理学院	58	84	74	72	83	371	74.20
10006	高雷	男	5班	人工智能学	69	78	73	71	80	371	74.20
10005	王同硕	女	5班	外语学院	96	50	88	72	91.5	397.5	79.50
10003	程恬	男	3班	会计学院	79.5	90	97	69.5	88.5	424.5	84.90
10002	韩珂	男	1班	信息学院	87	90	97	69.5	88.5	432	86.40

图 2-131　设置打印区域

1. 设置打印区域

在工作中，有时不需要将整个工作表都打印出来，这就要先设置好打印区域，打印时只对设置为打印区域的内容进行打印。

在图 2-131 中，如果只想打印“期末考试学生成绩分析”表的标题、表头以及下面连续 8 行内容，操作如下：

步骤 1：拖动鼠标选择 A1:L10 单元格区域。

步骤 2：点击“页面布局”选项卡中的“打印区域”命令按钮，在打开的下拉列表中选择“设置打印区域”命令即可。这时如果在任意位置点击，就可以看到“序号”10 和 11 之间有一条虚线，表示区域的边界。

点击“打印预览”按钮，会显示该打印区域在默认纸张上打印出来的预览效果，如图 2-132 所示。点击“关闭”按钮可退出“打印预览”。

如果要取消打印区域，则在图 2-131 中，点击“打印区域”下拉列表中的“取消打印区域”选项即可。

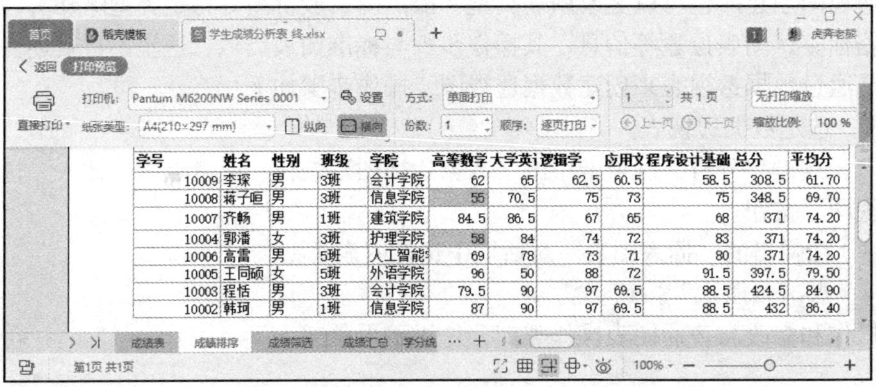

图 2-132　设定打印区域的预览效果

2. 设置纸张大小

点击图 2-131 中的“纸张大小”命令按钮，可以选择合适的纸张大小。如果所有规格的纸张都不合适，则点击“其他纸张大小”选项，打开“页面设置”对话框“页面”选项卡，如图 2-133 所示，可以自定义纸张。设置完毕点击“确定”按钮。

3. 设置纸张方向

点击图 2-131 中的“纸张方向”命令，可以设置纸张方向为“纵向”或“横向”。也可以在图 2-133 所示的“页面设置”对话框“页面”选项卡中设置。设置完毕点击“确定”按钮。

4. 设置页边距

点击图 2-131 中的“页边距”命令按钮，可以从内置的“常规/窄/宽”中选择。也可以点击“自定义页边距”，弹出“页面设置”对话框“页边距”选项卡，如图 2-134 所示。可以具体修改上、下、左、右，以及页眉和页脚的边距值，还可以设置水平和垂直方向是否需要居中打印。设置完毕点击“确定”按钮。

5. 打印缩放

在实际工作中，有时为了保证一页纸上打印内容的完整性，需要将表的所有行、列或者整个表打印到一页纸上，这就要用到“打印缩放”功能。

点击“页面布局”选项卡中的“打印缩放”命令按钮，打开下拉列表如图 2-135 所示。可以选择合适的选项或设置“缩放比例”的值，还可以点击“自定义缩放”，打开如图 2-133 所示的“页面设置”对话框“页面”选项卡，在“缩放”区域调整缩放设置。设置完毕点击

“确定”按钮。

图 2-133　“页面设置”对话框“页面”选项卡

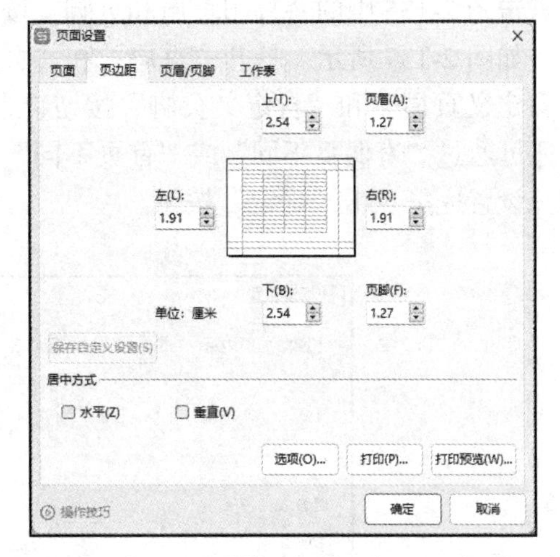

图 2-134　“页面设置”对话框“页边距”选项卡

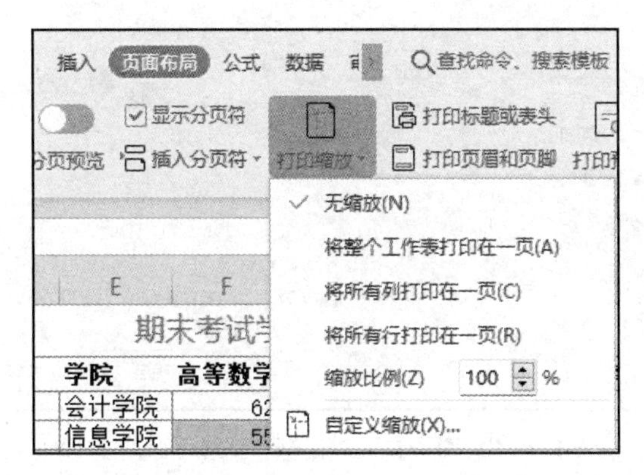

图 2-135　“打印缩放”下拉列表

6. 打印标题或表头

点击图 2-135 中的“打印标题或表头”按钮，打开如图 2-136 所示的“页面设置”对话框“工作表”选项卡，设置后的“顶端标题行”和“左端标题列”的区域内容会打印在每一页纸上。设置完毕点击“确定”按钮。

图 2-136　“页面设置”对话框“工作表”选项卡

7. 打印页眉和页脚

点击图 2-135 中的“打印页眉和页脚”按钮，打开“页面设置”对话框“页眉/页脚”选项卡，如图 2-137 所示。打开“页眉”和“页脚”的下拉列表可以选择页眉/页脚，也可以点击“自定义页眉”和“自定义页脚”按钮，自定义页眉/页脚的内容和位置。设置页眉/页脚时，还可通过“奇偶页不同”或“首页不同”为奇数页、偶数页或首页设置不同内容的页眉/页脚。设置完毕点击“确定”按钮。

图 2-137 “页面设置”对话框“页眉/页脚”选项卡

如果要删除页眉/页脚，则在图 2-137 对话框中的“页眉”或“页脚”的下拉列表中选择“(无)”即可。

8. 插入分页符

点击图 2-135 中的“插入分页符”命令按钮，打开下拉列表，可以选择手工插入或删除分页符。

2-8-2 打印工作表和 PDF 输出

1. 打印预览

在打印工作表之前，使用“打印预览”功能可以在打印前预览工作表的打印效果，如打印的内容、文字大小、边距、位置是否合适，表格线是否符合要求等，以避免打印出来后不能使用而导致的浪费。

点击“页面布局”选项卡中的“打印预览”按钮，或点击“文件”菜单，选择“打印”下的“打印预览”菜单，进入打印预览窗口，显示打印的预览效果，如图 2-132 所示。点击左侧“直接打印/打印”命令按钮，展开列表项，如图 2-138 所示。在打印预览窗口可以选择打印机、纸张类型和方向，如果选择“直接打印”，会将当前文档直接发送至打印机打印出来；点击“直接打印”命令按钮，在下拉列表中如果选择“打印”，会弹出“打印”对话框进行详细设置，如图 2-139 所示。

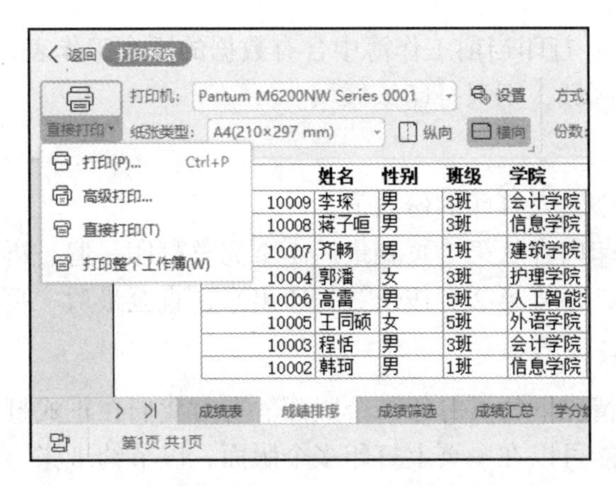

图 2-138　“直接打印”下拉列表

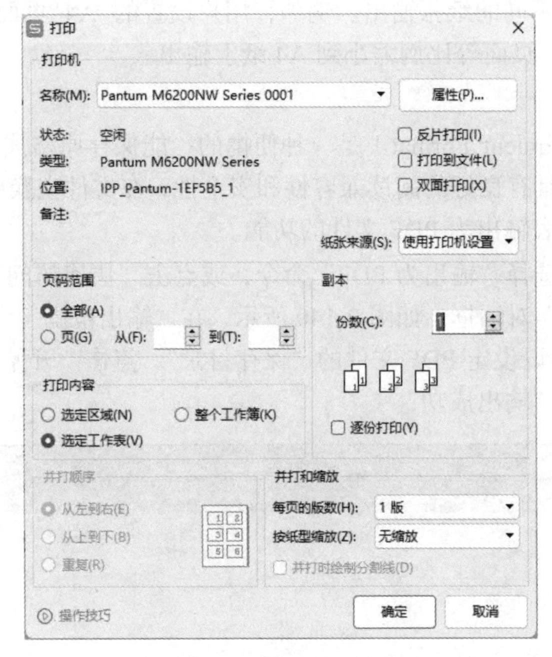

图 2-139　“打印”对话框

2. 打印设置

点击“文件”菜单，选择“打印”下的“打印”子菜单，也可以进入如图 2-139 所示“打印”对话框，该对话框的具体功能包括：

1）设置打印机

如果计算机中安装了多台打印机，可以展开“名称”栏右侧的下拉列表，从中选择一台合适的打印机。

2）设置打印范围

选择“全部”：表示打印所有页，默认打印范围为“全部”。

选择“页”：可以指定打印的页码范围，实现部分打印的功能。

3）设置打印内容

选择“选定区域”：只打印工作表中选定的单元格区域和对象。

选择“选定工作表”：打印选定的工作表，如果工作表有已经设置好的打印区域，则只打印该区域。

选择“整个工作簿”：打印当前工作簿中含有数据的所有工作表，如果某个（些）工作表中有已经设置好的打印区域，则只打印该区域。

4）设置打印份数

份数：在“份数”中输入打印的份数值。

逐份打印：将可打印内容从第 1 页到最后 1 页完整打印一遍，再打印下一份。否则先将第 1 页按份数打印出来，再将第 2 页按份数打印出来，直至最后一页。

5）合并打印与缩放

每页的版数：默认情况下每页打印一个版面。有时我们在正式打印前只是需要一份校对稿或草稿，利用这项功能可以在一页上打印多个版面，以节约纸张。

按纸型缩放：这项功能可以使打印出来的内容与纸更加匹配，使得原来的页面布局设置不需要更改就可以适应不同的纸张输出。例如，用户设置的 A4 页面可以等比例放大到 A3 纸上输出，也可以将 A3 页面等比例缩小到 A4 纸上输出。

3. PDF 输出

PDF（Portable Document Format）是一种便携的、能保存原格式、跨平台、可移植且不易被修改的文件格式，具有良好的阅读兼容性和安全性，在文件交换中被广泛使用。WPS 表格提供了将工作表或图表输出为 PDF 文件的功能。

在“文件”菜单中选择“输出为 PDF”命令，或点击“快速访问工具栏”中的“ ”按钮，弹出“输出为 PDF”对话框，如图 2-140 所示。在“输出范围”中可选择“整个工作簿”或“当前工作表”，还可以设定 PDF 文件的“保存目录”，点击“开始输出”按钮，输出完成后，在“状态”列显示“输出成功”。

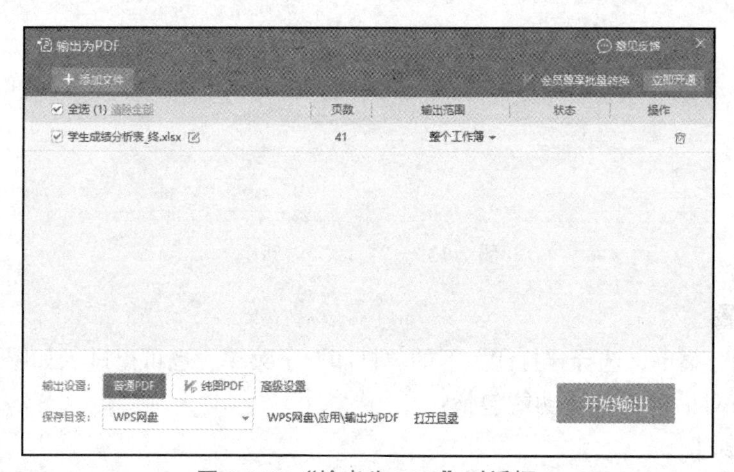

图 2-140 “输出为 PDF”对话框

用户也可以在图 2-139 所示的“打印”对话框中，点击打印机“名称”，从展开的下拉列表中选择“导出为 WPS PDF”“Microsoft Print to PDF”或“Adobe PDF”，使用虚拟打印机输出 PDF 文档。

项目 1　年终绩效统计

项目描述

打开指定的素材文档“ET.xlsx”（.xlsx 为文件扩展名），后续操作均基于此文件。

人事部小张要在年终总结前制作绩效表格，收集相关绩效评价并制作相应的统计表和统计图，最后打印存档，请帮其完成相关工作。

（1）在“员工绩效汇总”工作表中，按要求调整各列宽度：工号（4）、姓名（5）、性别（3）、学历（4）、部门（8）、入职日期（6）、工龄（4）、绩效（4）、评价（16）、状态（4）。注意：“姓名（5）”表示姓名这列要设置成 5 个汉字的宽度，“部门（8）”表示部门这列要设置成 8 个汉字的宽度。

（2）在“员工绩效汇总”工作表中，将“入职日期”中的日期（F2:F201）统一调整成形如“2020-10-01”的数字格式。注意：年、月、日的分隔符号为短横线“-”，且“月”和“日”都显示为 2 位数字。

（3）在“员工绩效汇总”工作表中，利用“条件格式”功能，将“姓名”列中（B2:B201）包含重复值的单元格突出显示为“浅红填充色深红色文本”。

（4）在“员工绩效汇总”工作表的“状态”列（J2:J201）中插入下拉列表，要求下拉列表中包括“确认”和“待确认”2 个选项，并且输入无效数据时显示出错警告，错误信息显示为“输入内容不规范，请通过下拉列表选择”字样。

（5）在“员工绩效汇总”工作表的 G1 单元格上增加一个批注，内容为“工龄计算，满一年才加 1。例如，2018-11-22 入职，到 2020-10-01，工龄为 1 年”。

（6）在“员工绩效汇总”工作表的“工龄”列的空白单元格（G2:G201）中，输入公式，使用函数 DATEDIF 计算截至今日的“工龄”。注意，每满一年工龄加 1，“今日”指每次打开本工作簿的动态时间。

（7）打开考生文件夹下的素材文档“绩效后台数据.txt”（.txt 为文件扩展名），完成下列任务：

①将“绩效后台数据.txt”中的全部内容复制粘贴到“Sheet3”工作表中 A1 位置，将“工号”“姓名”“级别”“本期绩效”“本期绩效评价”的内容，依次拆分到 A-E 列中。注意：拆分列的过程中，要求将“级别”（C 列）的数据类型指定为“文本”。

②使用包含查找引用类函数的公式，在“员工绩效汇总”工作表的“绩效”列（H2:H201）和“评价”列（I2:I201）中，按“工号”引用“Sheet3”工作表中对应记录的“本期绩效”“本期绩效评价”数据。

（8）为方便在“员工绩效汇总”工作表中查看数据，请设置在滚动翻页时，标题行（第 1 行）始终显示。

（9）为节约打印纸张，请对“员工绩效汇总”工作表进行打印缩放设置，确保纸张打印方向保持为纵向的前提下，实现将所有列打印在一页。

（10）在“统计”工作表的 B2 中输入公式，统计“员工绩效汇总”工作表中研发中心博士后的人数。然后，将 B2 单元格中的公式复制粘贴到 B2:G4 单元格区域（请注意单元格引用方式），统计出研发中心、生产部、质量部这 3 个主要部门中不同学历的人数。

（11）在“统计”工作表中，根据“部门”的“（合计）”数据，按下列要求制作图表：

①对 3 个部门的总人数做一个对比饼图，插入在“统计”工作表中。

②饼图中，需要显示 3 个部门的图例。

③每个部门对应的扇形，需要以百分比的形式显示数据标签。

（12）对“员工绩效汇总”工作表的数据列表区域设置自动筛选，并把“姓名”中姓“陈”和姓“张”的名字同时筛选出来。最后，请保存文档。

项目实施

视频　年终绩效统计

1.【微步骤】

步骤 1：打开指定的素材文档“ET.xlsx”。

步骤 2：在“员工绩效汇总”工作表中，选定 A 列，在弹出的快捷菜单中选择“列宽”命令，在弹出的“列宽”对话框中，输入列宽值 8（注：每个汉字占 2 个字符的宽度，4 个汉字占 8 个字符的宽度），点击“确定”按钮。

步骤 3：在“员工绩效汇总”工作表中，依次选定其他列，依照步骤 2 和题目要求，输入列宽值。

2.【微步骤】

在“员工绩效汇总”工作表中，选定 F2:F201 单元格，在弹出的快捷菜单中选择“设置单元格格式”命令，在弹出的“单元格格式”对话框“分类”选项中，选择“自定义”选项，在“类型”栏中输入“yyyy-mm-dd”，点击“确定”按钮。

3.【微步骤】

在“员工绩效汇总”工作表中，选定 B2:B201 单元格，在“开始”选项卡中，选择“条件格式”选项中的“突出显示单元格规则—重复值”选项，在弹出的“重复值”对话框中，将单元格突出显示设置为“浅红填充色深红色文本”选项，点击“确定”按钮。

4.【微步骤】

在“员工绩效汇总”工作表中，选定 J2:J201 单元格，在“数据”选项卡中，选择“有效性”选项，在弹出的“数据有效性”对话框中，“允许”项设置为“序列”，在“来源”栏中输入“确认，待确认”（注：逗号为英文标点符号），在“出错警告”选项卡中，将“样式”设置为“警告”，在“错误信息”栏中输入“输入内容不规范，请通过下拉列表选择”，点击“确定”按钮。

5.【微步骤】

在“员工绩效汇总”工作表中，选定 G1 单元格，在“审阅”选项卡中，选择“新建批注”选项，在批注栏中输入“工龄计算，满一年才加 1。例如：2018-11-22 入职，到 2020-10-01，工龄为 1 年”。

6.【微步骤】

在“员工绩效汇总”工作表中，选定 G2 单元格，在公式栏中输入：“=DATEDIF(F2,TODAY(),"y")”，按回车键确认。

步骤 2：在“员工绩效汇总”工作表中，选定 G2 单元格，将鼠标移动至 G2 单元格右下角，利用填充句柄功能，将数据填充至 G201 单元格。

7.【微步骤】

步骤 1：打开考生文件夹，双击打开素材文档“绩效后台数据.txt”。将“绩效后台数据.txt”中的全部内容复制粘贴到“Sheet3”工作表中 A1 单元格位置处。在“数据”选项卡中，选择“分列”选项，打开“文本分列”向导对话框，选择“分隔符号”选项，点击“下一步”按钮。在“分隔符号”选项中，勾选“逗号”选项，点击“下一步”按钮。在“数据预览”中选择“级别”列，在“列数据类型”选项中，选择“文本”选项，点击“完成”按钮。

步骤 2：在“员工绩效汇总”工作表中，选定 H2 单元格，在公式栏中输入：“=VLOOKUP(A2,Sheet3!$A2:$E201,4，FALSE)”，按回车键确认。选定 H2 单元格，将鼠标移动至 H2 单元格右下角，利用填充句柄功能，将数据填充至 H201 单元格。

步骤 3：在“员工绩效汇总”工作表中，选定 I2 单元格，在公式栏中输入：“=VLOOKUP(A3,Sheet3!$A2:$E201,5,FALSE)”，按回车键确认。选定 I2 单元格，将鼠标移动至 I2 单元格右下角，利用填充句柄功能，将数据填充至 I201 单元格。

8.【微步骤】

在“员工绩效汇总”工作表中，选定除标题栏以外的其他单元格，在“视图”选项卡中，选择“冻结窗格—冻结首行”选项。

9.【微步骤】

在“员工绩效汇总”工作表中，在“页面布局”选项卡中，选择“纸张方向—纵向”选项，“纸张大小”选项为“A4”，“打印缩放”选项设置为“将所有列打印在一页”选项。

10.【微步骤】

步骤 1：在“统计”工作表中，选定 B2 单元格，输入公式“=COUNTIFS(员工绩效汇总!$D$2:$D$201,B1,员工绩效汇总!$E$2:$E$201,$A$2)”，按回车键确认。选定 B2 单元格，将鼠标移动至 B2 单元格右下角，利用填充句柄功能，将数据填充至 G2 单元格。

步骤 2：在“统计”工作表中，选定 B3 单元格，输入公式“=COUNTIFS(员工绩效汇总!$D$2:$D$201,B1,员工绩效汇总!$E$2:$E$201,$A$3)”，按回车键确认。选定 B3 单元格，将鼠标移动至 B3 单元格右下角，利用填充句柄功能，将数据填充至 G3 单元格。

步骤 3：在“统计”工作表中，选定 B4 单元格，输入公式“=COUNTIFS(员工绩效汇总!$D$2:$D$201,B1,员工绩效汇总!$E$2:$E$201,$A$4)”，按回车键确认。选定 B4 单元格，将鼠标移动至 B4 单元格右下角，利用填充句柄功能，将数据填充至 G4 单元格。

11.【微步骤】

步骤 1：在“统计”工作表中，选定 A1：A4 单元格，按住 CTRL 键的同时，选定 H1：H4 单元格，在“插入”选项卡中，选择“饼图”选项。

步骤 2：选定“饼图”，在图表的右上角选择“图表元素”选项，勾选“数据标签”选项，选择“数据标签内”选项，选择“更多选项”，在右侧弹出的“属性”窗格中，将“数字”的“类别”设置为“百分比”。

12.【微步骤】

步骤 1：在“员工绩效汇总”工作表中，在“数据”选项卡中，选择“自动筛选”选项，点击“姓名”栏中的筛选器按钮，选择“文本筛选”中的“开头是”选项，在弹出的“自定义自动筛选方式”对话框中，分别输入姓“陈”和姓“张”，“条件”选择为“或”，点击“确定”按钮。

步骤 2：保存并关闭所有打开的作答文件。

项目 2　学生成绩分析与处理

项目描述

打开指定的素材文档“ET.xlsx”（.xlsx 为文件扩展名），后续操作均基于此文件。

某学院学生的试卷评阅工作已结束，现已将 502 名学生的基本信息和他们的各科成绩录入名称为“成绩表”的工作表中。这 502 名学生分属于“一班”“二班”……“六班”这 6 个班级，学号是每个学生的唯一标识。

"成绩表"中学生的基本信息包括：学号、姓名、性别和班级，"成绩"包括：高等数学、大学英语、逻辑学、应用文写作和程序设计基础 5 门课。

现需要对学生的成绩进行分析和处理，请按要求实现相应操作。

（1）在"成绩表"中，完成以下计算：

①计算每个学生的"总分"，将其放入 J2 到 J503 的单元中。

②计算每个学生的"平均分"，将其放入 K2 到 K503 的单元中，并将区域 K2:K503 的数值格式设置为小数点后保留 2 位。

（2）为了给"按班级打印成绩"做准备，需要完成以下操作：

①将"成绩表"中现有数据全部复制到"成绩排序"工作表中（从 A1 单元格开始存放），其数据的结构和内容与"成绩表"中数据一致。

②在"成绩排序"表中完成排序操作，具体要求为：将表中数据以"班级"为关键字排序，且"次序"依次为"一班""二班""三班""四班""五班"和"六班"，即"一班"学生排在表的最前面，"六班"学生排在表的最后面。

（3）在"成绩表"中，汇总分析学生人数，具体要求如下：

利用数据透视表功能，汇总各班级的男女生人数，要求"列"标签为"班级"字段，"行"标签为"性别"字段，且将数据透视表放置在当前工作表的 A505 单元格。

（4）在"成绩表"中，以班级为单位汇总分析学生们的"逻辑学"课程成绩，具体要求如下：

①利用数据透视图功能，显示各班级的"逻辑学"平均分，要求"图例"为"班级"字段，相关联的数据透视表位置选择当前工作表的 A512 单元格。

②请通过移动图表操作，将该"数据透视图"与 A512 单元格在左上角取齐，使其覆盖在相关联的数据透视表之上。

说明：默认状态下，"数据透视图"相关联的数据透视表将出现在指定单元格（如 A512），但相应图表则根据操作环境不同而自动出现在工作表较前面位置或者出现在相关联的数据透视表附近。

③为数据透视图添加图表标题"逻辑学成绩分析"，其位置位于"图表上方"。

（5）在"成绩表"中，给出每个学生的排位情况，操作要求如下：

首先，在 L1 单元格中输入文字"名次"；其次，利用函数计算每个学生的"名次"，将其放入 L2 到 L503 的单元中。

说明：学生名次按其"总分"或"平均分"排位给出，对于成绩相同的学生则排位名次相同。相同成绩的存在将影响后续成绩的排位。例如，表中有 2 个学生的平均分都是"91.4"，则他们的名次就都是"7"，紧排在他们之后的学生的名次为"9"，表中将没有排位为 8 的名次。

（6）为了更好地分析学生的成绩情况，在"成绩表"中继续完成以下操作：

①首先，在 M1 单元格输入文字"综合成绩"；其次，按下面给定的标准计算每个学生的"综合成绩"，并将其放入 M2 到 M503 的单元中。

"综合成绩"标准：

"平均分"在 85 分及以上为"优秀"；

"平均分"在 60 分（含 60 分）到 84 分（含 84 分）之间为"及格"；

"平均分"在 60 分以下为"不及格"。

②在 P5 单元格，利用函数统计"综合成绩"为"优秀"的男生人数。

③在 P6 单元格，利用函数统计"综合成绩"为"优秀"的女生人数。

（7）现在需要筛选出平均分在 80~90 分之间（含 80 分和 90 分），且班级为"二班"的

"男生"。请利用自动筛选功能在"成绩表"中实现这一操作。

（8）"成绩筛选"表中存放的是 502 名学生的原始成绩，现需要一次性筛选出二班和六班"高等数学"成绩在 95 分及以上的所有学生。请利用高级筛选功能在当前表中实现这一操作。

说明：构造条件区域时，要求在工作表的最上面插入 5 个空行，使原先表中"学号""姓名""性别"……所在行成为工作表的第 6 行，且条件区域的起始位置为 A1 单元格。

（9）"成绩汇总"表中存放的是 502 名学生的原始成绩，现需要对表中数据进行分类汇总分析，具体要求是按"性别"分类统计男生和女生的"高等数学"及"应用文写作"这两门课程的平均分，且最终显示级别为"2"的分级汇总结果。

项目实施

视频　学生成绩分析与处理

1.【微步骤】

步骤 1：打开指定的素材文档"ET.xlsx"。

步骤 2：选定"成绩表"的 J2 单元格，在"开始"选项卡中，选择"求和"选项中的"求和"选项，按回车键确认。选定 J2 单元格，在 J2 单元格右下角双击，利用填充句柄功能，将结果填充至 J503 单元格中。

步骤 3：选定"成绩表"的 K2 单元格，在"开始"选项卡中，选择"求和"选项中的"求平均值"选项，拖动选定 E2:I2 单元格，按回车键确认。选定 K2 单元格，在 K2 单元格右下角双击，利用填充句柄功能，将结果填充至 K503 单元格中。

步骤 4：选定 K2:K503 单元格，在选定区域中右击，在弹出的快捷菜单中选择"设置单元格格式"选项。在弹出的"设置单元格格式"对话框中，在"分类"选项中选择"数值"选项，将"小数位数"项设置为 2，点击"确定"按钮。

2.【微步骤】

步骤 1：在"成绩表"工作表中，点击左上角的"全选"按钮，在选定区域中右击，在弹出的快捷菜单中选择"复制"命令。切换至"成绩排序"工作表中，选定 A1 单元格，CTRL＋V 粘贴要复制的数据。

步骤 2：在"成绩排序"工作表中，选择"数据"选项卡的"排序"选项，在"排序"对话框中，将主要关键字设置为"班级"，在"次序"选项中选择"自定义序列"选项。在弹出的"自定义序列"对话框中，在"输入序列"栏中依次输入"一班""二班""三班""四班""五班"和"六班"（注：输入的每个序列以回车符结束），点击"确定"按钮，继续点击"确定"按钮。

3.【微步骤】

在"成绩表"工作表中，"插入"选项卡的"数据透视表"选项。在弹出的"创建数据透视表"对话框中，在"请选择单元格区域"选项中，选定 A1:M503 单元格，在"现有工作表"选项中，选定 A505 单元格，在右侧的"数据透视表"窗格中，将"班级"项拖动至"列"，"性别"项拖动至"行"，"性别"项拖动至"值"，在"值"选项上选择"值字段设置"，在弹出的"值字段设置"对话框中，选择"计数"选项，点击"确定"按钮。

4.【微步骤】

步骤 1：在"成绩表"工作表中，"插入"选项卡的"数据透视图"选项。在弹出的"创建数据透视表"对话框中，在"请选择单元格区域"选项中，选定 A1:M503 单元格，在"现有工作表"选项中，选定 A512 单元格，在右侧的"数据透视表"窗格中，将"班级"项拖动至“列”，“逻辑学”项拖动至“值”，在“值”选项上选择“值字段设置”，在弹出的“值字段设置”对话框中，选择“平均值”选项，点击“确定”按钮。

步骤2：将“图表”移动至A512单元格，选定图表，在“图表工具”选项卡中选择“添加元素”选项，在“图表标题”选项中选择“图表上方”选项，输入图表标题文字“逻辑学成绩分析”。

5.【微步骤】

在“成绩表”工作表中，选定L1单元格，输入文字“名次”，选定L2单元格，输入“=RANK(J2,$J$2:$J$503,0)”，按回车键确认。选定L2单元格，在L2单元格右下角双击，利用填充句柄功能，将结果填充至L503单元格中。

6.【微步骤】

步骤1：在“成绩表”工作表中，选定M1单元格，输入文字“综合成绩”，选定M2单元格，输入“=IF(K2>=85,"优秀",IF(K2>=60,"及格","不及格"))”，按回车键确认；选定M2单元格，在M2单元格右下角双击，利用填充句柄功能，将结果填充至M503单元格中。

步骤2：在“成绩表”工作表中，选定P5单元格，输入“=COUNTIFS($M$2:$M$503,"优秀",$C$2:$C$503,"男")”，按回车键确认。

步骤3：在“成绩表”工作表中，选定P6单元格，输入“=COUNTIFS($M$2:$M$503,"优秀",$C$2:$C$503,"女")”，按回车键确认。

7.【微步骤】

步骤1：在“成绩表”工作表中，选择“数据”选项卡的“自动筛选”选项，点击“平均分筛选器”按钮，选择“数据筛选”选项中的“介于”选项，在弹出的“自定义自动筛选方式”对话框中，在“大于或等于”一栏中输入“80”，在“小于或等于”一栏中输入“90”，点击“确定”按钮。

步骤2：在“成绩表”工作表中，点击“班级筛选器”按钮，取消“全选”选项，勾选“二班”选项，点击“确定”按钮。点击“性别筛选器”按钮，取消“全选”选项，勾选“男”选项，点击“确定”按钮。

8.【微步骤】

步骤1：在“成绩筛选”工作表中，选定5行，在选定区域中右击，在弹出的快捷菜单中选择“插入”选项，复制A6:I6单元格，选定A1单元格，按CTRL + V粘贴要复制的单元格。在D2、D3单元格中，依次输入“二班”“六班”；在E2、E3单元格中，输入“>=95”。

步骤2：在“成绩筛选”工作表中，选择“数据”选项卡的“高级筛选”选项，在弹出的“高级筛选”对话框中，在“条件区域”栏中选定D1：E3单元格，点击“确定”按钮。

9.【微步骤】

步骤1：在“成绩汇总”工作表中，选择“数据”选项卡中的“排序”选项，在弹出的“排序”对话框中，将“主要关键字”设置为“性别”，点击“确定”按钮。

步骤2：在“成绩汇总”工作表中，选择“数据”选项卡中的“分类汇总”选项，在弹出的“分类汇总”对话框中，将“分类字段”设置为“性别”，“汇总方式”设置为“平均值”，在“选定汇总项”中，勾选“高等数学”选项和“应用文写作”选项，点击“确定”按钮。

步骤3：在分级显示中选择“2级”分级显示。

步骤4：保存并关闭所有打开的作答文件。

模块小结

本项目学习的 WPS 表格是 WPS Office 2019 中的重要组成部分，是信息化办公的重要工具，广泛应用于管理、统计、财务、金融等领域，在数据分析和处理中发挥着重要的作用。

项目中选取了“值班表”“办公用品采购表”“汽车维修配件销售表”等贴近生活、学习和工作的案例。通过案例重点讲解了电子表格的应用场景，相关工具的功能和操作界面；分析了 WPS 表格的数据输入、工作表和工作簿的基本操作；要求熟练掌握单元格格式编辑与引用，工作簿和工作表数据安全与保护；要求熟练掌握运用公式和常用函数来解决求值计算问题，运用数据排序、筛选、分类汇总、查找及数据合并来管理数据；能利用图表分析展示数据；能运用数据透视表从源表中快速提取有效信息，能利用数据透视表创建数据透视图；掌握 WPS 表格的页面布局、打印及 PDF 输出等操作技能，为在工作中解决实际问题打下良好基础。

真题实训

一、选择题

1. WPS 表格文件的扩展名是（　　）。

A. .wps　　B. .et　　C. .xml　　D. .pps

2. 在 WPS 表格中，位于第 5 行第 3 列的单元格的名称为（　　）。

A. C5　　B. 5C　　C. D3　　D. 3D

3. 要实现 WPS 表格单元格中内容的换行，可以（　　）。

A. 使用快捷键“Alt + Enter”　　B. 使用 Enter 键

C. 使用 Tab 键　　D. 使用方向键↓

4. 在工作表单元格中输入公式时，F$2 的单元格引用方式称为（　　）。

A. 混合地址引用　　B. 相对地址引用

C. 绝对地址引用　　D. 交叉地址引用

5. 以下公式中，错误的是（　　）。

A. =AVERAGE(B3:$E3)*F3　　B. =AVERAGE(B3:E3)*$F$3

C. =AVERAGE(B3:E3)*F$3　　D. =AVERAGE(B3:3E)*F3

6. WPS 表格中，如果工作表的某单元格中有公式“=销售情况!A5”，则其中的“销售情况”是指（　　）。

A. 单元格名称　　B. 单元格区域名称

C. 工作表名称　　D. 工作簿名称

7. WPS 表格中，某单元格公式的计算结果应为一个大于 0 的数，但却显示了错误信息“#####”。为了使结果正常显示，且又不影响该单元格的数据内容，应进行的操作是（　　）。

A. 加大该单元所在列的列宽　　B. 重新输入公式

C. 使用“复制”命令　　D. 加大该单元所在行的行高

8. WPS 表格中限制录入重复数据，最快捷的功能是（　　）。

A. 高亮显示重复项　　B. 条件格式

C. 拒绝录入重复项　　D. 数据有效性

9. WPS 表格中提取 18 位身份证号码中的 8 位出生日期数字，错误的操作是（　　）。

A. 使用公式功能　　B. 使用智能填充功能

C. 使用分列功能　　D. 使用拆分表格功能

10. 在 WPS 表格中，A1 单元格中有公式=SUM(B$2:C$3)，将其复制到 D4 单元格，则 D4 中的公式为（　　）。
    A. =SUM(B$5:C$6)　　B. =SUM(E$5:F$6)
    C. =SUM(B$2:C$3)　　D. =SUM(E$2:F$3)

二、操作题

打开素材文档“ET.xlsx”（.xlsx 为文件扩展名），后续操作均基于此文件。

小王在公司销售部门负责销售数据的汇总和管理，为了保证销售数据的准确性，每个月底，小王会对销售表格进行定期检查和完善。

（1）在“销售记录”工作表中，商品名称、品类、品牌、单价、购买金额这 5 列已经设置好公式，请在 D1:G1 单元格中已有内容后面，增加“（自动计算）”字样，新增的内容需要换行显示，字号设置为“9 号”。

（2）在“销售记录”工作表中，表格数据中“红色字体”所在行存在公式计算结果错误，该公式主要引用“基础信息表”中的“产品信息表”区域，请检查公式引用区域的数据，找到错误原因并修改错误，再把红色字体全部改回“黑色，文本 1”。

（3）在“销售记录”工作表中，使用条件格式对“购买金额”（I2:I20）进行标注：大于等于 20000 的单元格，单元格底纹显示浅蓝色（颜色面板：第 2 行第 5 个）；小于 10000 的单元格，单元格底纹显示浅橙色（颜色面板：第 2 行第 8 个）。

（4）在“销售记录”工作表中，对“折扣优惠”（J2:J20）中的内容进行规范填写，请按如下要求设置：

①在该列插入下拉列表，下拉列表的内容需要引用“基础信息表”工作表中的“折扣优惠”（H3:H6）。

②“折扣优惠”列（J2:J20）中原本描述与下拉列表内容不一致的单元格，需重新修改为规范描述。

（5）在“销售记录”工作表中，“折后金额”（K2:K20）中使用 IFS 函数，按下表规则计算折后金额：

折扣优惠	折后金额
折扣优惠=无优惠	折后金额=购买金额 × 100%
折扣优惠=普通	折后金额=购买金额 × 95%
折扣优惠=VIP	折后金额=购买金额 × 85%
折扣优惠=SVIP	折后金额=购买金额 × 80%

（6）在“销售记录”工作表中，为方便查看销售表数据，设置成表格上下翻页查看数据时，标题行始终显示，左右滚动查看数据时，“日期”和“客户名称”列始终显示。

（7）将“销售记录”工作表设置成：选择某个单元格时，自动将该单元格所在行列标记为与其他行列不同的颜色。

（8）对“销售记录”工作表进行打印页面设置：

①设置“销售记录”工作表“横向”打印在“A4 纸”上。

②在打印时，每页都打印标题行。

（9）选中“销售记录”工作表的数据，创建数据透视表：

①生成的数据透视表，放置在“统计表”工作表中，用于统计不同品牌、不同品类的购买数量、购买金额。

②透视表左侧标题为“品类”，上方第一行标题为“品牌”，每个品牌下方的二级标题分别显示“数量”和“金额”，透视表中展示效果请参考下表：

品类	H 品牌		M 品牌		T 品牌		数量汇总	金额汇总
	数量	金额	数量	金额	数量	金额		
手机	###	###	###	###	###	###	###	###
电视	###	###	###	###	###	###	###	###
洗衣机	###	###	###	###	###	###	###	###
总计	###	###	###	###	###	###	###	###

注意：“品牌”所在单元格需要“合并且居中排列”。

③透视表中所有“金额”列，设置成“货币格式”（示例效果：¥1,234.56）。

④透视表中的“品类”列，设置为按“金额汇总”降序排列。

（10）在“基础信息表”工作表中，对产品信息按如下要求进行调整：

①使用查找替换将“商品名称”（B3:B17）中的“（内销）”“（出口）”内容清除。

②“基础信息表”工作表主要由指定人维护，不允许全部人编辑，请将“基础信息表”设置成默认禁止编辑。（注：这是考试环节，请不要输入“保护密码”，密码为空）

（11）请在“目录”工作表中，按如下要求进行设置：

①在“目录”工作表中的 B3:B5 单元格，分别设置超链接，点击单元格自动跳转至对应“工作表”，设置完成后 3 个单元格需要恢复默认效果（字体：微软雅黑；字号：10 号；字体颜色：黑色，文本 1）。

②为了美化“目录”工作表，选中 A2:C5 区域插入表格，表格样式修改为“表样式中等深浅 1”，让目录效果更加美观。

模块三

WPS Office 演示文稿处理

学习任务

（1）熟悉 WPS 演示文稿设计原则。
（2）熟悉 WPS 演示文稿工作界面。
（3）掌握 WPS 演示文稿的制作。
（4）掌握 WPS 演示文稿图片的应用。
（5）掌握 WPS 演示文稿图形的应用。
（6）掌握 WPS 演示文稿主题设置。
（7）掌握 WPS 演示文稿动画效果的设置。
（8）掌握 WPS 演示文稿切换方式的使用。

重点难点

（1）理解 WPS Office 2019 演示文稿的视图方式。
（2）掌握一键美化、魔法、配色方案、母版的设置和应用。
（3）掌握设置动画和切换效果的方式。
（4）掌握幻灯片输出 PDF 的设置。
（5）掌握幻灯片放映方式、超链接和动作按钮的设置。

任务 3-1　初识 WPS 演示文稿

3-1-1　WPS 演示文稿简介

WPS Office 2019 演示文稿（以下简称“WPS 演示文稿”）是 WPS 办公套装软件中的一个重要组件，是制作和演示幻灯片的软件。WPS 演示文稿指的是把静态文件制作成动态文件浏览，把复杂的问题变得通俗易懂，使之更生动，给人留下更为深刻的印象，幻灯片是演示文稿的基本构成单位。

演示文稿是办公软件中的重要组件之一，用户不仅可在投影仪或计算机上进行演示，也可以将演示文稿打印出来，制作成胶片，以便应用到更广泛的领域中。

1. 演示文稿设计原则

（1）风格统一原则。将幻灯片主体统一为一致风格，包括页面排版布局、色调选择搭配、文字字体和字号等内容，这样使幻灯片有较好整体感。

（2）排版一致原则。排版时，尽量使同类型文字或图片出现在页面相同位置，使观看者便于阅读，清楚地了解各部分之间层次关系。

（3）配色协调原则。幻灯片配色以明快、醒目为原则，文字与背景要有鲜明对比，配合小区域装饰色彩，突出主要内容。

（4）图案搭配原则。图案的选择要与内容一致，同时注意每页图片风格的统一。包括 Logo、按钮等涉及图片的内容，都尽量在不影响操作和文字主体的基础上进行选择。

（5）图表设置原则。以体现图表要表达的内容为选择图表类型的依据，兼顾其美观性，在此基础上增加变化。同时，为排版的需要将部分简单的图表改为文字表述。

（6）超链接易用原则。各页面的链接尽量设置在固定的文字或按钮上，便于记忆和操作，避免过于复杂的层次结构之间的转换，保持各页面之间的逻辑关系清晰明了。

（7）简化页面原则。避免出现没有意义的装饰性图案，以免给人带来凌乱的感觉，每页只保留必要的内容，在此基础上使每页有所变化。

2. 演示文稿制作流程

演示文稿一般按如下流程来制作：确定主题→设计方案→搜集素材→编辑演示文稿（选择模板，定制版式，插入表格、图片、声音等）→美化演示文稿（字体、字号、颜色、动画、添加各种效果），还可以查看每张幻灯片的整体效果。

3. 工作界面中的窗格

（1）幻灯片窗格。该窗格位于工作界面最中间，其主要任务是进行幻灯片的制作、编辑和添加各种效果，还可以查看每张幻灯片的效果。

（2）大纲窗格。大纲窗格位于幻灯片窗格的左侧，主要用于显示幻灯片的文本并负责插入、复制、删除、移动整张幻灯片，可以很方便地对幻灯片的标题和段落文本进行编辑。

（3）备注窗格。备注窗格位于幻灯片窗格下方，主要用于给幻灯片添加备注，为演讲者提供更多的信息。

学习 WPS 演示文稿前，必须了解两个基本概念，即演示文稿和幻灯片。

①演示文稿。使用 WPS 演示文稿生成的文件称为演示文稿，扩展名为.dps，也可保存为.ppt、.pptx 格式，与微软的 PowerPoint 兼容。一个演示文稿由若干张幻灯片及相关联的备注和演示大纲等模块组成。

②幻灯片。幻灯片是演示文稿的组成部分，演示文稿中的每一页就是一张幻灯片。幻灯片由标题、文本、图形、图像、剪贴画、声音以及图表格等多个对象组成。

3-1-2　启动和退出 WPS 演示文稿

1. 启动 WPS 演示文稿

WPS 演示文稿的启动方法主要有如下 3 种：

方法 1：点击“开始”按钮，或者按键盘上的“Windows 徽标”键，打开“开始”菜单，点击 WPS Office，启动 WPS Office 应用程序，通过点击左侧“新建”菜单，或按“Ctrl + N”快捷键新建演示文稿，这样就启动了 WPS 演示文稿，启动窗口如图 3-1 所示。在启动界面既可以新建一个空白的演示文稿，也可以选择丰富的在线模板来新建一个演示文稿。

方法 2：若桌面上有 WPS Office 的快捷图标，则双击该图标即可启动 WPS Office。

方法 3：打开任意一个 WPS 演示文档即可打开 WPS Office。

使用方法 1 和方法 2，在 WPS 演示文稿界面，点击“新建空白文档”，WPS 自动生成一个名为“演示文稿 1”的空白演示文稿，如图 3-2 所示。使用方法 3 将打开已存在的演示文稿，点击“文件”菜单也可以新建一个空白演示文稿。

2. 退出 WPS 演示文稿

退出 WPS 演示文稿的常用方法主要有 3 种：

方法 1：点击 WPS 演示文稿窗口标题栏最右边的“×”按钮。

图 3-1 WPS 演示文稿启动窗口

图 3-2 空白演示文稿

方法 2：选择“文件”菜单中的“退出”命令。

方法 3：按“Ctrl + W”快捷键。

注意：退出 WPS 演示文稿时，对当前正在运行而没有被保存的演示文稿，系统会弹出“是否保存对演示文稿的更改”提示框，用户可根据需要选择是否保存文件。

建立 WPS 演示文稿的方法与前面所述创建 WPS 文字和 WPS 表格的方法一样，这里不再赘述，请读者自行测试。

3-1-3 认识 WPS 演示文稿的工作窗口

WPS 演示文稿拥有典型的 Windows 窗口风格，其功能是通过窗口实现的，启动 WPS 演示文稿即打开演示文稿应用程序工作窗口，如图 3-3 所示。快速访问工具栏、状态栏、视图、缩放按钮、功能区、选项卡、标题栏、编辑区域等部分组成。

图 3-3　WPS 演示文稿工作窗口

（1）快速访问工具栏。快速访问工具栏位于窗口的左上角，通常以图标形式存在，主要由“保存”“输出为 PDF”“打印”“打印预览”“撤销”“恢复”和“自定义快速访问工具栏”等按钮组成，便于快速访问。用户可以根据使用习惯，通过点击“自定义快速访问工具栏”按钮，打开下拉菜单，添加或删除快速访问工具栏中的命令按钮。

（2）状态栏。状态栏位于窗口底部左侧，在不同的视图模式下显示的内容略有不同，主要显示当前幻灯片编号、主题名称等信息。

（3）视图。视图按钮位于状态栏的右侧，它提供了演示文稿的不同显示方式，共有“普通”“幻灯片浏览”“阅读视图”和“备注页”4 个按钮，点击某个按钮就可以切换到相应的视图。

（4）缩放按钮。缩放按钮位于视图按钮的右侧，点击“缩放级别”按钮可以打开“缩放级别”列表，如图 3-4 所示，可以在列表中选择或输入幻灯片的显示比例，拖动其右侧的滑块也可以调节显示比例。

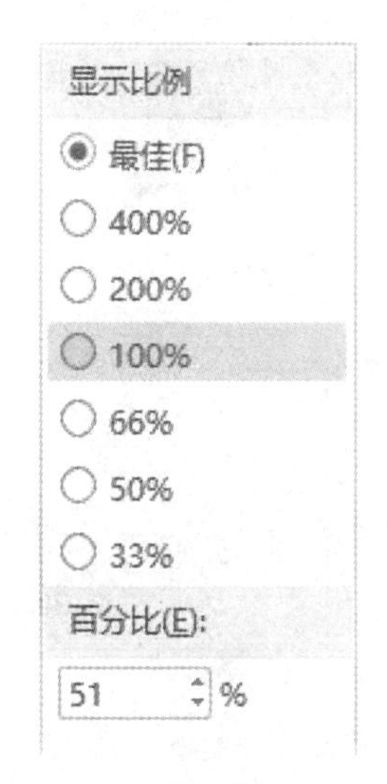

图 3-4　“缩放级别”列表

（5）功能区。功能区位于选项卡的下方，当选中某个选项卡时，其对应的多个功能区出现在其下方，每个功能区内有若干个命令。例如，“开始”选项卡中包含“剪贴板”“新建幻灯片”“字体”“段落”和“设置形状格式”等功能区。

（6）选项卡。WPS 演示文稿的选项卡位于标题栏的下方，通常有“开始”“插入”“设计”“切换”“动画”“幻灯片放映”“审阅”“视图”“开发工具”和“特色功能”等不同类别的选项卡，每个选项卡下含有多个选项组，根据操作对象的不同，还可能增加相应的选项卡。

（7）标题栏。标题栏位于窗口的最上方，显示当前演示文稿的文件名，右侧有“访客登录”“最小化”“最大化”和“关闭”等命令按钮。

（8）编辑区域。WPS 演示文稿的工作区域分为 3 个窗格，依次为幻灯片缩略图窗格、幻灯片编辑窗格和备注窗格。若操作的文稿在工作区中显示时超过相应的窗格，滚动条会自动显示出来。滚动条有 2 个，即位于窗格右边的垂直滚动条和位于窗格底边的水平滚动条。拖动滚动栏上的滚动块或点击滚动栏两端的箭头可以显示隐藏起来的部分。

3-1-4　设置 WPS 演示文稿视图

WPS 演示文稿有 4 种主要视图：普通视图、幻灯片浏览视图、备注页视图和阅读视图，每种视图各有特点，适用于不同的场合。

打开一个演示文稿，WPS 演示文稿窗口右下角有视图按钮。点击相应的按钮，可以在不同的视图之间进行切换。也可以通过选择“视图”选项卡中的命令按钮，如图 3-5 所示，将演示文稿切换到不同的视图模式。

图 3-5　视图切换命令

1. 普通视图

普通视图是最常用的视图，也是 WPS 演示文稿的默认视图模式，可用于撰写或设计演示文稿。该视图有 3 个工作区域：左侧为幻灯片缩略图窗格，用户快速定位幻灯片，可通过缩略图窗格上方的选项卡在常用“幻灯片”视图和“大纲”视图之间切换；右侧为幻灯片编辑区域，以大视图显示和编辑当前幻灯片；底部为备注窗格。如图 3-6 所示。

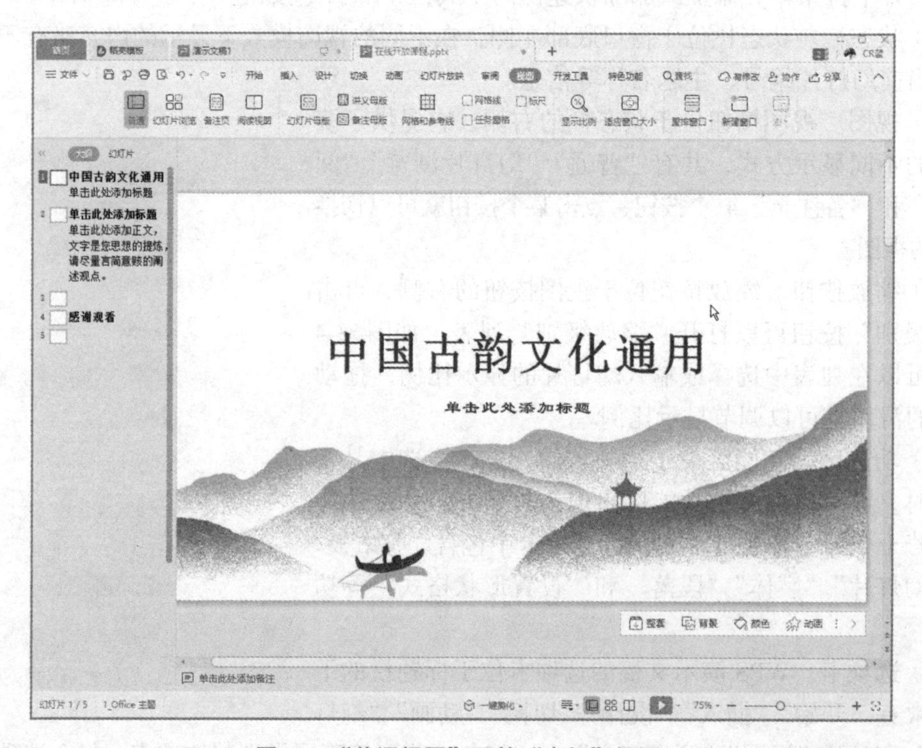

图 3-6　“普通视图”下的“大纲”视图

1）“大纲”视图

“大纲”视图主要用来组织和编辑演示文稿中的文本，在普通视图中较少使用。

2）“幻灯片”视图

“幻灯片”视图以缩略图的形式在演示文稿中观看幻灯片。使用缩略图能更方便地通过演示文稿导航并观看设计更改的效果。也可以重新排列、添加或删除幻灯片。

3）幻灯片编辑区域

幻灯片编辑区域可以观看幻灯片的静态效果，在幻灯片上添加和编辑各种对象，如文本、图片、表格、图表、绘图对象、文本框、电影和声音等。

4）备注窗格

备注窗格添加与每个幻灯片内容相关的备注或说明。

在普通视图中通过拖动窗格边框可以调整不同窗格的大小。

2. 幻灯片浏览视图

在幻灯片浏览视图中，可以在屏幕上看到演示文稿中的所有幻灯片。这些幻灯片是以缩略图的形式显示的，如图 3-7 所示。在该视图方式下，可以对幻灯片进行编辑操作，如复制、删除、移动和插入幻灯片等，并能预览幻灯片，设置幻灯片切换、动画和排练时间等效果，但是不能单独对幻灯片中的对象进行编辑操作。

图 3-7　幻灯片浏览视图

3. 备注页视图

备注页视图与其他视图不同的是在显示幻灯片的同时在其下方显示备注页，用户可以输入或编辑备注页的内容。在该视图模式下，备注页上方显示的是当前幻灯片的内容缩览图，用户无法对幻灯片的内容进行编辑，下方的备注页为占位符，用户可在占位符中输入内容，为幻灯片添加备注信息。

4. 阅读视图

阅读视图可将演示文稿作为适应窗口大小的幻灯片放映观看，视图只保留幻灯片窗格、标题栏和状态栏，其他编辑功能被屏蔽，用于幻灯片制作完成后的简单放映预览、查看内容，以及幻灯片设置的动画和放映效果。

另外，还有一种视图方式，即幻灯片放映视图。在幻灯片放映视图中，每张幻灯片会占据整个计算机屏幕。事实上，该视图模拟了对演示文稿进行真正幻灯放映的过程。该视图模式下，用户可以看到图形、时间、影片、动画等元素，以及这些元素在实际放映中的真实动画或切换效果。

任务 3-2　演示文稿和幻灯片基本操作

在 WPS Office 2019 中创建一个演示文稿比较简单，它根据用户的不同需要，提供了多种新文稿的创建方式。常用的有“在线模板”和“新建空白演示”2 种方式。

3-2-1　创建演示文稿

要创建演示文稿，须先启动 WPS Office 2019。点击左侧“新建”菜单或标题栏上的新建按钮“+”，选择“演示”选项卡，打开如图 3-1 所示窗口。

1. 创建空演示文稿

在图 3-1 中点击“新建空白文档”按钮，即新建了一个包含一张标题幻灯片的空白演示文稿，如图 3-2 所示。

2. 利用在线模板创建演示文稿

在图 3-1 中可通过选择在线模板的方式创建演示文稿。在模板库中选择合适的模板，如图 3-8 所示，点击“免费使用”按钮，即以选中的在线模板新建一个包含若干张幻灯片的演示文稿，如图 3-9 所示。

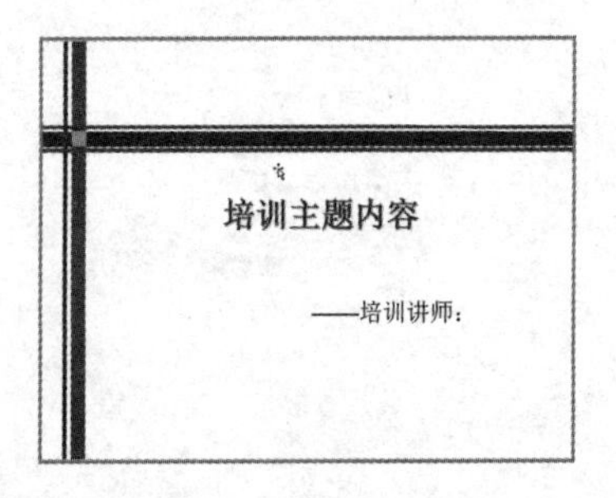

图 3-8　使用在线模板

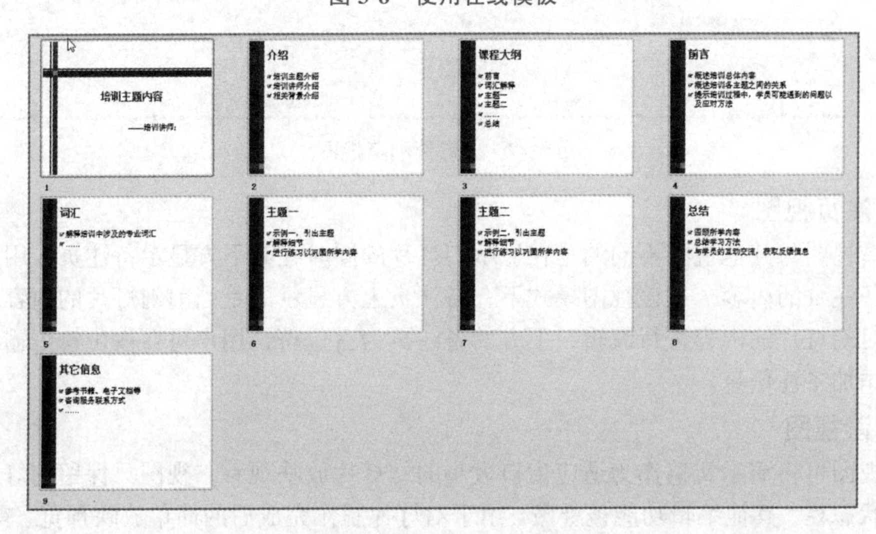

图 3-9　“样本模板”窗口

3-2-2　保存演示文稿

依次选择“文件”→“保存”或“另存为”菜单命令，保存文件或文件的副本。

1. 保存新演示文稿

对一个没有保存过的演示文稿的保存步骤和方法如下：

步骤 1：通过下列 3 种方法之一打开“另存文件”对话框，如图 3-10 所示。

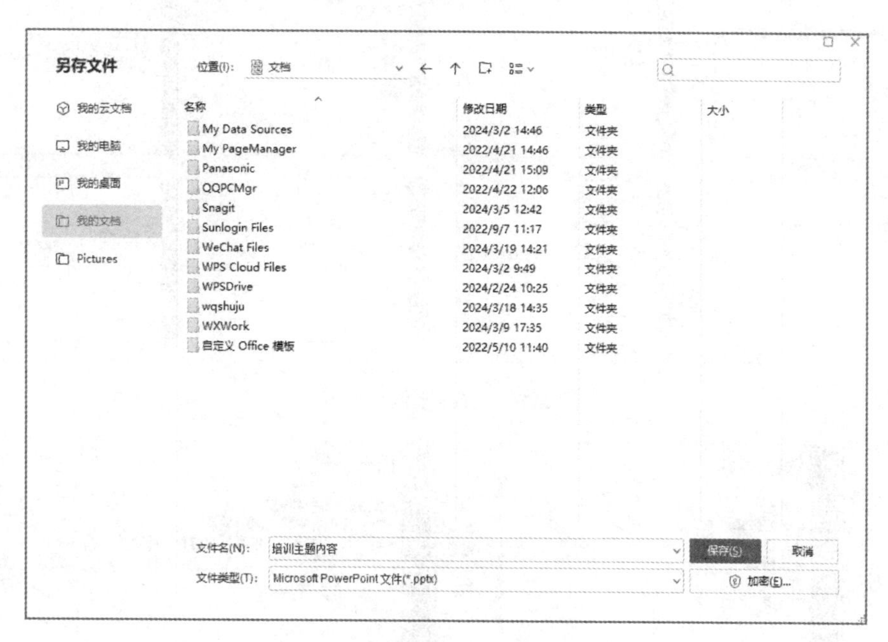

图 3-10　“另存文件”对话框

方法 1：选择“文件”→“保存”命令。

方法 2：点击快速访问工具栏中的“保存”按钮。

方法 3：按“Ctrl + S”快捷键。

步骤 2：选择保存位置，如“我的文档”，输入文件名。

步骤 3：选择保存类型，可以为“WPS 演示文件(*.dps)”，也可以为“Microsoft Power Point 文件(*.pptx)”类型，以便用微软的 Microsoft PowerPoint 打开演示文档。

步骤 4：点击“保存”按钮，完成保存工作。

2. 保存已有的演示文稿

打开一个演示文稿进行编辑后，可以直接点击快速访问工具栏中的“保存”按钮进行保存，原来的文件名和文件保存位置不变。

如果希望保存一个副本，则可以选择“文件”→“另存为”命令（或按键盘上的 F12 键），在弹出的“另存文件”对话框中选择保存位置和输入文件名后点击“保存”按钮，完成另存为操作。

3-2-3　幻灯片基本操作

一般来说，演示文稿中会包含多张幻灯片，用户需要对这些幻灯片进行相应的管理。

1. 选择幻灯片

在普通视图的“大纲”选项卡中，点击幻灯片标题前面的图标，即可选中该幻灯片。选择一组连续的幻灯片，先点击第 1 张幻灯片的图标，然后按住 Shift 键点击最后一张幻灯片，也可在“幻灯片”选项卡中进行相同操作。

在幻灯片浏览视图中，点击幻灯片的缩略图可以选中该幻灯片。若要选择一组连续的幻灯片，则先点击第 1 张幻灯片的缩略图，然后按住 Shift 键，再点击最后一张幻灯片的缩略图。若要选中多张不连续的幻灯片，则先按住 Ctrl 键，然后分别点击要选中的幻灯片缩略图，如图 3-11 所示。删除幻灯片如图 3-12 所示。

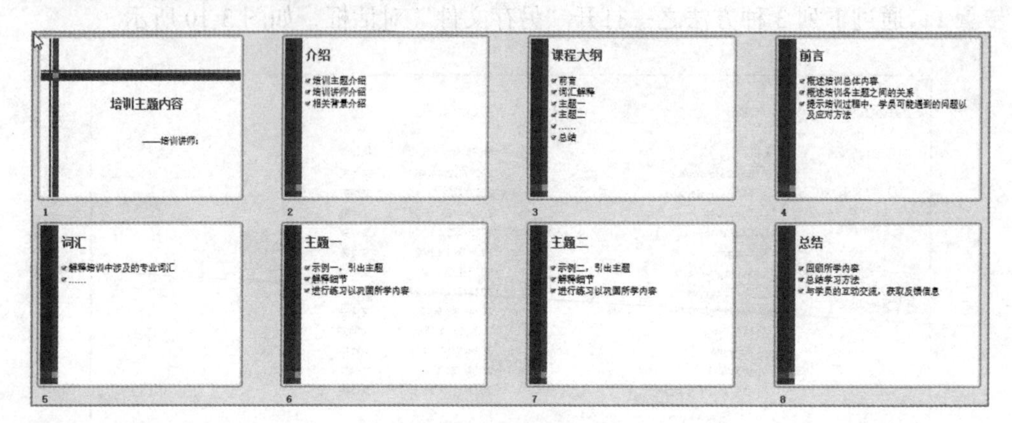

图 3-11　选择多张幻灯片

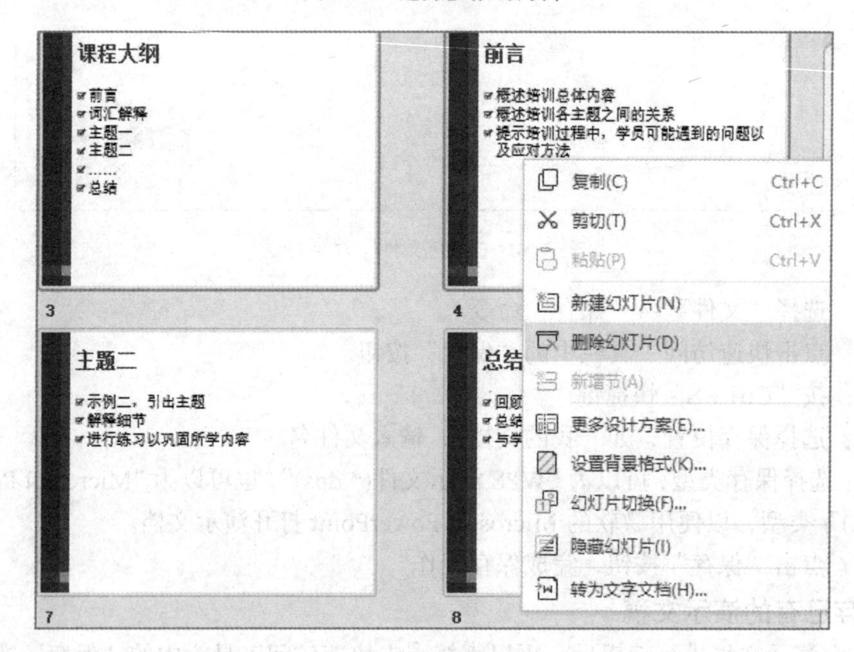

图 3-12　删除幻灯片

在普通视图和幻灯片浏览视图中，按“Ctrl + A”组合键均可以选中所有幻灯片。

2. 插入幻灯片

如果要插入一张幻灯片，可以参照以下步骤进行操作：

（1）点击“视图”选项卡下的“幻灯片浏览”按钮，切换到幻灯片浏览视图。

（2）选择要插入新幻灯片的位置，点击“开始”选项卡下的“新建幻灯片”右下方的箭头按钮，从下拉菜单中选择一种版式，即可插入一张新幻灯片。

3. 复制幻灯片

要在演示文稿中复制幻灯片，可以参照以下步骤进行操作：

（1）在幻灯片浏览视图中或者在普通视图的“幻灯片”选项卡中，选定要复制的幻灯片，然后按住鼠标左键拖拽选定的幻灯片。

（2）按住 Ctrl 键，在拖拽过程中，会出现一个竖条表示选定幻灯片的新位置。

（3）释放鼠标左键，再松开 Ctrl 键，选定的灯片将被复制到目标位置。

4. 移动幻灯片

选定要移动的幻灯片，然后按住鼠标左键并拖拽，此时长条直线就是插入点，到达新的位置后松开鼠标左键即可。也可以利用“剪贴板”选项组中的“剪切”按钮和“粘贴”按钮或对应的快捷键来移动幻灯片。

5. 删除幻灯片

先选中要删除的一张或多张幻灯片，然后使用下列方法进行处理：

（1）按 Delete 键。

（2）在普通视图的“幻灯片”选项卡中，右击选定幻灯片的缩略图，在弹出的快捷菜单中选择“删除幻灯片”命令，如图 3-12 所示。

幻灯片被删除后，后面的幻灯片会自动向前排列。

6. 更改幻灯片的版式

选定要设置的幻灯片，点击“开始”选项卡下的“版式”按钮，从下拉菜单中选择一种版式，即可快速更改当前幻灯片的版式。

7.“节”操作

WPS 演示的新增节功能，可以为幻灯片添加“节”，“节”可以便于规划演示文稿的文档构架，提高工作效率。

（1）选中要分节的幻灯片，点击“开始”→“节”→“新增节”命令，此时可以看到左侧缩略图区域分成 2 节，如图 3-13 所示。

（2）选中缩略图中新增的节名称并右击（或点击“开始”→“节”→“重命名节”命令），可以对新增的节进行重命名、删除等操作，如图 3-14 所示。

例如，需要对新增节进行重命名，可在如图所示的菜单中选择“重命名节”命令，在弹出的“重命名”对话框中输入名称，点击“重命名”按钮即可，如图 3-15 所示。

图 3-13　新增节效果

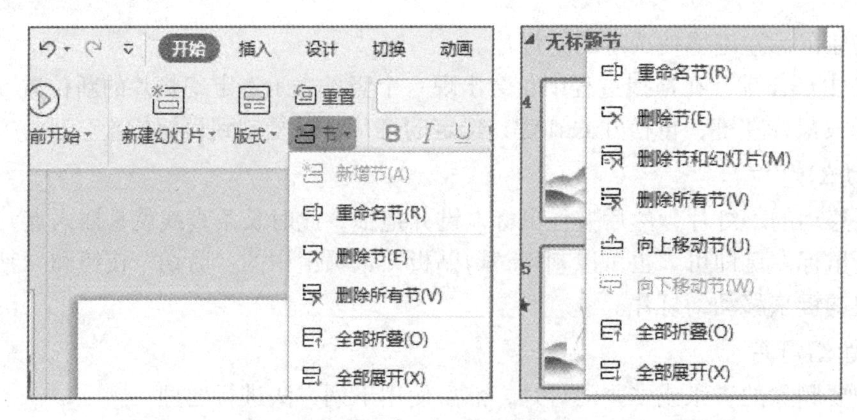

图 3-14　针对“节”的操作

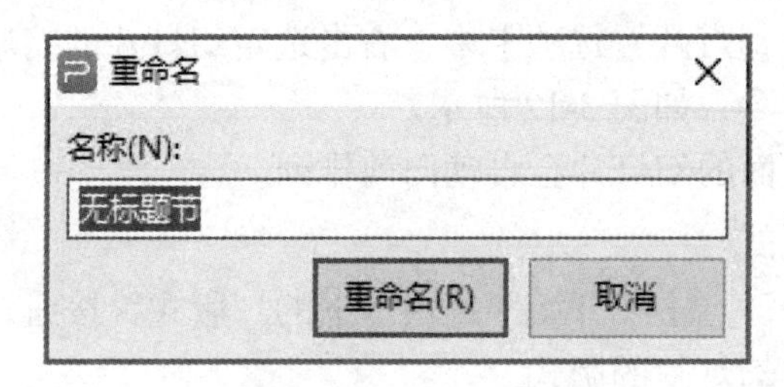

图 3-15　“重命名”节对话框

任务 3-3　添加幻灯片对象

3-3-1　添加新幻灯片

添加新幻灯片的方法如下：

方法 1：点击“开始”选项卡下的“新建幻灯片”按钮，即可增加一张空白幻灯片。

方法 2：在“普通视图”下，将鼠标定位在左侧的幻灯片缩略图窗格中，然后按 Enter 键，可以快速插入一张空白幻灯片。

方法 3：按“Ctrl + M”快捷键，即可快速添加一张空白幻灯片。

3-3-2　添加文本对象

文本是演示文稿中的重要内容，几乎所有幻灯片中都有文本内容。WPS 演示文稿中的文本有标题文本、项目列表和纯文本 3 种类型。其中，项目列表常用于列出提纲和要点等，每项内容前可以有一个可选的符号作为标记。

1. 输入文本

通常在普通视图下输入文本。操作步骤如下：

步骤 1：选中要输入文本的占位符，方法为点击该对象。

步骤 2：输入所需的文本。

步骤 3：完成文本输入后，点击占位符对象外任意位置。

输入标题时，只要在标题区域点击，然后直接通过键盘输入相应的文本内容即可。

2. 选中文本

对文本进行各种操作的前提是先选中文本。选中文本可以通过鼠标拖动实现，也可以通过鼠标与 Shift 键的结合使用来实现。方法与 WPS 文档处理的操作完全相同，这里不再赘述。

3. 文本的相关操作

文本的插入、删除、复制、移动及查找/替换方法与 WPS 文档处理软件一样。插入时都要先将插入点移至插入位置后再输入；删除、复制、移动时要先选定文本，再利用“开始”选项卡中的“剪切板”选项组中的命令，或利用右键快捷菜单中的“剪切”“复制”和“粘贴”命令来完成。

4. 文本的格式化

用户可以根据需要，对文本对象进行格式化。操作步骤如下：

步骤 1：在文本对象中，选定需要格式化的文本，使其显示文字底纹。

步骤 2：点击“开始”→“字体”对话框启动器按钮，弹出如图 3-16 所示的“字体”对话框。

步骤 3：在“字体”对话框中即可设置选中文字的字体、字形、字号等格式，然后点击“确定”按钮。

此外，选中需要格式化的文字后，也可以在“文本工具”→“字体”选项组中，利用相关按钮进行文本格式化，如图 3-17 所示。

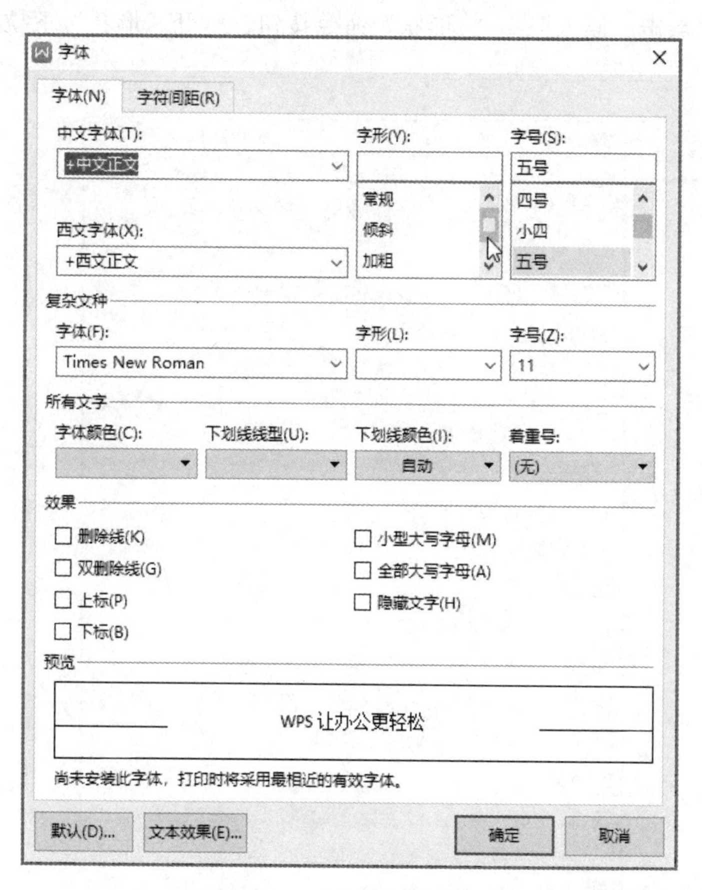

图 3-16　“字体”对话框

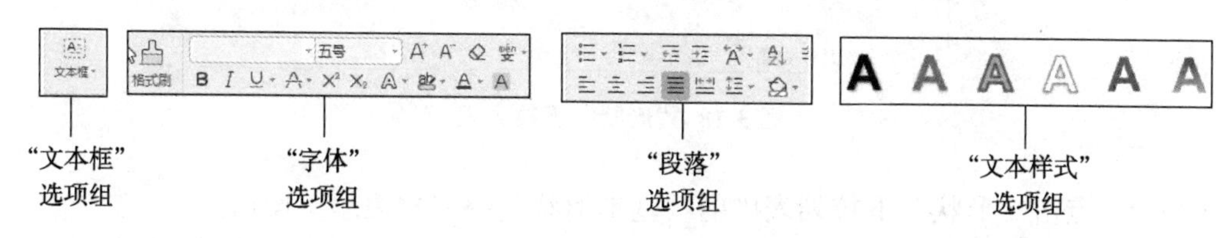

图 3-17　“文本工具”选项卡

5. 插入文本框

一张幻灯片一般有 2 个文本对象：标题对象和项目列表文本对象，它们都属于文本框。如果希望在幻灯片的任意位置插入文字，则需要自己建立文本框来实现，操作步骤如下：

步骤 1：依次点击“插入”→“文本框”→“横向文本框”（或“竖向文本框”）命令。

步骤 2：移动光标至需要插入文本框的位置，按下鼠标左键，此时光标变成“+”状，然后在指定位置拖拽以绘制一个文本框。

步骤 3：释放鼠标左键，将在幻灯片中建立一个文本框，在文本框中可以添加文本。

3-3-3 插入图形、图片

就像漂亮的网页少不了亮丽的图片一样，一张精美的幻灯片也少不了生动多彩的图形、图像。在幻灯片中插入合适的图片，可使幻灯片的外形显得更加美观、生动，给人以赏心悦目的感觉。

1. 插入自选形状

以插入立方体为例，操作步骤如下：

步骤 1：依次点击“插入”→“ 形状”命令按钮，打开“形状”下拉列表，如图 3-18 所示。

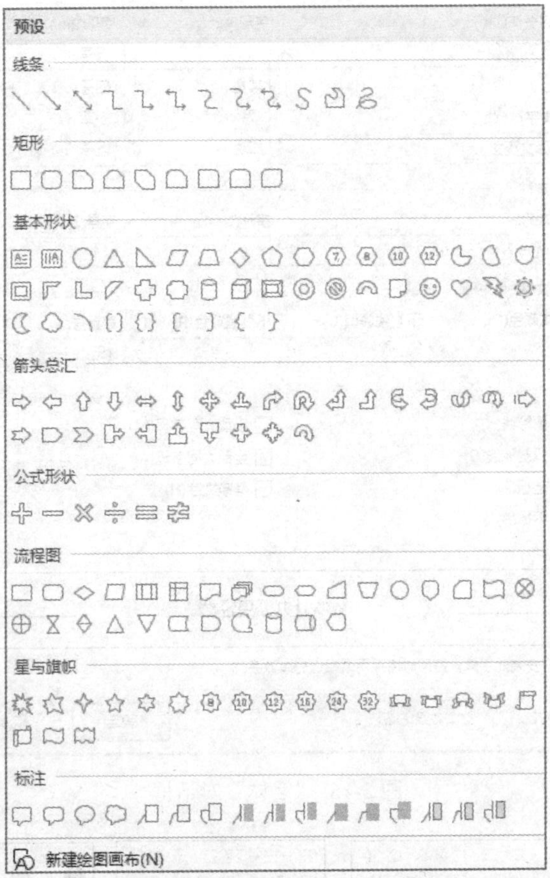

图 3-18 “形状”下拉列表

步骤 2：点击“形状”下拉列表中的“基本形状”→“六边形”按钮。

步骤 3：此时鼠标显示为“+”状，在幻灯片中按住鼠标左键拖动的同时按住 Shift 键，将创建一个六边形图形。

步骤 4：在插入的图形对象右侧有一个快捷工具栏，如图 3-19 所示，可快速设置形状样式、形状填充、形状轮廓等；或点击该六边形图形对象，将会出现该对象的“绘图工具”选项卡，如图 3-20 所示，在“设置形状格式”选项组中，可以利用“填充”“格式刷”“轮廓”和“形状效果”来设置自选图形的格式。

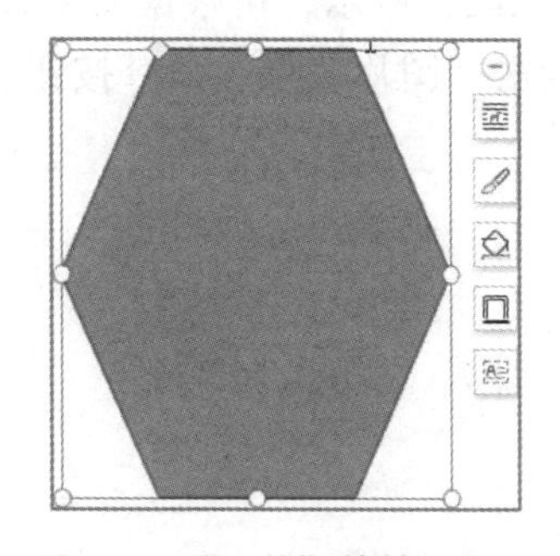

图 3-19　“形状”快捷工具栏

2. 插入图片

插入本地图片的操作步骤如下：

步骤 1：依次选择“插入”→“图片”命令按钮，打开如图 3-21 所示下拉列表，选择“本地图片”，然后弹出“插入图片”对话框，如图 3-22 所示。

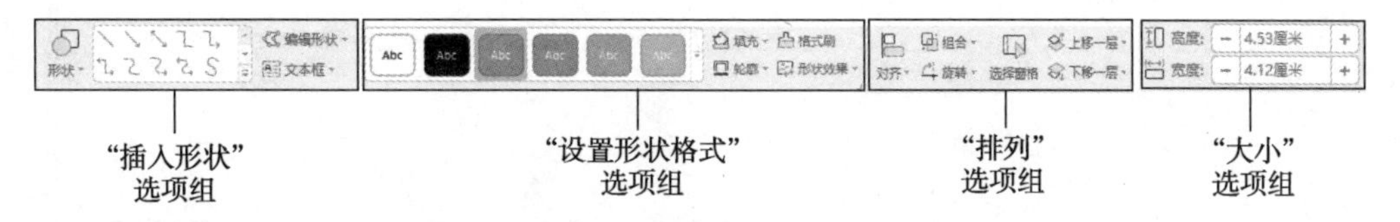

图 3-20　“绘图工具”选项卡

图 3-21　“图片”下拉列表

步骤 2：选择图片，点击“打开”按钮。

步骤 3：在将图片插入幻灯片的同时，点击选中该图片，会切换到“图片工具”选项卡，如图 3-23 所示，可根据需要设置图片的效果、边框、大小等。如需要设置图片阴影，则可以点击“图片效果”命令按钮，在弹出的下拉列表中选择合适的效果，如图 3-24 所示。

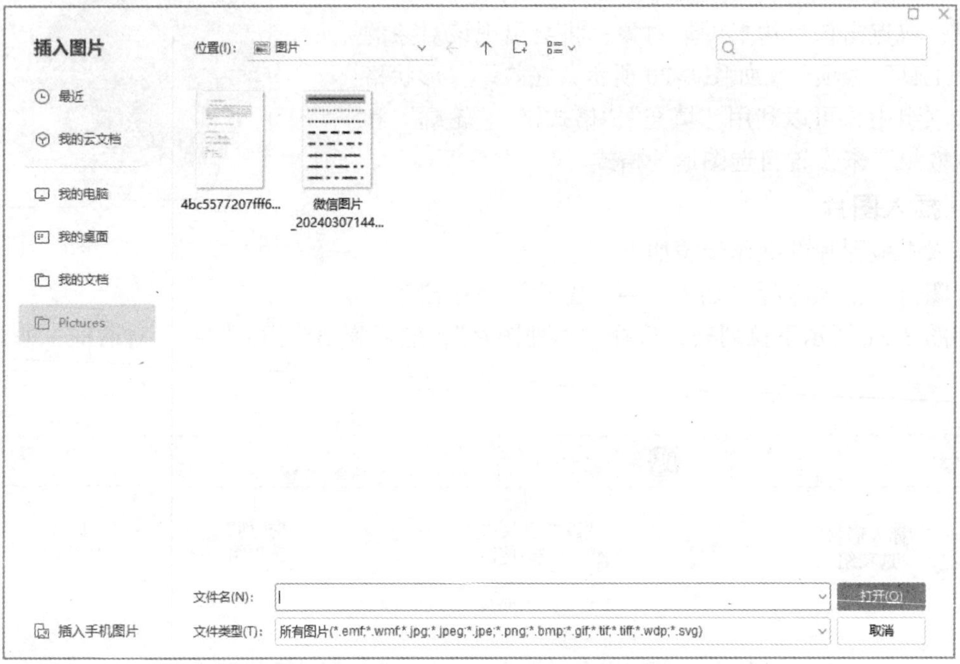

图 3-22 “插入图片”对话框

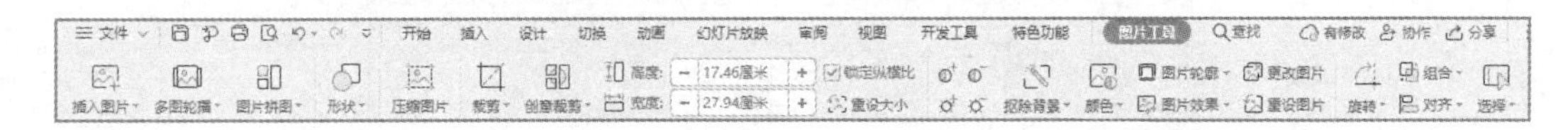

图 3-23 “图片工具”选项卡

除了插入本机图片外，还有丰富的在线图片可供选择。点击“图片工具”→“插入图片”→“更多”命令，打开如图 3-25 所示“图片库”窗格，可以在图片的搜索栏中按照关键字进行搜索，并在搜索结果中选择合适的图片，选中后插入幻灯片。

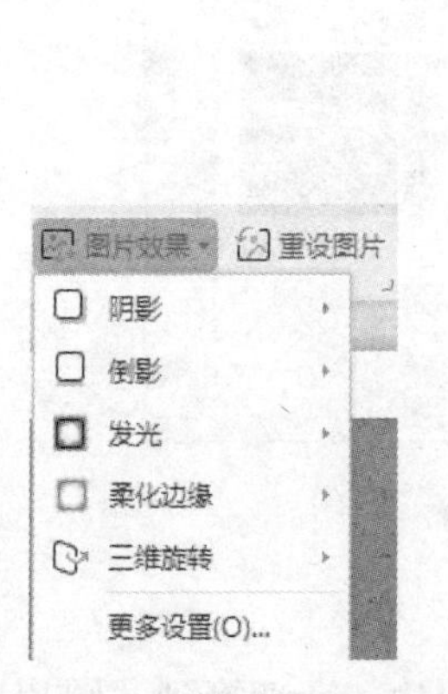

图 3-24 “图片效果”下拉列表

图 3-25 搜索在线图片

注意：必须先选中图片，“图片工具”选项卡才会出现。

3. 插入艺术字

插入艺术字的操作步骤如下：

步骤 1：依次点击“插入”→“艺术字”命令按钮，弹出如图 3-26 所示的“预设样式”列表框。

图 3-26　“预设样式”列表框

步骤 2：选择一种内置或者在线艺术字样式，此时在幻灯片上即出现“请在此处输入文字”的文本框。

步骤 3：在“请在此处输入文字”文本框中输入文字内容即可。

步骤 4：在输入文字的右侧也会出现一个快速工具栏，可以设置文字的形状、填充、轮廓等。如图 3-27 所示。

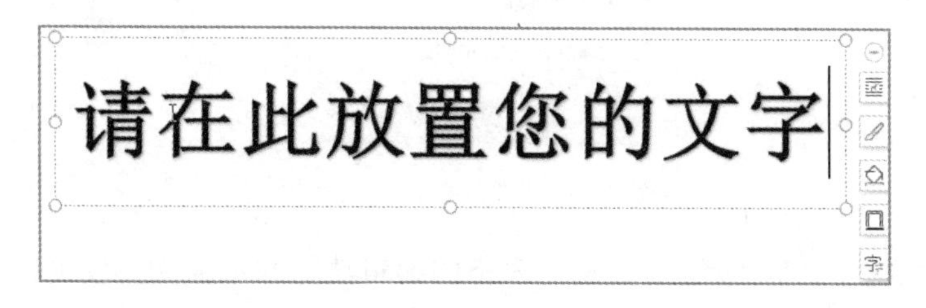

图 3-27　插入艺术字

注意：艺术字的编辑与 WPS 文字处理中艺术字的编辑类似，这里不再赘述。

3-3-4 插入表格和图表

1. 插入表格

插入表格的操作步骤如下：

步骤 1：选中要插入表格的幻灯片。

步骤 2：点击“插入”→“表格”命令按钮，可以用鼠标拖动的方式，快速选择若干行列，然后点击鼠标左键，即可快速插入表格，如图 3-28 所示。

步骤 3：在图 3-28 中，也可以选择“插入表格”命令，弹出如图 3-29 所示的“插入表格”对话框，输入行列数，点击“确定”按钮，可以插入设定行列数的表格。

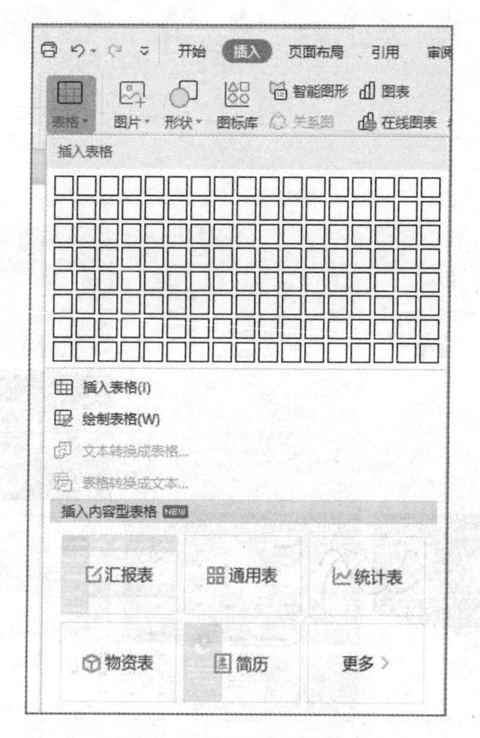

图 3-28 快速插入表格

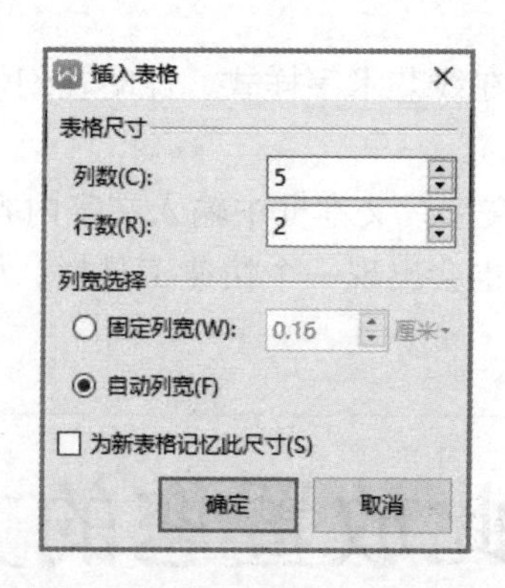

图 3-29 “插入表格”对话框

注意：一般情况下，WPS 演示文稿的表格的编辑功能并不强大，仅可以对字体和表格的外观做简单的调整。

2. 插入图表

插入图表的操作步骤如下：

步骤 1：选中要插入图表的幻灯片。

步骤 2：点击“插入”→“图表”按钮，系统自动弹出如图 3-30 所示的“插入图表”对话框。

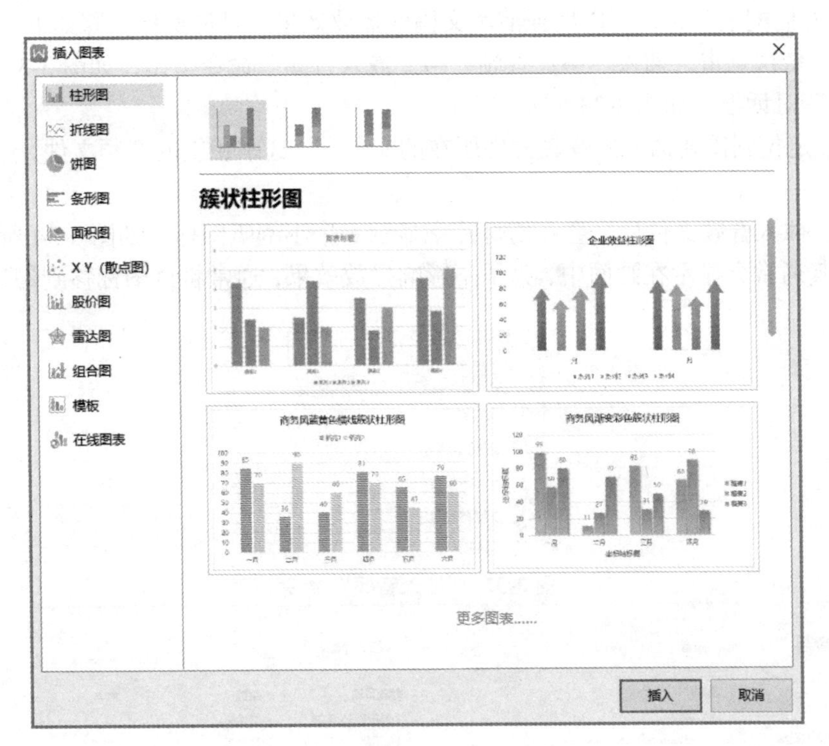

图 3-30 “插入图表”对话框

步骤 3：选择“图表类型”，如选择“簇状柱形图”第 1 个图集，点击“插入”按钮，系统自动出现如图 3-31 所示图表。

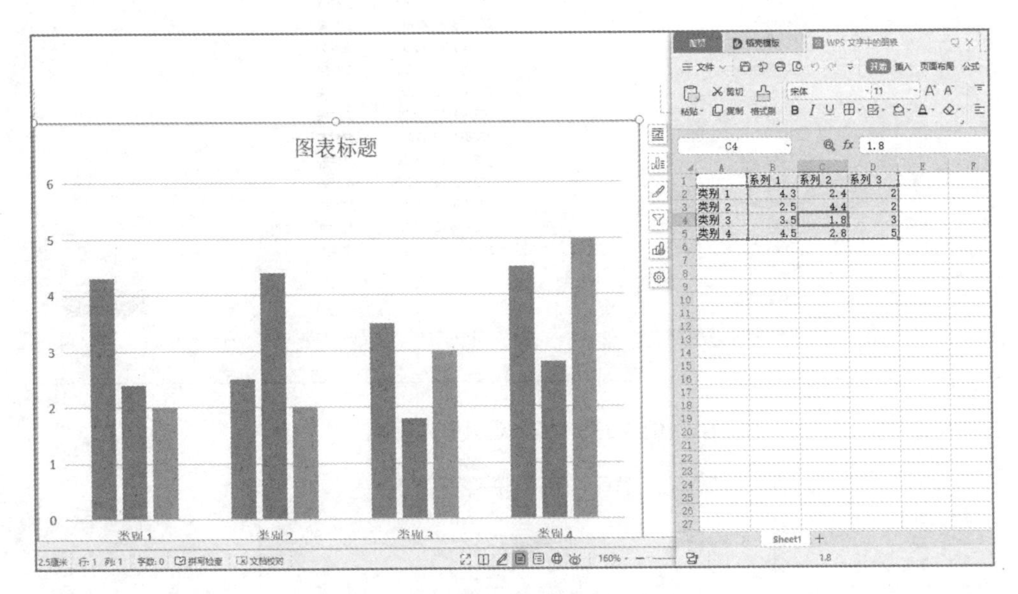

图 3-31 编辑幻灯片中图表数据

步骤 4：在图 3-31 所示窗口中，选中图表，依次点击“图表工具”→“编辑数据”命令按钮，打开图表的数据源编辑窗口，为 WPS 表格编辑环境，在 WPS 表格中即可修改数据，

WPS 演示文稿中的图表也会随之发生改变。

3-3-5 插入声音

为演示文稿配上声音，可以增强演示文稿的播放效果。具体操作步骤如下：

步骤 1：依次点击“插入”→“音频”→“嵌入音频”命令按钮，如图 3-32 所示。弹出“插入音频”对话框，如图 3-33 所示。

步骤 2：定位到需要插入的音频文件所在的文件夹，选中相应的音频文件，然后点击“打开”按钮。

步骤 3：插入音频文件后，会在幻灯片中显示一个小喇叭图标，如图 3-34 所示。在幻灯片放映时，其通常会显示在画面中，为了不影响播放效果，通常将该图标移到幻灯片边缘处。

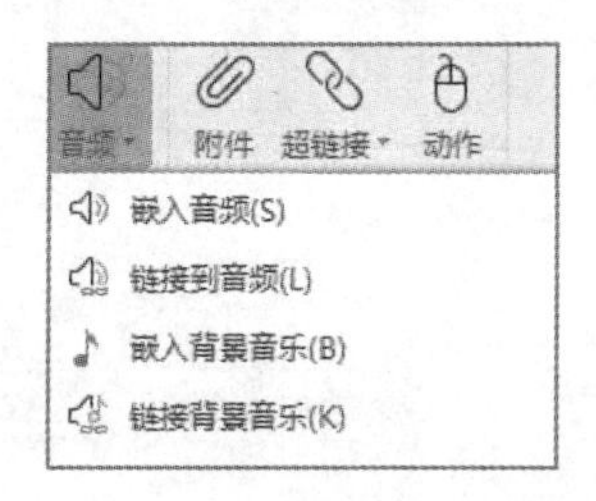

图 3-32 “嵌入音频”命令

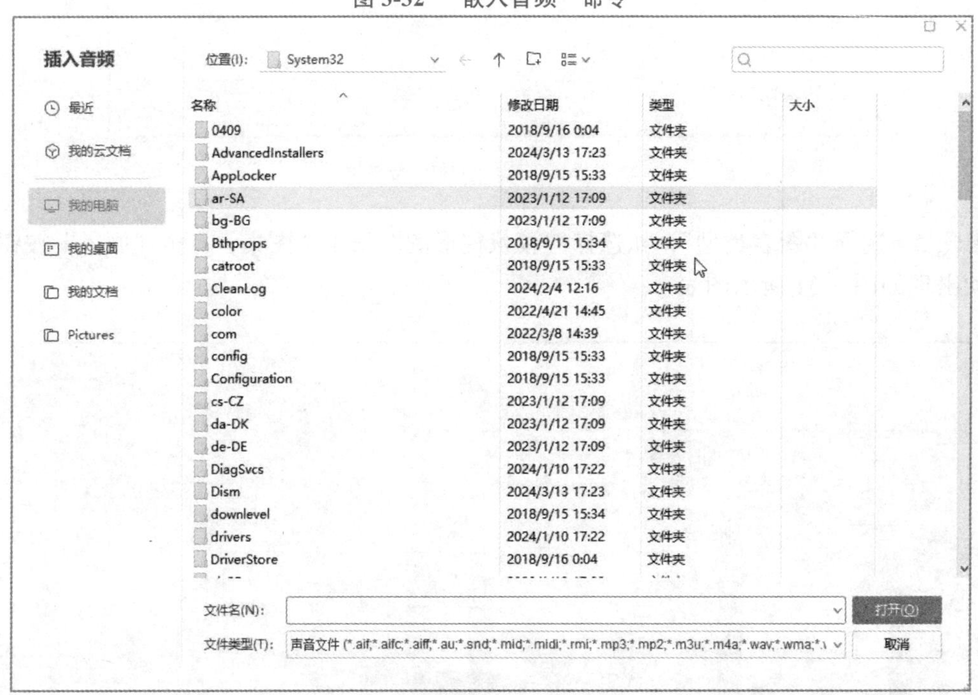

图 3-33 “插入音频”对话框

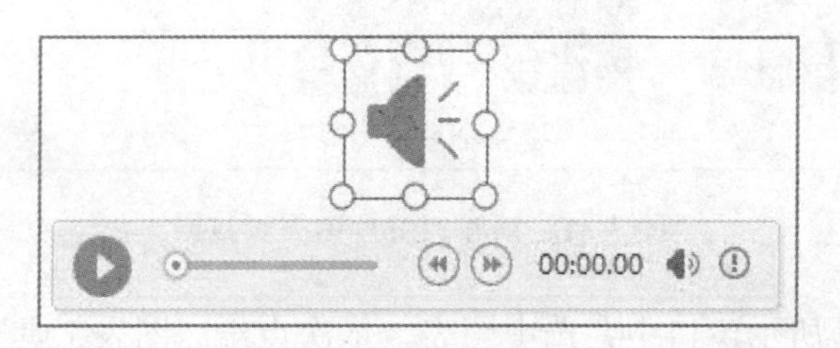

图 3-34 幻灯片中的音频

步骤 4：插入音频文件后，还可以对音频文件进行编辑。选中音频文件，打开“音频工具”选项卡，可以在其中设置音频的音量、裁剪音频、设置自动播放、点击播放、循环播放等，如图 3-35 所示。

图 3-35 “音频工具”选项卡

注意：演示文稿支持.mp3、.wav、.mid 等 15 种格式的音频文件。

3-3-6 插入视频对象

插入视频对象的具体操作步骤如下：

步骤 1：依次选择“插入”→“视频”命令中的“嵌入本地视频”，如图 3-36 所示。弹出“插入视频”对话框，如图 3-37 所示。

图 3-36 “嵌入本地视频”命令

图 3-37 “插入视频”对话框

步骤 2：定位到本地视频文件所在的文件夹，选中相应的视频文件，点击“打开”按钮，即可将视频文件插入当前幻灯片中。

步骤 3：默认插入的视频大小占满整个幻灯片，可点击视频，拖动视频四周的调节点调整视频大小，如图 3-38 所示。

图 3-38 幻灯片中的视频

注意：WPS 演示文稿支持.mp4、.avi、.flv 等 32 种格式的视频文件。

任务 3-4　设计幻灯片

3-4-1　使用一键美化

WPS 演示文稿“一键美化”功能又称“墨匣”功能，是 WPS 演示文稿内置的黑科技，可以根据幻灯片的内容进行智能识别与设计，将常用的文字、图片、表格等幻灯片对象进行智能排版与匹配，有效地提高幻灯片设计的效率。“一键美化”按钮位于幻灯片编辑窗口正下方的状态栏上，主要针对以下几类幻灯片进行设计。

1. 文本美化

幻灯片中文本简单罗列，看起来单调、枯燥而乏味，没有特色，无法引起观者的阅读兴趣，使用“一键美化”功能美化幻灯片，可以将枯燥的文字以图形的形式展现出来，迅速提升幻灯片的观赏性和可读性，使用方法如下：

步骤 1：选中需要一键美化的幻灯片。

步骤 2：点击幻灯片底部的“一键美化”按钮，弹出“一键美化”缩略图窗格，如图 3-39 所示，从中选择一个合适的排版样式，点击后原幻灯片被新的排版样式所代替，美化后的效果如图 3-40 所示。

2. 图片拼图

幻灯片里存在多张图片时，图片排版的位置不当容易影响幻灯片的美观效果，采用“一键美化”功能，可以将图片进行自动排版，转化为拼图，并可以对拼图样式、图片顺序进行调整，使用方法如下：

步骤 1：选中包含图片并需要一键美化的幻灯片。

步骤 2：点击幻灯片底部的“一键美化”按钮，WPS 自动对图片进行拼图处理，从中选择一个合适的拼图样式，如图 3-41 所示，点击后原幻灯片被新的排版样式所代替，美化后的效果如图 3-42 所示。

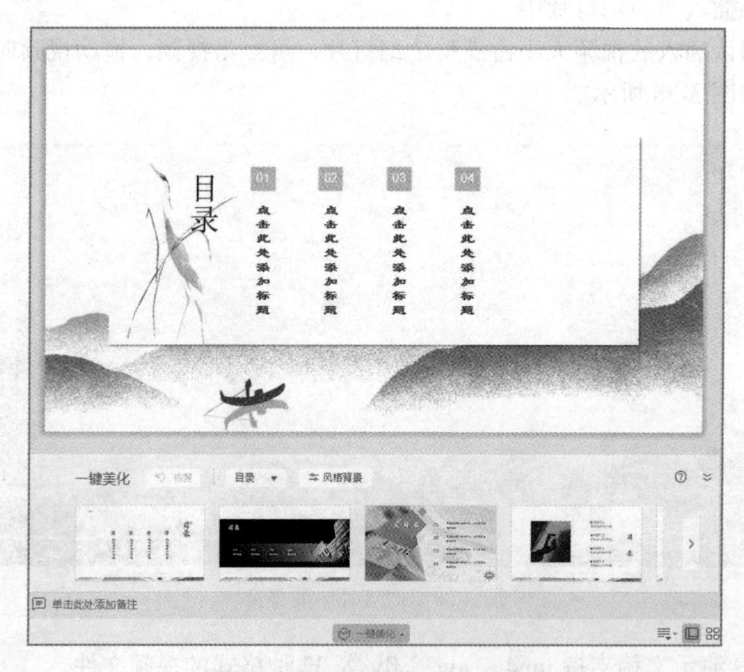

图 3-39　“一键美化”缩略图窗格

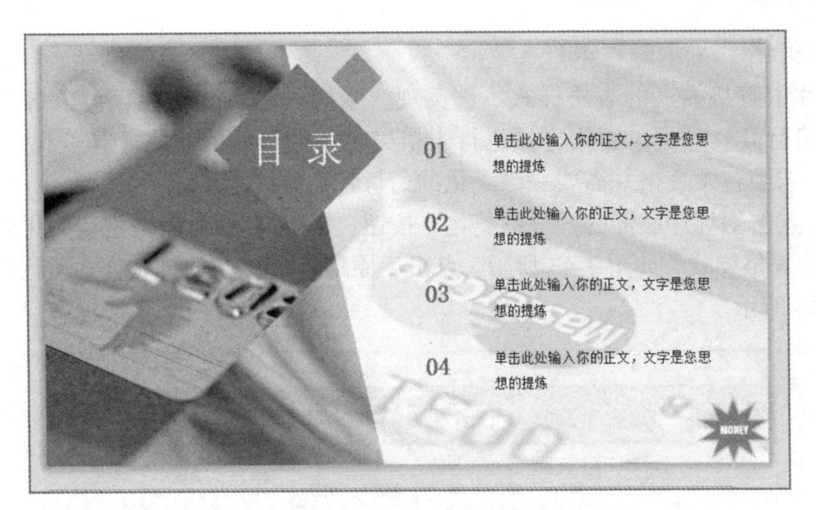

图 3-40 美化后的图形表达

图 3-41 “一键美化”图片拼图

图 3-42 美化后的图片拼图

3. 表格美化

在幻灯片中直接插入的表格样式不够美观，采用一键美化功能，可以根据表格的内容自动调整表格行高、列宽，套用样式进行表格美化，调整后的表格兼具美观性和可读性。

步骤 1： 选中包含表格并需要一键美化的幻灯片。

步骤 2： 点击幻灯片底部的“一键美化”按钮，WPS 自动对表格进行美化处理，从中选择一个合适的表格样式，如图 3-43 所示。点击后原幻灯片被新的排版样式所代替，美化后的效果如图 3-44 所示。

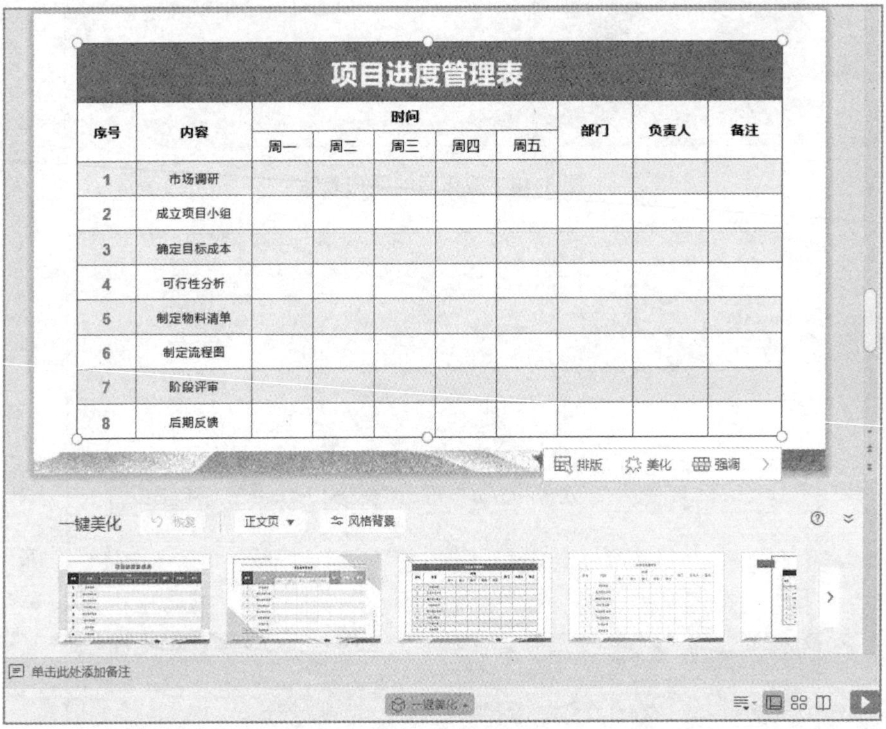

项目进度管理表

序号	内容	时间					部门	负责人	备注
		周一	周二	周三	周四	周五			
1	市场调研								
2	成立项目小组								
3	确定目标成本								
4	可行性分析								
5	制定物料清单								
6	制定流程图								
7	阶段评审								
8	后期反馈								

图 3-43 “一键美化”表格

项目进度管理表

序号	内容	时间					部门	负责人	备注
		周一	周二	周三	周四	周五			
1	市场调研								
2	成立项目小组								
3	确定目标成本								
4	可行性分析								
5	制定物料清单								
6	制定流程图								
7	阶段评审								
8	后期反馈								

图 3-44 美化后的表格

4. 创意裁剪

幻灯片中用图片来说明、装饰文字是常用的方法，但文字旁边的图片一般都是方方正正、稍显单调，一键美化提供了创意裁剪特效，可以自动对图片进行裁剪，产生各种有创意的效果。

步骤 1：选中包含图片的幻灯片。

步骤 2：点击幻灯片底部的“一键美化”按钮，在下方弹出的“一键美化”面板上选择“创意裁剪”，WPS 自动对图片进行美化处理，从中选择一个合适的裁剪样式，如图 3-45 所示，点击后图片被新的图片所代替，美化后的效果如图 3-46 所示。

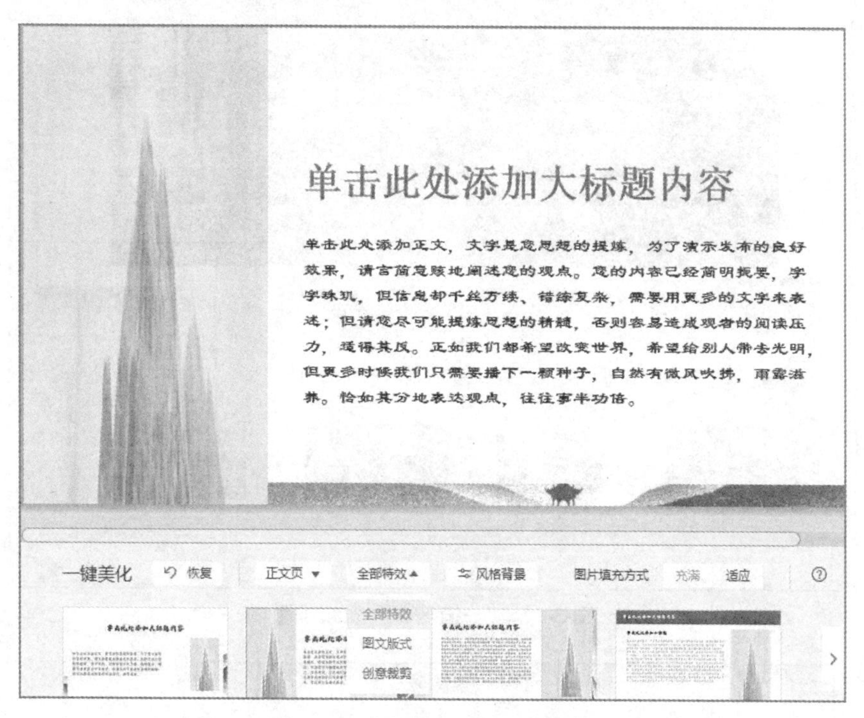

图 3-45　“一键美化”创意裁剪

图 3-46　创意裁剪后效果

5. 视频排版

一键美化能自动识别页面上的视频，并可以自动为其添加播放容器图片，如笔记本电脑、平板电脑、手机、卷轴等效果，让视频播放显得更加生动。

步骤 1：选中包含视频的幻灯片。

步骤 2：点击幻灯片底部的“一键美化”按钮，从中选择一个合适的视频版式，如图 3-47 所示，点击后视频被新的视频版式所代替，美化后的效果如图 3-48 所示。

图 3-47 “一键美化”视频排版

图 3-48 视频排版美化后效果

3-4-2 使用设计方案设计幻灯片

WPS 提供了在线设计方案，设计方案是包含字体样式、背景图颜色、装饰花纹等一系列风格的综合应用。使用在线设计方案可以提高制作演示文稿的效率。设计方案应用于以下 2 种场景。

1. 新建演示文稿的设计方案

针对新建的演示文稿可以先选择设计方案，然后在新建的幻灯片中输入内容，这些内容都会按照设计方案来排版、配色。操作步骤如下：

步骤 1：新建演示文稿，点击“设计”→“更多设计”按钮，如图 3-49 所示。

图 3-49　“更多设计”按钮

步骤 2：弹出“在线设计方案”对话框，如图 3-50 所示。在此对话框右侧选择免费专区和颜色风格，然后从中选择一个设计方案，应用选中的风格，新建演示文稿的风格就会被新的风格所代替，效果如图 3-51 所示。

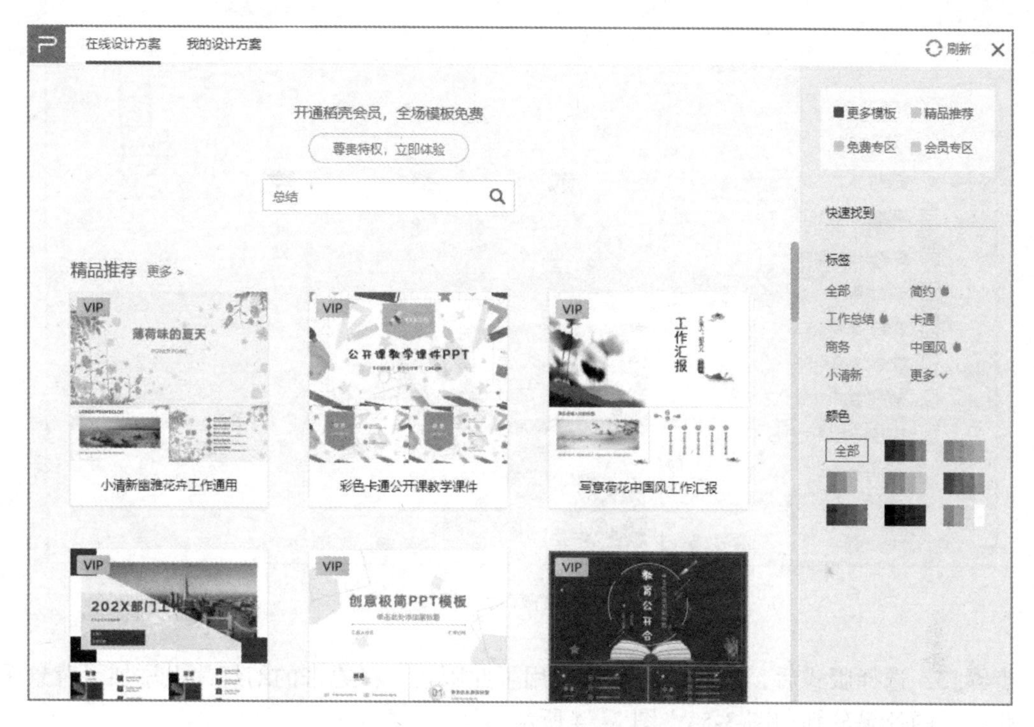

图 3-50　选择在线设计方案

图 3-51　应用效果

2. 已有演示文稿的设计方案

针对已经存在的演示文稿，如果对其设计方案不满意，可以重新选择设计方案，整体更换设计方案的操作步骤与新建演示文稿时选择设计方案一样，也是通过“设计”选项卡选择在线设计方案来实现的。如果只想改变某一张幻灯片的设计样式，可以采用如下操作步骤：

步骤 1：选中需要修改设计版式的幻灯片。

步骤 2：右键点击，在弹出的快捷菜单中选择“幻灯片版式”，在弹出的列表中选择一个合适的设计版式，如“标题和内容”，如图 3-52 所示。

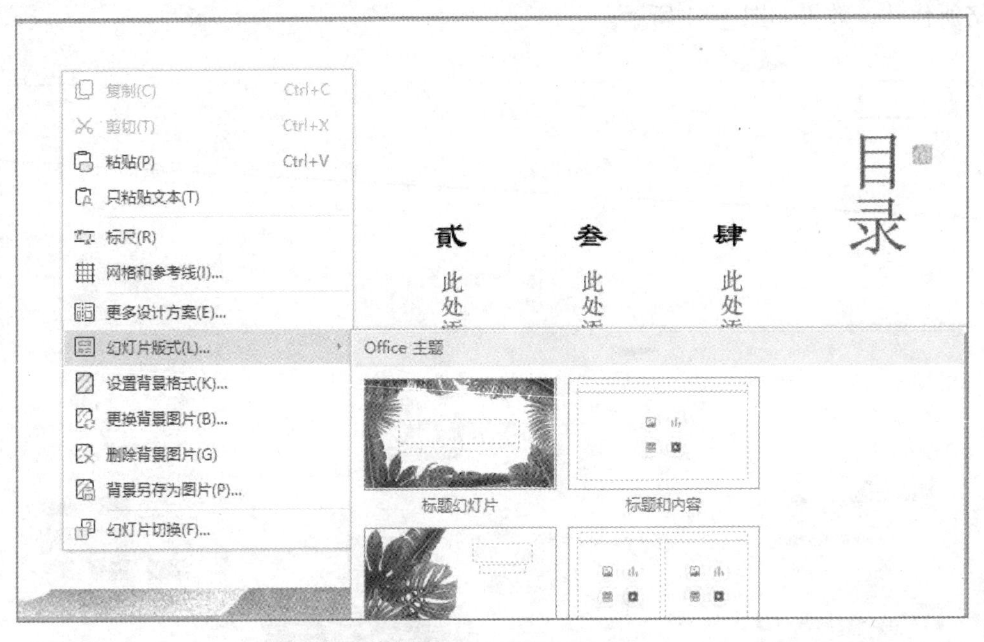

图 3-52　幻灯片快捷菜单

步骤 3：选择版式后，当前幻灯片就应用了此版式，在原来的幻灯片上添加了背景图，更改前、后的效果分别如图 3-53、图 3-54 所示。

项目进度管理表

序号	内容	时间					部门	负责人	备注
		周一	周二	周三	周四	周五			
1	市场调研								
2	成立项目小组								
3	确定目标成本								
4	可行性分析								
5	制定物料清单								
6	制定流程图								
7	阶段评审								
8	后期反馈								

图 3-53　选择版式前幻灯片

项目进度管理表

序号	内容	时间					部门	负责人	备注
		周一	周二	周三	周四	周五			
1	市场调研								
2	成立项目小组								
3	确定目标成本								
4	可行性分析								
5	制定物料清单								
6	制定流程图								
7	阶段评审								
8	后期反馈								

图 3-54　选择版式后幻灯片效果

3-4-3　使用魔法功能

WPS 演示文稿的魔法功能是指系统根据幻灯片的内容自动对设计方案进行随机更换，不用自己去选择设计方案，如果不满意可以继续点击“魔法”按钮，直到满意为止。魔法功能的使用步骤如下：

步骤 1：打开演示文稿。

步骤 2：点击“设计”→“魔法”按钮，如图 3-55 所示。系统此时会自动进行幻灯片设计，形成一整套的设计方案，使用魔法功能前、后的效果分别如图 3-56、图 3-57 所示。

图 3-55　“魔法”按钮

图 3-56　使用“魔法”功能前

图 3-57　使用“魔法”功能后

3-4-4　设置幻灯片母版

母版是一类特殊的幻灯片，可以控制整个演示文稿的外观，包括颜色、字体、背景、效果等内容。母版为幻灯片设置统一的风格，对母版的任何设置都将影响到每一张幻灯片，而且在普通视图中无法编辑或删除幻灯片上的元素。例如，希望每张幻灯片上的同样位置都出现同样的元素对象，则利用母版可以实现。WPS 演示文稿有 3 种主要的母版：幻灯片母版、讲义母版和备注母版。

1. 幻灯片母版

幻灯片母版是存储模板信息的幻灯片，它包括字形、占位符大小和位置、背景设计和配色方案。其目的是使用户进行全局更改，并使此更改应用到演示文稿的所有幻灯片中。

依次点击“视图”→“幻灯片母版”按钮，打开“幻灯片母版”视图，如图 3-58 所示。

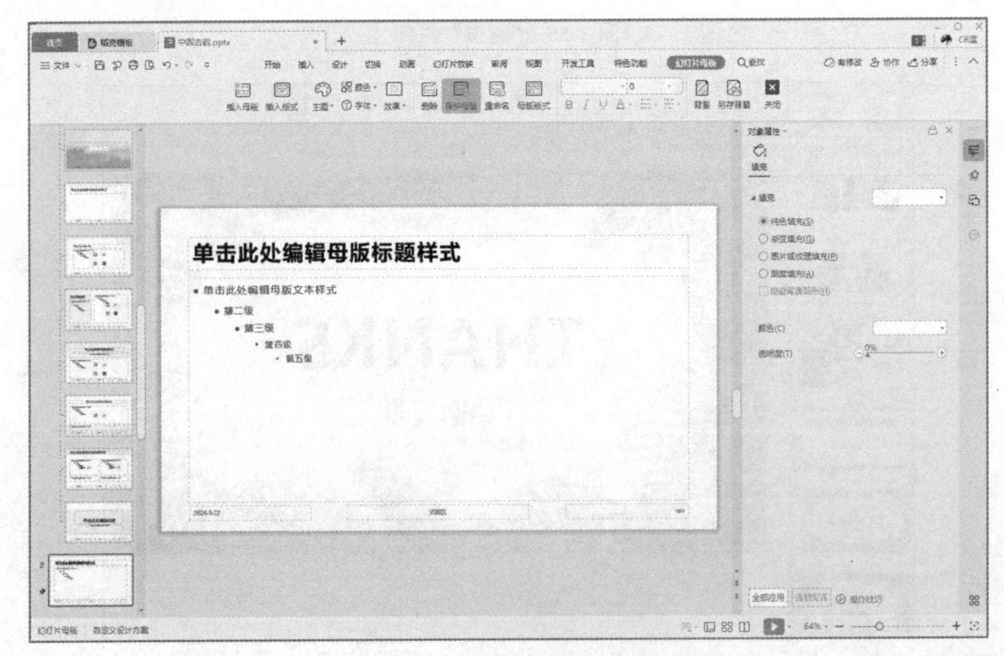

图 3-58　“幻灯片母版”视图

如果想给每一张幻灯片都增加一张背景图片，则可以按照以下步骤操作：

步骤 1：在图 3-58 中选中第一张母版，然后在右侧的“对象属性”窗格中选择“图片或纹理填充”，然后选择一个本地图片作为背景图片，并且把透明度调成 75%，如图 3-59 所示。

步骤 2：点击“幻灯片母版”选项卡中的“关闭”按钮，完成母版的设置，可以看到在母版中设置的背景图片在每一张幻灯片中都会出现，如图 3-60 所示。

幻灯片母版中有 5 个占位符，分别是“母版标题样式”“母版文本样式”“日期区”“页脚区”和“数字区”。在幻灯片母版中选择相应的占位符就可以设置字符格式和段落格式等，保持所有幻灯片的统一风格。日期、页脚和页码的设置是在母版状态下选择“插入”选项卡，点击“页眉和页脚”按钮，在弹出的“页眉和页脚”对话框中进行，如图 3-61 所示。

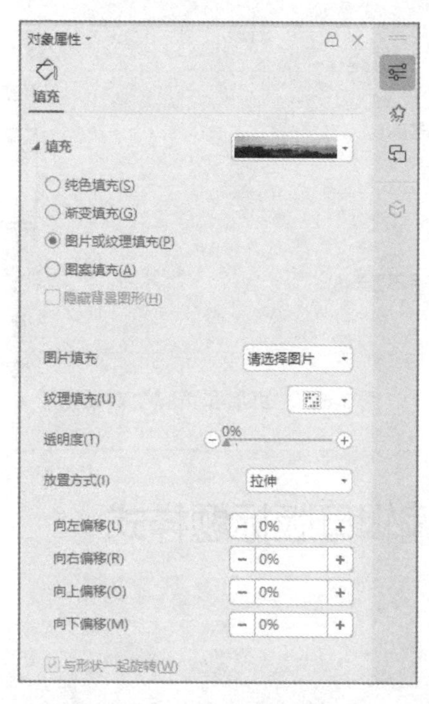

图 3-59　对象属性设置

图 3-60　“幻灯片母版”设置背景图片

进行相应的设置后点击“全部应用”按钮，即给所有幻灯片添加了统一的内容，如图 3-62 所示。

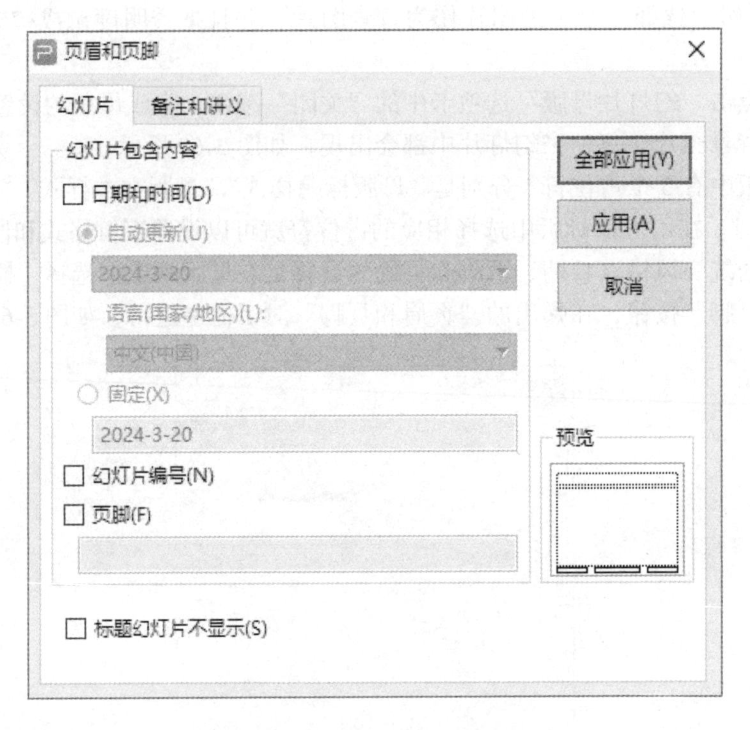

图 3-61 “页眉和页脚”对话框

图 3-62 “幻灯片母版”设置页眉、页脚

2. 讲义母版

讲义母版用来格式化讲义。如果要更改讲义中页眉和页脚内文本、日期或页码的外观、位置和大小，这时就可以更改讲义母版。

3. 备注母版

备注可以充当演讲者的脚注，它提供现场演示时演讲者所能提供给听众的背景和细节情况。备注母版用来格式化备注页。

任务 3-5　设置幻灯片切换与动画

3-5-1　幻灯片切换

在演示文稿放映过程中由一张幻灯片进入另一张幻灯片的过程称为幻灯片之间的切换。幻灯片切换效果是演示期间从一张幻灯片移到下一张幻灯片时在“幻灯片放映”视图中出现的动画效果。WPS 演示文稿不但可以控制切换效果的速度、添加声音，而且可以对切换效果的属性进行自定义。

1. 设置幻灯片切换方式

幻灯片的切换方式有 2 种：手动换片和自动换片。手动换片是指在放映幻灯片时通过点击鼠标的方式来一张张地翻页、换片；自动换片是设置每一张幻灯片的播放时间，时间一到就自动切换到下一张幻灯片。设置幻灯片切换方式的操作步骤如下：

步骤 1：选中需要设置切换方式的幻灯片，选择“切换”选项卡，打开“切换”选项卡功能区。

步骤 2：手动换片：勾选“点击鼠标时换片”，如图 3-63 所示，此时在放映幻灯片时，由播放者自行通过点击鼠标或者翻页笔来切换幻灯片。

自动换片：勾选“自动换片”，并设置时长，如图 3-64 所示，播放到此幻灯片时，停留指定时间后就会自动切换到下一张幻灯片。

如果两者同时勾选，如图 3-65 所示，此时在设置的时长内点击鼠标则切换幻灯片，超过设置时长且未点击鼠标，则幻灯片自动换片。

图 3-63　手动换片

图 3-64　自动换片

图 3-65　同时勾选

如果同时取消了两个复选框的选择，则在幻灯片放映时，只有点击鼠标右键，在弹出的快捷菜单中选择“下一页”命令时才能切换幻灯片。

参数设置完毕以后，切换方式会自动应用到选定的幻灯片上。点击“应用到全部”按钮，将切换方式应用到所有幻灯片上。

2. 设置幻灯片切换效果

设置了切换效果的幻灯片在放映的时候过渡更加自然。切换效果设置步骤如下：

步骤 1：选中需要设置切换效果的幻灯片。

步骤 2：选择“切换”选项卡，打开“切换”选项卡功能区，选择一种切换效果，如图 3-66 所示，此处选择了“百叶窗”效果。同时还可以设置切换速度和声音，此处设置了速度为 1 秒，声音选择“抽气”。

图 3-66　“切换”选项卡功能区

步骤 3：点击“效果选项”命令按钮，弹出下拉列表，如图 3-67 所示，不同的动画对应的效果选项内容也不同，此处选择百叶窗的方向包括“水平”和“垂直”。

步骤 4：设置后播放幻灯片，切换效果如图 3-68 所示。

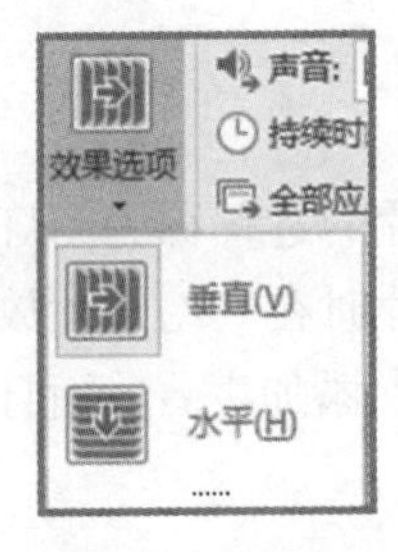

图 3-67　效果选项

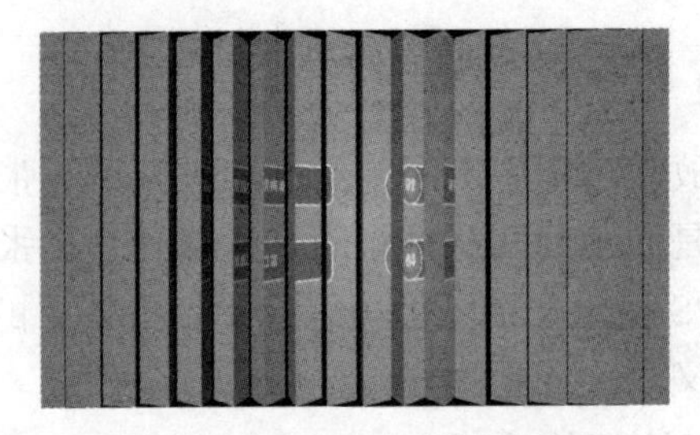

图 3-68　设置后切换效果

同样，切换效果也可以应用到所有幻灯片上，点击“应用到全部”按钮即可。

3-5-2　设置动画

WPS 演示文稿为用户提供了强大的动画设置功能。动画效果是指给幻灯片内对象，如文本对象、图片对象等添加特殊视觉效果，目的是突出重点，增加演示文稿的趣味性和吸引力。WPS 演示文稿的动画设计功能丰富且使用方便，所有动画设计功能都集成到“动画”选项卡的功能区中。

1. 设置方法

WPS 可以快速添加幻灯片对象的动画效果。具体操作步骤如下：

步骤 1：选中需要设置动画效果的对象。

步骤 2：选择“动画”选项卡，如图 3-69 所示。

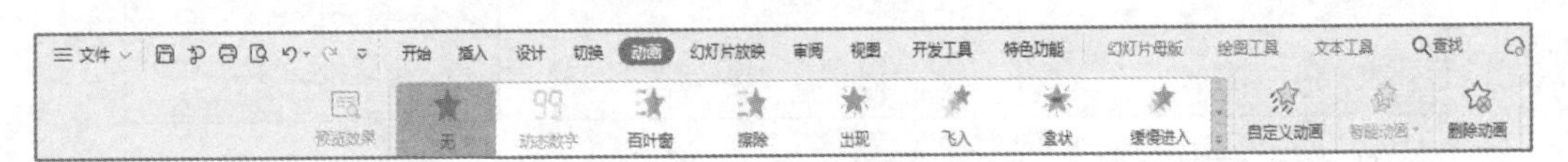

图 3-69　“动画”选项卡功能区

步骤 3：在动画预览窗口中选择一种合适的动画效果，其将应用于所选对象。也可以点击动画预览窗口右下角箭头，打开动画分类窗口，如图 3-70 所示，可以看到进入、强调、退出、动作路径等几类动画，此处选择“放大/缩小”。

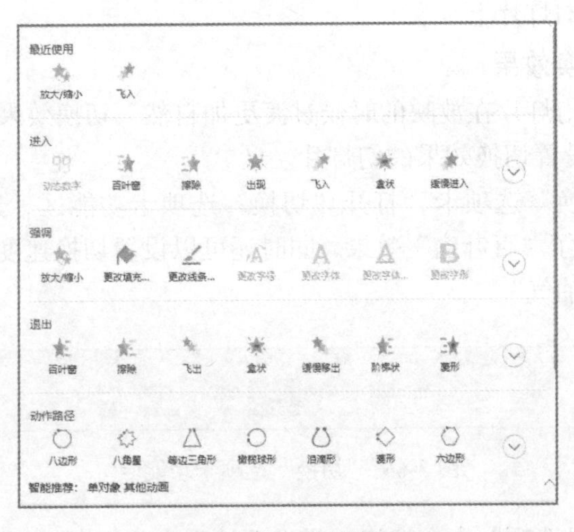

图 3-70　动画分类窗口

步骤 4：设置“放大/缩小”动画：实现放大后再自动缩小回原尺寸大小，点击图 3-69 的“自定义动画”按钮，打开如图 3-71 所示自定义动画窗格。右键点击动画，在弹出的快捷菜单中选择“效果选项”，打开“放大/缩小”对话框，勾选“自动翻转”，如图 3-72 所示。这样在播放“放大/缩小”动画的时候就可以实现放大再缩小的动画过程。

图 3-71　“自定义动画”窗格

图 3-72　“放大/缩小”选项效果

2. 动画的分类

WPS 演示文稿提供了“进入”“强调”“退出”和“动作路径”等 4 类动画。

1）“进入”动画

“进入”类动画是指对象进入幻灯片的动画效果，可以实现多种对象从无到有、陆续展现的效果。其又分几个小类：基本型、细微型、温和型、华丽型。一些动画只用于文字，不能用于图形、图片。点击如图 3-70 所示的“进入”动画右侧箭头，即可看到更多“进入”类动画，如图 3-73 所示。

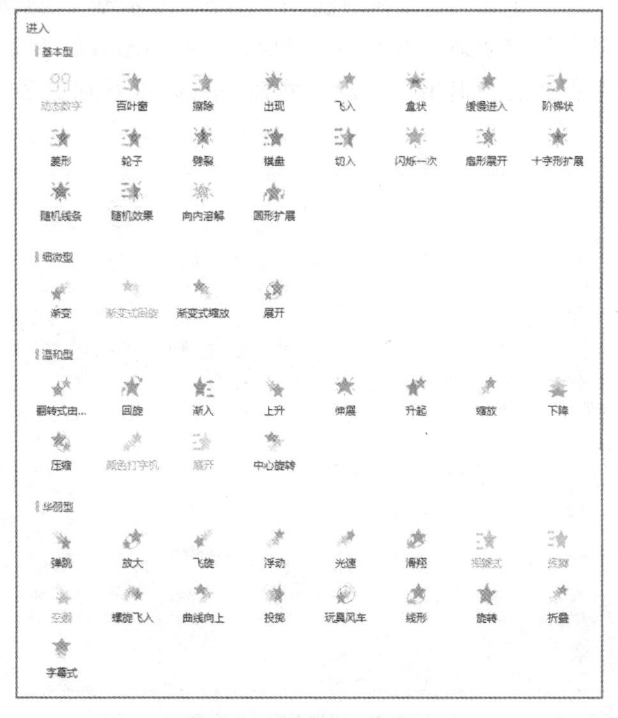

图 3-73　“进入”类动画

2）“强调”动画

“强调”类动画是指对象从初始状态变化到另一种状态，再回到初始状态的效果，对象已出现在幻灯片上，以动态的方式进行提醒，比如“放大/缩小”效果，常用在需要特别说明或强调突出的对象。“强调”类动画分成几个小类：基本型、细微型、温和型、华丽型，一些动画只用于文字，不能用于图形、图片。点击如图 3-70 所示的“强调”动画右侧箭头，即可看到更多“强调”类动画，如图 3-74 所示。

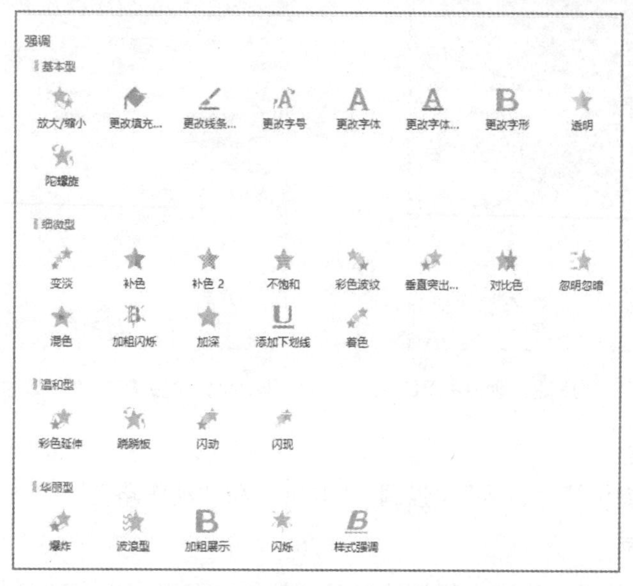

图 3-74 “强调”类动画

3）“退出”动画

“退出”类动画是指对象从有到无、逐渐消失的一种动画效果，主要包括消失、飞出、切出、向外溶解、层叠等。“退出”类动画分成几个小类：基本型、细微型、温和型、华丽型。“退出”类动画和“进入”类动画基本上一一对应，一些动画只用于文字，不能用于图形、图片。点击如图 3-70 所示的“退出”动画右侧箭头，即可看到更多“退出”类动画，如图 3-75 所示。

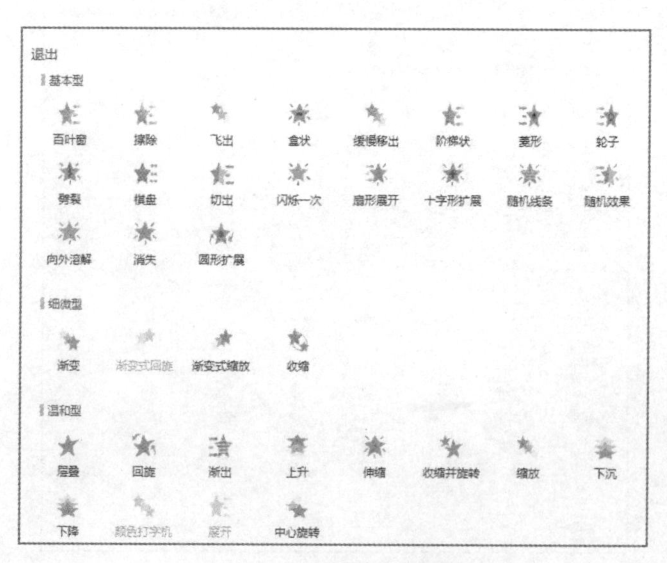

图 3-75 “退出”类动画

4）“动作路径”动画

“动作路径”类动画是让对象按照绘制的路径运动的一种高级动画效果，可以实现动画的灵活变化，有系统预定的路径（“动作路径”动画），也可以自定义路径（“绘制自定义路径”动画）。“动作路径”类动画分成几个小类：基本、直线和曲线、特殊、绘制自定义路径。动作路径动画中绿点为起点，红点为终点，路径可以锁定和解除锁定，编辑顶点和反转路径方向。点击如图 3-70 所示的“动作路径”动画右侧箭头，即可看到更多“动作路径”类动画，如图 3-76 所示，“绘制自定义路径”动画如图 3-77 所示。

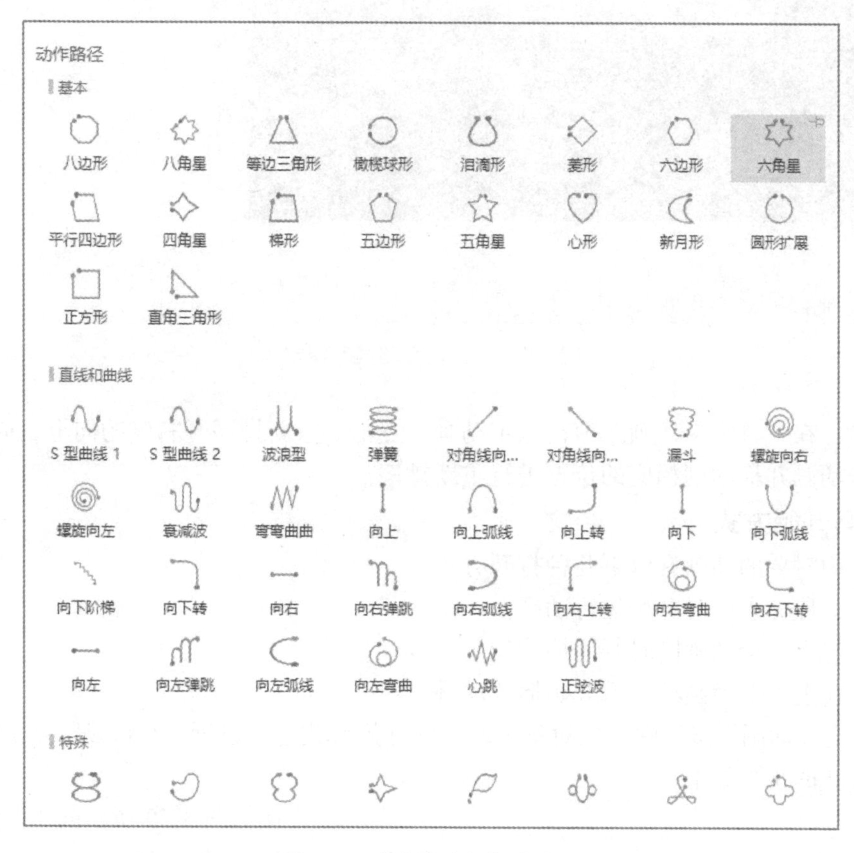

图 3-76　“动作路径”类动画

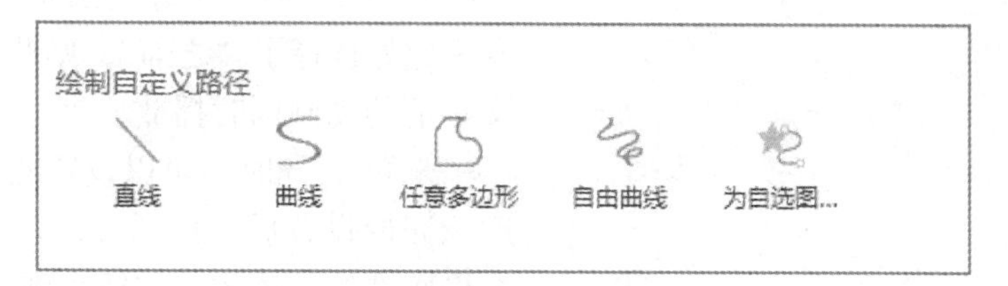

图 3-77　“绘制自定义路径”动画

3. 动画的排序

若幻灯片中的多个对象都添加了对象效果，可以在“自定义动画”窗格中看到这些动画的排序情况，动画将按照这样的排序顺序进行播放，也可以对动画进行重新排序，步骤如下：

步骤 1：打开需要重新进行动画排序的幻灯片。

步骤 2：点击“动画”→“自定义动画”按钮，打开如图 3-78 所示的“自定义动画”窗格，在窗格中可以查看已设动画的排序情况。

图 3-78 “自定义动画”窗格

步骤 3：在“自定义动画”窗格选定动画，点击“重新排序”右侧的向上、向下箭头按钮，或点击动画并拖动到相应的位置进行重新排序。

4. 动画开始方式

幻灯片中对象的动画有以下几种打开方式：

点击时：鼠标点击时开始运行动画。

之前：与上一个动画同时开始播放动画。

之后：在上一个动画结束后开始播放动画。

在“自定义动画”窗格中可以对每个动画的开始方式进行设置，默认是“点击时”，设置动画打开方式的步骤如下：

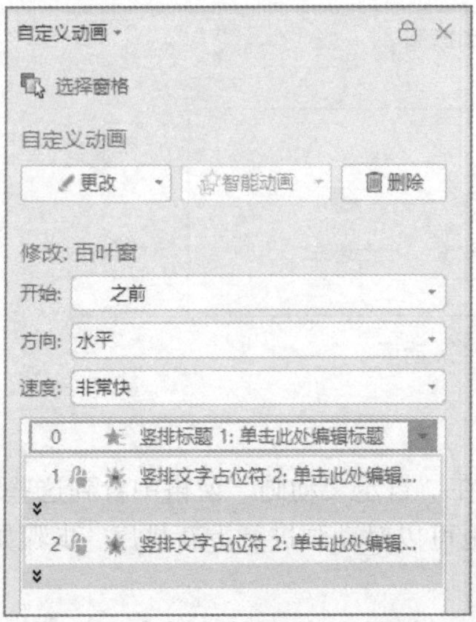

图 3-79 “自定义动画”开始方式

步骤 1：在如图 3-79 所示的“自定义动画”窗格中，选定一个图片动画。

步骤 2：在“开始”后的下拉列表中重新选择，此处选择了“之前”，则此动画将与前一个文本框的动画同时播放。

步骤 3：同时还可以设置此动画的方向和速度，完成设置后，可通过点击“自定义动画”窗格底部的“播放”按钮来观看设置的效果。

5. 智能动画

WPS 演示文稿可以根据幻灯片的内容智能添加动画，大大提高了设计的效率。智能动画主要包括主题强调、逐项进入、逐项强调、逐项退出、触发强调等几类。使用智能动画时需要联网操作。使用步骤如下：

步骤 1：打开幻灯片，选中需要添加智能动画的对象，此处全选。

步骤 2：选择“动画”选项卡→“智能动画”命令，打开如图 3-80 所示的“智能动画”窗口。此处选择“猜你想要”下的“上方缩放飞入”。

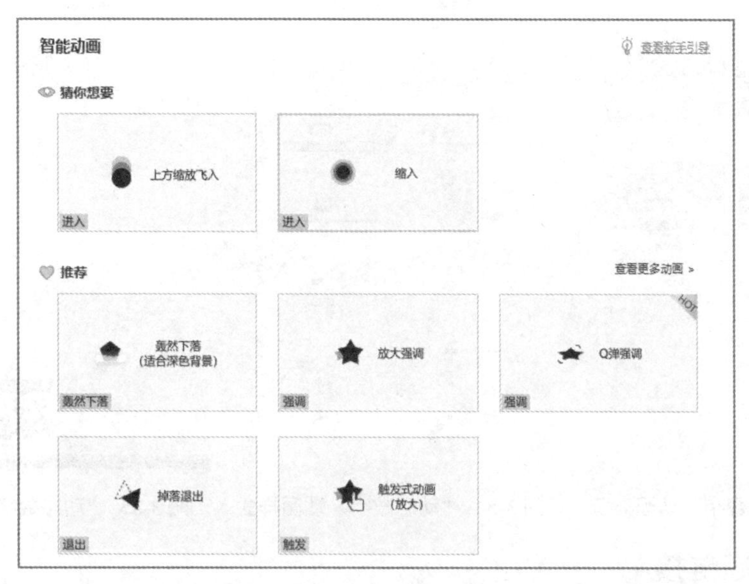

图 3-80　智能动画

步骤 3：打开“自定义动画”窗格，可以看到系统为我们添加了一系列动画，并进行了相应的设置，点击“播放”按钮可以观看智能动画效果。

6. 动态数字

WPS 演示可以把文本框中的数字设置成“动态数字”效果，可以设置数字动画的类型、调整数值、动画样式，使用步骤如下：

步骤 1：打开幻灯片，添加一个包含数字的文本框，选中此文本框。

步骤 2：选择“动画”选项卡，在动画效果功能区选择“动态数字”动画，鼠标点击，即可添加到刚才的数字文本框上。如图 3-81 所示。

图 3-81　“动态数字”

步骤 3：选中数字文本框，在文本框的下方有个动画快速工具栏，如图 3-82 所示，可以设置数字动画的动画类型、速度和样式，选择“动画”工具，即可打开右侧的“智能特性”窗格。此处我们可以选择动画类型，默认为数字“上升”类型，如图 3-83 所示。

图 3-82　“动态数字”快速工具栏

步骤 4：选择快速工具栏的“样式”工具，可以选择不同的样式，如图 3-84 所示，选择后观看效果如图 3-85 所示。

图 3-83 “动态数字”动画类型

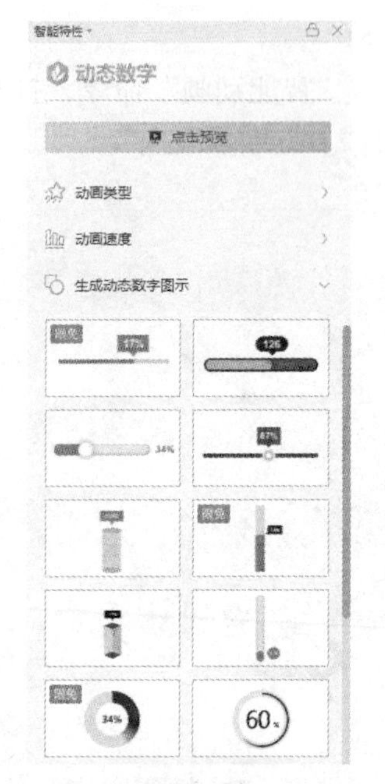

图 3-84 “动态数字”动画样式

图 3-85 “动态数字”最终效果

3-5-3 插入超链接

用户在演示文稿中可以通过超链接来实现从当前幻灯片跳转到某个特定的地方，如跳转到另一张幻灯片、另一个文件或某个网页。可以为任何对象创建超链接，如文本、图形和按钮等。如果图形中有文本，可以对图形和文本分别设置超链接。只有在演示文稿放映时，超链接才能被激活。

插入超链接的操作步骤如下：

步骤 1：在幻灯片视图中，选中幻灯片上要创建超链接的文本或对象。

步骤 2：依次点击“插入”→“超链接”按钮，弹出“插入超链接”对话框，如图 3-86 所示。

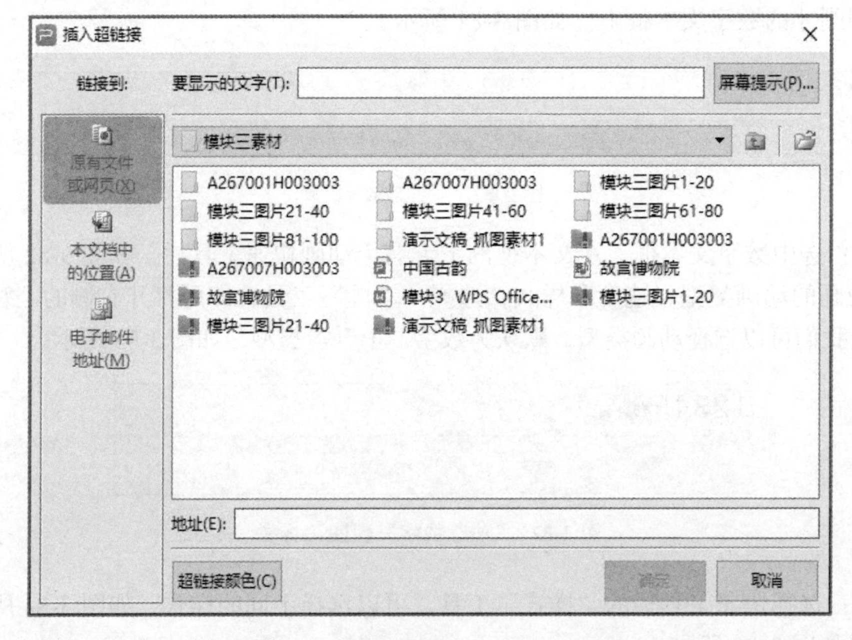

图 3-86 “插入超链接”对话框（1）

步骤 3：点击左边“原有文件或网页”按钮，再点击右侧需链接的对象，来选择不同的链接目标。也可以在地址框中输入超链接的网页地址。

步骤 4：点击左边“本文档中的位置”按钮，可以链接到本演示文稿中的任意一张幻灯片上，例如，第一张或最后一张等，如图 3-87 所示。还可以选择左边“电子邮件地址”，设置链接电子邮件地址。

网页超链接在幻灯片播放的时候是通过 WPS 内置的浏览器打开的，用户体验不是很好，可以设置系统默认浏览器打开超链接。

图 3-87　“插入超链接”对话框（2）

任务 3-6　放映与输出幻灯片

3-6-1　放映的基本操作

在 WPS 演示文稿中，放映幻灯片有以下几种方法：

方法 1：按 F5 键，从头开始放映；按“Shift + F5”快捷键，从当前页开始放映。

方法 2：点击“开始”选项卡→“从当前开始”按钮。

方法 3：选择“幻灯片放映”选项卡，可以选择“从头开始”“从当前开始”“自定义放映”和“排练计时”等放映方式，如图 3-88 所示。

图 3-88　“幻灯片放映”选项卡

方法 4：点击幻灯片底部状态栏右侧的橙色播放按钮，可从当前页开始播放。

在幻灯片放映过程中可点击鼠标右键，通过弹出的快捷菜单控制放映进程。鼠标可以在箭头和绘图笔间进行切换。鼠标作为绘图笔使用时，可以在显示屏幕上标识重点和难点、写字、绘图等。可以通过快捷菜单中的“指针选项”切换绘图笔颜色。

3-6-2　手机遥控放映

在 WPS 演示文稿中可以使用手机遥控幻灯片的放映，需要在演讲者的手机先下载 WPS Office 应用。操作步骤如下：

步骤 1：点击“幻灯片放映”→“手机遥控”按钮，弹出包含二维码的“手机遥控”对话框，如图 3-89 所示，可以点击窗口中的“投影教程”按钮，弹出如图 3-90 所示窗口，其中有如何下载手机版 WPS 和扫描二维码的方法。

图 3-89 “手机遥控”二维码

图 3-90 “投影教程”窗口

步骤 2：打开手机版 WPS，扫描图 3-89 二维码，此时手机将开始连接计算机，连接成功后在手机上会出现“开始播放”按钮，点击此按钮将开始播放幻灯片，通过点击或左右滑动手机屏幕进行翻页。

3-6-3 自定义放映

针对不同的观众，将一个演示文稿中的不同幻灯片组合起来，形成一套新的幻灯片放映，并指定名称，然后根据不同的需要，选择其中自定义放映的名称进行放映，这就是自定义放映。操作步骤如下：

步骤 1：在 WPS 演示文稿窗口中，依次点击“幻灯片放映”→“自定义放映”按钮，弹出“自定义放映”对话框，如图 3-91 所示。

步骤 2：点击“新建”按钮，弹出“定义自定义放映”对话框，如图 3-92 所示。

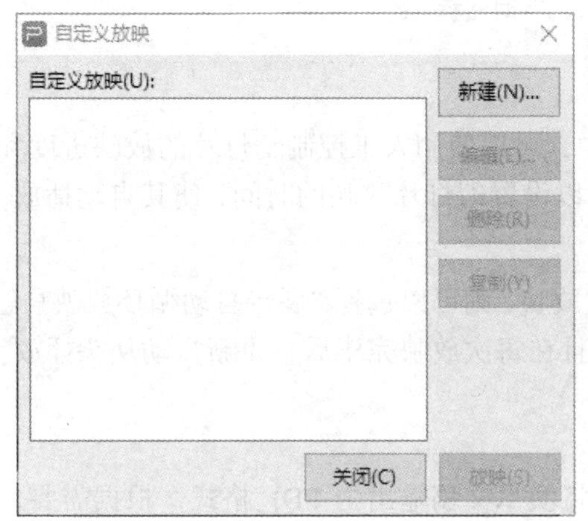

图 3-91 “自定义放映”对话框

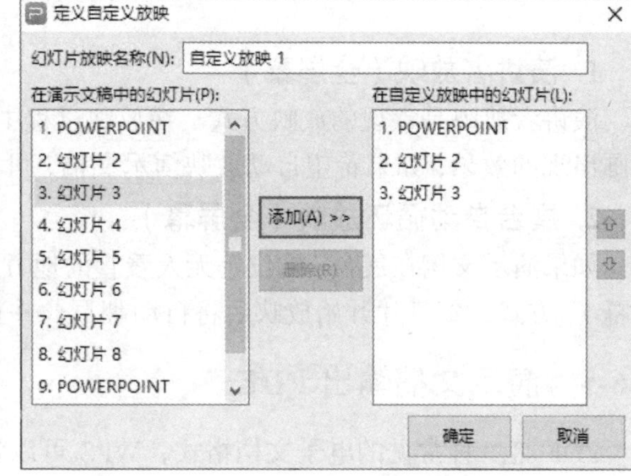

图 3-92 “定义自定义放映”对话框

步骤 3：在该对话框的左边列表框中列出了演示文稿中所有幻灯片的标题，从中勾选要添加到自定义放映的幻灯片，点击“添加”按钮，这时选定的幻灯片就出现在右边列表框中。当右边列表框中出现多个幻灯片标题时，可通过右侧的上、下箭头调整顺序。如果右边列表框中有选错的幻灯片，选中该幻灯片后，点击“删除”按钮就可以将其从自定义放映幻灯片中删除，但它仍然在原演示文稿中。

步骤 4：幻灯片选取并调整完毕后，在“幻灯片放映名称”文本框中输入名称，点击“确定”按钮，返回“自定义放映”对话框。如果要预览自定义放映，点击“放映”按钮。

步骤 5：如果要添加或删除自定义放映中的幻灯片，点击图 3-91 中的“编辑”按钮，重新进入“定义自定义放映”对话框，利用“添加”或“删除”按钮进行调整。如果要删除整个自定义的幻灯片放映，可以在“自定义放映”对话框中选择其中要删除的自定义名称，然后点击“删除”按钮，则自定义放映被删除，但原来的演示文稿仍存在。

3-6-4 设置放映方式

在 WPS 演示文稿中，可以根据需要使用不同的方式进行幻灯片的放映。

依次点击“幻灯片放映”→“设置幻灯片放映”按钮，弹出如图 3-93 所示的“设置放映方式”对话框，选择幻灯片放映方式。

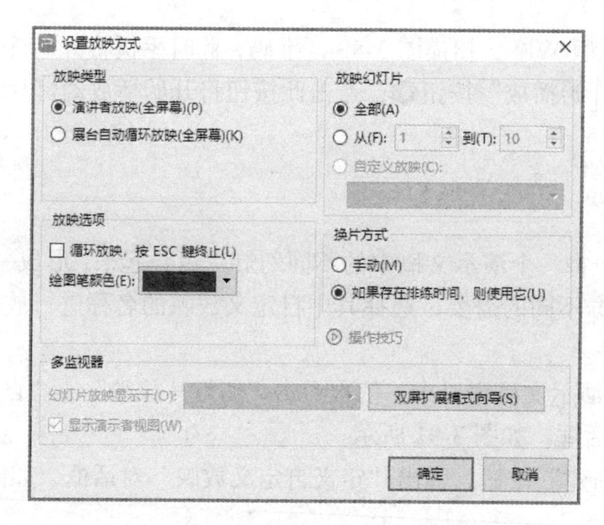

图 3-93 “设置放映方式”对话框

1. 演讲者放映（全屏幕）

演讲者放映是常规的放映方式。在放映过程中，可以使用人工控制幻灯片的放映进度和动画出现的效果；如果希望自动放映演示文稿，可以设置幻灯片放映的时间，使其自动播放。

2. 展台自动循环放映（全屏幕）

如果演示文稿在展台、摊位等无人看管的地方放映，则可以选择“展台自动循环放映（全屏幕）”方式，幻灯片开始放映后将自动翻页，并且在每次放映完毕后，重新自动从头播放。

3-6-5 演示文稿输出 PDF

PDF 是一种常见的电子文档格式，WPS 可以将演示文稿输出为 PDF 格式，根据需要，输出的内容可以是幻灯片、讲义、备注图、大纲视图等类型，输出范围可以是全部幻灯片，也可以选择一部分。幻灯片输出 PDF 的操作步骤如下：

步骤 1：打开演示文稿，依次选择左上角“文件”菜单→“输出为 PDF”命令，打开如图 3-94 所示的“输出为 PDF”窗口，可以选择输出幻灯片的范围、文件的位置等。

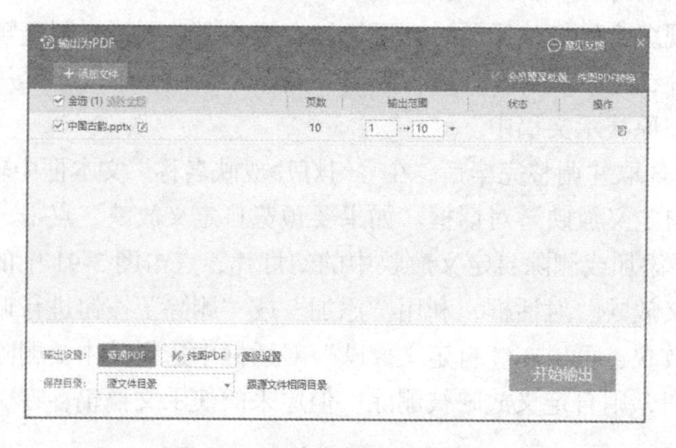

图 3-94 “输出为 PDF”窗口

步骤 2：点击“高级设置”链接，打开“高级设置”对话框，可以设置输出内容，默认是输出幻灯片，如图 3-95 所示，即 PDF 文档的每一页对应一张幻灯片；也可以将输出内容设置为讲义，并设置每页幻灯片数，如图 3-96 所示。

图 3-95　设置输出幻灯片

图 3-96　设置输出讲义

3-6-6　打印演示文稿

1. 设置页眉和页脚

如果要将幻灯片编号、时间和日期等信息添加到演示文稿的顶部或底部，可以通过设置页眉和页脚来实现，操作步骤如下：

（1）点击“插入”→“页眉页脚”按钮，打开“页眉和页脚”对话框，如图 3-97 所示。

（2）选择“幻灯片”选项卡，选中“幻灯片编号”复选框，可以为幻灯片添加编号。如果要为幻灯片添加一些辅助性的文字，可以选中“页脚”复选框，然后在下方的文本框中输入内容。

（3）若要使页眉和页脚不显示在标题幻灯片中，选中“标题幻灯片不显示”复选框即可。

（4）点击“全部应用”按钮，可以将编号、页眉和页脚的设置应用于所有幻灯片中。如果要将页眉和页脚的设置应用于当前幻灯片中，则点击“应用”按钮即可。

图 3-97　设置“页眉和页脚”对话框

2. 页面设置

幻灯片的页面设置决定了幻灯片、备注页、讲义及大纲在屏幕和打印纸上的尺寸和放置方向，操作步骤如下：

（1）点击“设计”→“幻灯片大小”列表框右侧按钮，显示 3 种选项，分别是“标准（4:3）”“宽屏（16:9）”和“自定义大小”，一般都选择“宽屏（16:9）”。如果要建立自定义的尺寸，可选择“自定义大小”选项，打开如图 3-98 所示的“页面设置”对话框，可在“幻灯片大小”下的“宽度”和“高度”微调框中输入需要的数值。

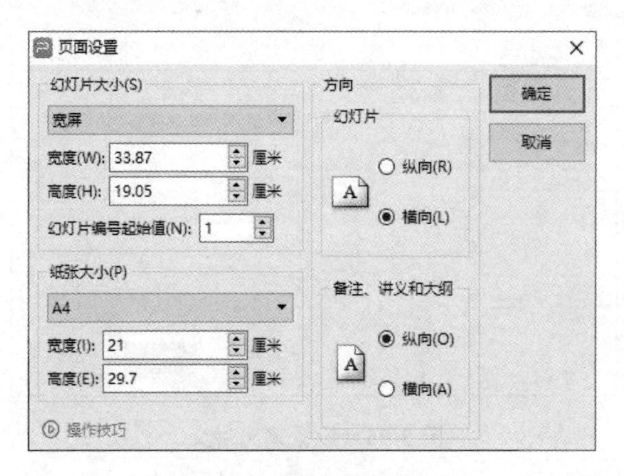

图 3-98　“页面设置”对话框

（2）在“幻灯片编号起始值”微调框中输入幻灯片的起始号码，“方向”栏中指明幻灯片、备注、讲义和大纲的方向，点击“确定”按钮，完成设置。

3. 打印演示文稿

用户可以在打印之前预览 WPS 演示文稿，满意后再打印，操作步骤如下：

（1）点击“文件”→“打印预览”命令，打开如图 3-99 所示的选项卡，同时，下方显示当前幻灯片的预览效果，如果要预览其他幻灯片，点击选项卡中的“下一页”按钮。

图 3-99　“打印预览”对话框

（2）在选项卡中的“份数”微调框可指定打印的份数。

（3）在选项卡中的“打印机”下拉列表框中可选择所需的打印机。

（4）点击选项卡中的“更多设置”按钮，打开如图 3-100 所示的“打印”对话框，在“打印范围”中可指定演示文稿的打印范围。

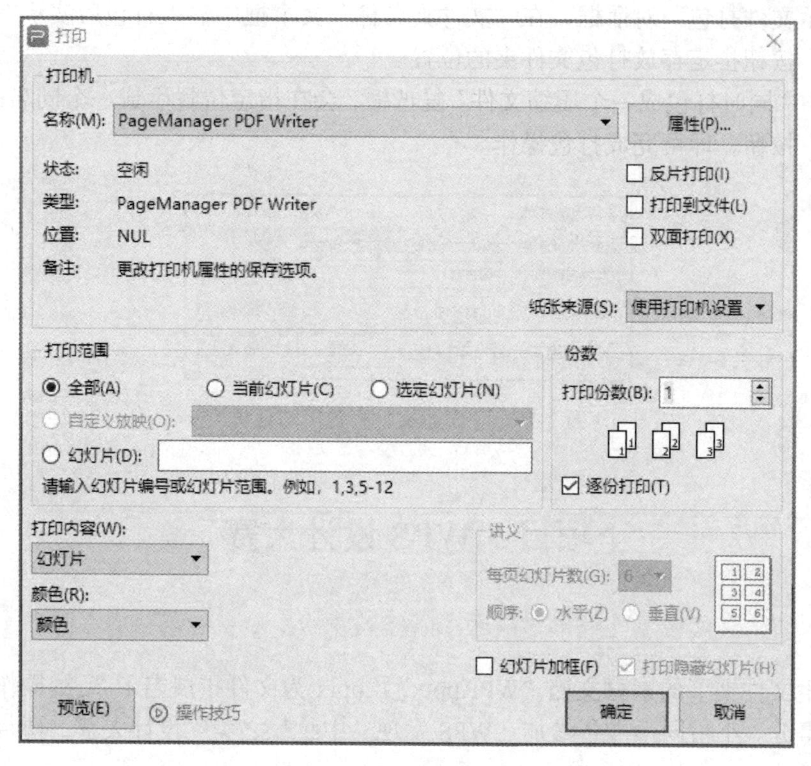

图 3-100 “打印”对话框

（5）点击选项卡中的“打印内容”按钮，打开如图 3-101 所示的列表框，可以确定需要打印的内容，如整张幻灯片、备注页、大纲等，“讲义”部分可以选择将 1 张或多张幻灯片打印在一页上。点击选项卡中的“直接打印”按钮，即可开始打印演示文稿。

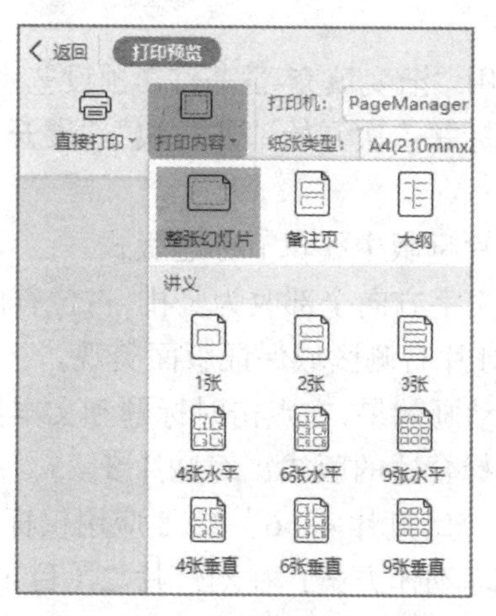

图 3-101 “打印内容”列表框

3-6-7 打包

当需要将制作好的演示文稿复制到其他计算机中放映，有时可能会发现其中遗漏了部分素材（如图片、主题、视频等）。为了避免出现这样的情况，可以使用打包演示文稿功能。

打包是指将与演示文稿有关的各种文件都整合到同一个文件夹中，只要将这个文件夹复制到其他电脑中，即可正常播放演示文稿。对演示文稿进行打包，操作步骤如下：

（1）点击“文件”→“ 文件打包”→“将演示文档打包成文件夹”命令，打开如图 3-102 所示的“演示文件打包”对话框，在“文件夹名称”文本框中输入打包后演示文稿的名称，点击“浏览”按钮指定存放打包文件夹的位置。

（2）选中“同时打包成一个压缩文件”复选框，会在指定位置生成一个同名的压缩文件，点击“确定”按钮，即可完成打包操作。

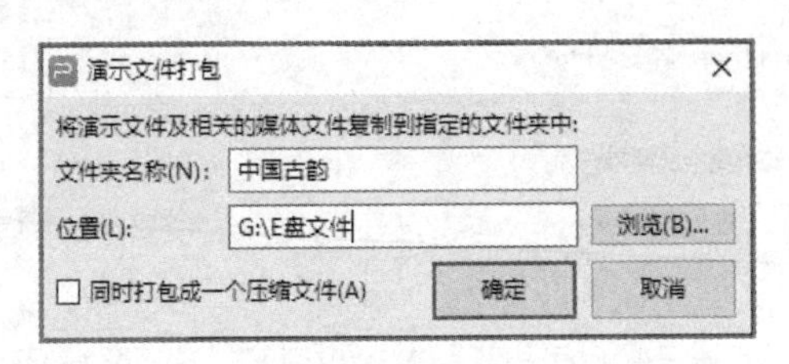

图 3-102 “演示文件打包”对话框

项目 WPS 设计大赛

项目描述

打开考生文件夹下的素材文档“WPP.pptx”（.pptx 为文件扩展名），后续操作均基于此文件，否则不得分。小雷同学准备参加“WPS 发现‘中纹’之美”设计大赛，请帮其设计一份主题演示文稿。

（1）为使演示文稿有统一的设计风格，请按下列要求编辑幻灯片母版：在母版右上角插入考生文件夹下的“背景图.png”，并编辑母版标题样式使字符间距加宽 5 磅。

（2）请按下列要求在幻灯片母版中编辑标题幻灯片版式。

①背景颜色设置为向下的从“黑色，文本 1”到“黑色，文本 1，浅色 15”的线性渐变填充，并隐藏母版背景图形。

②主标题和副标题全部应用“渐变填充-番茄红”预设艺术字样式，并且添加相同动画效果，要求在点击时主标题和副标题依次开始“非常快”“展开”进入，动画文本按字母 20% 延迟发送。

（3）请按下列要求在幻灯片母版中编辑节标题版式。

①标题和文本占位符中的文字方向全部改为竖排，占位符的尺寸均设为高度 15 厘米宽度 3 厘米，并将占位符移动至幻灯片右侧区域保证版面美观。

②标题和文本添加相同的动画效果，在点击时标题和文本依次开始快速自顶部擦除进入。

（4）为各张幻灯片分别选择合适的版式：幻灯片 3、5、9 应用节标题版式，幻灯片 2、10、11、12、13 应用空白版式，幻灯片 4、6、7、8 应用仅标题版式。

（5）请按下列要求设计交互动作方案：在幻灯片 2（目录）中设置导航动作，使鼠标点击各条目录时可以导航到对应的节标题幻灯片；在节标题版式中统一设置返回动作，使鼠标点击左下角的图片时可以返回目录。

（6）请在幻灯片 4 中，插入样式为梯形列表的智能图形，以美化多段文字（请保持内容间的上下级关系），智能图形采用彩色第 4 种预设颜色方案，并且整体尺寸为高度 10 厘米、宽度 30 厘米。

（7）请按下列要求设计内容页动画效果方案。

①幻灯片 6：右下角的四方连续图形，在点击时开始，速度“非常快的”、强调效果“忽明忽暗”，并且重复 3 次；衬底的边线纹路图片，与上一动画同时、并延迟 0.5 秒开始，快速渐变式缩放进入。

②幻灯片 7：右下角的十二章纹图案从上到下共 4 个图片，在点击时同时开始，快速飞入进入，飞入方向依次为自左上部、自右上部、自左下部、自右下部，并且全部平稳开始、平稳结束。

③幻灯片 8：衬底的渐变色背景形状，在点击时开始，快速自右侧向左擦除进入；右下角的四合如意云龙纹图片，与上一动画同时开始，快速放大 150%并在放大后自动还原大小（自动翻转）。

（8）请按下列要求设计幻灯片切换效果方案：幻灯片 1、14 应用溶解切换，幻灯片 11、13 应用平滑切换，其余幻灯片应用向上推出切换，并且全部幻灯片都以 5 秒间隔自动换片放映。

视频　WPS 设计大赛

项目实施

1.【微步骤】

步骤 1： 打开考生文件夹，双击打开“WPS.pptx”文件。

步骤 2： 在“视图”选项卡中，选择“幻灯片母版”选项，在左侧的“幻灯片浏览”窗格中，选择“office 主题母版”，在“插入”选项卡中，选择“图片”选项，在“插入图片”对话框中，打开考生文件夹，选择“背景图.png”文件，点击“打开”按钮。选定插入的图片，在“图片工具”选项卡中，选择“对齐”选项中的“右对齐”选项及“靠上对齐”选项。

步骤 3： 在左侧的“幻灯片浏览”窗格中，选择“office 主题母版”，选定标题样式，在选定区域中右击，在弹出的快捷菜单中选择“字体”命令，在“字体”对话框中，选择“字符间距”选项卡，将“间距”设置为“加宽”，“度量值”设置为“5 磅”，点击“确定”按钮。

2.【微步骤】

步骤 1： 在左侧的“幻灯片浏览”窗格中，选择“标题幻灯片版式”，在“幻灯片母版”选项卡中，选择“背景”选项，在右侧的“对象属性”窗格中，选择“填充”选项中的“渐变填充”选项。在“渐变样式”选项中，选择“线性渐变”选项中的“向下”选项，选择第一个停止点，将“色标颜色”设置为“黑色，文本 1”，“位置”设置为“0%”，选择最后一个停止点，将“色标颜色”设置为“黑色，文本 1，浅色 15%”，“位置”设置为“100%”，删除多余的停止点。

步骤 2： 选定主标题，在“文本工具”选项卡中，将艺术字设置为“渐变填充-番茄红”，在“动画”选项卡中，将动画设置为“展开”，点击“自定义动画”按钮，在右侧的“自定义动画”窗格中，将开始设置为“点击时”，速度设置为“非常快”，在下方的动画选项中右击，在弹出的快捷菜单中选择“效果选项”命令，在“展开”对话框中，将“动画文本”设置为“字母”，“延迟”设置为“20%”，点击“确定”按钮。

步骤 3： 选定副标题，在“文本工具”选项卡中，将艺术字设置为“渐变填充 – 番茄红”，在“动画”选项卡中，将动画设置为“展开”，点击“自定义动画”按钮，在右侧的“自定义动画”窗格中，将开始设置为“点击时”，速度设置为“非常快”，在下方的动画选项中右击，弹出的快捷菜单中选择“效果选项”命令，在“展开”对话框中，将“动画文本”设置为“字母”，“延迟”设置为“20%”，点击“确定”按钮。

3.【微步骤】

步骤 1：在左侧的“幻灯片浏览”窗格中，选择“节标题版式”，选定标题占位符，在“文本工具”选项中，选择“文字方向”选项中的“竖排”选项，在右侧的“对象属性”窗格中，将高度设置为“15 厘米”，宽度设置为“3 厘米”。选定文本占位符，在“文本工具”选项中，选择“文字方向”选项中的“竖排”选项，在右侧的“对象属性”窗格中，将高度设置为“15 厘米”，宽度设置为“3 厘米”，并适当手动调整至幻灯片右侧区域中。

步骤 2：选定标题占位符，在“动画”选项卡中，将动画设置为“擦除”，点击“自定义动画”按钮，在右侧的“自定义动画”窗格中，将开始设置为“点击时”，方向设置为“自顶部”，速度设置为“快速”。选定文本占位符，在“动画”选项卡中，将动画设置为“擦除”，点击“自定义动画”按钮，在右侧的“自定义动画”窗格中，将开始设置为“点击时”，方向设置为“自顶部”，速度设置为“快速”。

步骤 3：在“幻灯片母版”选项卡中，点击“关闭”按钮，退出幻灯片母版设置。

4.【微步骤】

在左侧的“幻灯片浏览”窗格中，依次选定第 3 张、第 5 张、第 9 张幻灯片，在“开始”选项卡中，将版式设置为“节标题”选项。依次选定第 2 张、第 10 张、第 11 张、第 12 张幻灯片，在“开始”选项卡中，将版式设置为“空白”选项。依次选定第 4 张、第 6 张、第 7 张、第 8 张幻灯片，在“开始”选项卡中，将版式设置为“仅标题”选项。

5.【微步骤】

步骤 1：在左侧的“幻灯片浏览”窗格中，右击第 2 张幻灯片中的第 1 个目录，在弹出的快捷菜单中选择“超链接”命令，在“插入超链接”对话框中，将链接到设置为“本文档中的位置”，选择第 3 张幻灯片，点击“确定”按钮。右击第 2 张幻灯片中的第 2 个目录，在弹出的快捷菜单中选择“超链接”命令，在“插入超链接”对话框中，将链接到设置为“本文档中的位置”，选择第 5 张幻灯片，点击“确定”按钮。右击第 2 张幻灯片中的第 3 个目录，在弹出的快捷菜单中选择“超链接”命令，在“插入超链接”对话框中，将链接到设置为“本文档中的位置”，选择第 9 张幻灯片，点击“确定”按钮。

步骤 2：在“视图”选项卡中，选择“幻灯片母版”选项。在左侧的“幻灯片浏览”窗格中，选择“节标题版式”幻灯片，右击左下角的图片，在弹出的快捷菜单中选择“超链接”命令，在“插入超链接”对话框中，选择“本文档中的位置”选项，选择“幻灯片 2”，点击“确定”按钮。

6.【微步骤】

步骤 1：在左侧的“幻灯片浏览”窗格中，选定第 4 张幻灯片，在“插入”选项卡中，选择“智能图形”选项，在弹出的“选择智能图形”对话框中，选择“列表”选项中的“梯形列表”选项，点击“插入”按钮。依次将第 4 张幻灯片中的文本复制到“梯形形表”中，删除多余的文本占位符。

步骤 2：选定“垂直图片列表”，在“设计”选项卡中，将更改颜色设置为预设彩色第 4 种样式，将高度设置为“10 厘米”，宽度设置为“30 厘米”。

7.【微步骤】

步骤 1：在左侧的“幻灯片浏览”窗格中，选定第 6 张幻灯片，选定右下角的“四方连续图形”，在“动画”选项卡中，将动画设置为“强调-忽明忽暗”选项，点击“自定义动画”选项，在右侧的“自定义动画”窗格中，将开始设置为“点击时”，速度设置为“非常快”，在下方的第 1 个动画上右击，在弹出的快捷菜单中选择“计时”命令，在“忽明忽暗”对话框中，将重复设置为“3 次”，点击“确定”按钮。选定“边线纹路图片”，在“动画”选项卡中，将动画设置为“进入-渐变式缩放”选项，在右侧的“自定义动画”窗格中，将开始设置为“之前”，速度设置为“快速”，在下方的第 2 个动画上右击，在弹出的快捷菜单中选择“计时”命令，在“渐变式缩放”对话框中，将延迟设置为“0.5 秒”，点击“确定”按钮。

步骤 2：在左侧的“幻灯片浏览”窗格中，选定第 7 张幻灯片，选定右下角的第 1 个图片，在“动画”选项卡中，将动画设置为“进入-飞入”，点击“自定义动画”选项，在右侧的“自定义动画”窗格中，将开始设置为“点击时”，方向设置为“自左上部”，速度设置为“快速”，在下方的第 1 个动画上右击，在弹出的快捷菜单中选择“效果选项”命令，在“飞入”对话框中，勾选“平稳开始”“平稳结束”选项，点击“确定”按钮。依次选定第 2 张、第 3 张、第 4 张图片，依照上述方法及题目要求完成操作。

步骤 3：在左侧的“幻灯片浏览”窗格中，选定第 8 张幻灯片，选定“渐变式背景形状”图片，在“动画”选项卡中，将动画设置为“进入-擦除”，在右侧的“自定义动画”窗格中，将开始设置为“点击时”，方向设置为“自右侧”，速度设置为“快速”。选定右下角的“四合如意云龙纹”图片，在“动画”选项卡中，将动画设置为“强调-放大/缩小”选项，在右侧的“自定义动画”窗格中，将开始设置为“之前”，尺寸设置为“150%”，速度设置为“快速”，在下方的第 2 个动画上右击，在弹出的快捷菜单中选择“效果选项”命令，在“放大/缩小”对话框中，勾选“自动翻转”选项，点击“确定”按钮。

8.【微步骤】

步骤 1：在左侧的“幻灯片浏览”窗格中，选定第 1 张、第 14 张幻灯片，在“切换”选项卡中，选择“溶解”选项。选定第 11 张、第 13 张幻灯片，在“切换”选项卡中，选择“平滑”选项。选定其他幻灯片，在“切换”选项卡中，选择“推出”选项。

步骤 2：在左侧的“幻灯片浏览”窗格中，选定所有幻灯片，在“切换”选项卡中，勾选“自动换片”选项，时间设置为“5 秒”。

步骤 3：保存文档。

模块小结

WPS 演示文稿作为一个完善的演示文稿制作软件，支持文字、图形、图表、声音和视频等多媒体对象，同时，为这些对象提供了操作简单、功能丰富的动画效果制作方法。

本项目介绍了 WPS 演示文稿的主要功能，包括如何新建、设计演示文稿，如何设置演示文稿中的各种动画效果，如何在 WPS 演示文稿中插入超链接等。同时，为了取得更好的播放与演示效果，还介绍了如何设置幻灯片的放映方式、幻灯片的打包、输出 PDF、打印等相关操作。

真题实训

一、选择题

1. WPS 演示文稿的扩展名是（　　）。

A. .pds　　B. .xls　　C. .pot　　D. .pps

2. 在 WPS 演示文稿中，“一键美化”功能按钮在什么位置？（　　）

A. “动画”选项卡　　B. “设计”选项卡

C. “切换”选项卡　　D. 幻灯片底部

3. 在 WPS 演示文稿中，为实现图片的创意裁剪，可以使用什么功能？（　　）

A. 一键美化　　B. 魔法功能　　C. 自定义动画　　D. 切换效果

4. 在 WPS 演示中，不支持插入的对象是（　　）。

A. 图片　　B. 音频　　C. 书签　　D. 视频

5. 在WPS演示中，需要将所有幻灯片中设置为“宋体”的文字全部修改为“微软雅黑”，最优的操作方式是（　　）。

A. 在幻灯片中逐个找到设置为“宋体”的文本，并通过“字体”对话框将字体修改为“微软雅黑”

B. 在幻灯片母版中通过“字体”对话框，将标题和正文占位符中的字体修改为“微软雅黑”

C. 将“主题字体”设置为“微软雅黑”

D. 通过“替换字体”功能，将“宋体”批量替换为“微软雅黑”

6. 在WPS演示中，关于幻灯片浏览视图的用途，描述正确的是（　　）。

A. 对幻灯片的内容进行编辑修改及格式调整

B. 对所有幻灯片进行整理编排或顺序调整

C. 观看幻灯片的播放效果

D. 对幻灯片的内容进行动画设计

7. WPS演示中，如果需要对某页幻灯片中的文本框进行编辑修改，则需要进入（　　）。

A. 放映视图　　B. 幻灯片浏览视图

C. 普通视图　　D. 阅读视图

8. WPS演示文稿中为全部幻灯片页批量添加校徽图片，最合适的操作是（　　）。

A. 插入图片　　B. 分页插图

C. 粘贴图片　　D. 编辑母版

9. 在WPS演示中，不可以使用（　　）。

A. 书签　　B. 图表　　C. 超链接　　D. 视频

二、操作题

打开素材文档“WPP.pptx”（.pptx为文件扩展名），后续操作均基于此文件。

李老师为上课准备了演示文稿，内容涉及10个成语，第3～12页幻灯片（共10页）中的每一页都有一个成语，且每个成语都包括：成语本身、读音、出处和释义4个部分。现在发现制作的演示文稿还有一些问题，需要进行修改。

（1）为了体现内容的层次感，请将第3～12页这10页幻灯片中的读音、出处和释义三部分文本内容都“降一级”。

（2）按以下要求编辑母版，完成对“标题和内容”版式的样式修改：

①将“母版标题样式”设置为标准色“蓝色”，居中对齐，其余参数取默认值。

②将“母版文本样式”设置为“隶书，32号字”，其余参数取默认值。

③将“第二级”文本样式设置为“楷体，28号字”，其余参数取默认值。

（3）在标题为“成语内容提纲”的幻灯片（即第2页幻灯片）中，为文本“与植物有关的成语”设置如下动画效果：

①“进入”时为“飞入”效果，且飞入方向为“自右下部”。

②飞入速度为“中速”。

③飞入时的“动画文本”选择“按字母”发送，且将“字母之间延迟”的百分比更改为“50%”。

④飞入时伴随“打字机”声音效果。

（4）为了达到更好的演示效果，需要在讲完所有“与植物有关的成语”后，跳转回标题为“成语内容提纲”的幻灯片，并由此页超链接到“与动物有关的成语”的开始页。

具体要求如下：

①在标题为“与植物有关的成语（5）”幻灯片的任意位置插入一个“后退或前一项”的“动作按钮”，将其动作设置为“超链接到”标题为“成语内容提纲”的幻灯片。

②在标题为“成语内容提纲”的幻灯片中，为文本“与动物有关的成语”设置超链接，超链接将跳转到标题为“与动物有关的成语（1）”的幻灯片，且将“超链接颜色”设为标准颜色“红色”，“已访问超链接颜色”设为标准颜色“蓝色”，且设为“链接无下划线”。

（5）将所有幻灯片的背景设置为“纹理填充”，且填充纹理为“纸纹 2”。

（6）设置切换方式，使全部幻灯片在放映时均采用“百叶窗”方式切换。

（7）在标题为“学习总结”的幻灯片中，少总结了 2 个成语，按以下要求将它们加入：

①将“藕断丝连”加入“与植物有关”组中，放在最下面，与“柳暗花明”等 4 个成语并列，且将其字体设置为“仿宋，32 号”。

②将“闻鸡起舞”加入“与动物有关”组中，放在最下面，与“老马识途”等 4 个成语并列，且将其字体设置为“仿宋，32 号”。

模块四

信息检索

学习任务

（1）认识信息检索。
（2）使用信息检索技术检索信息。
（3）使用网络搜索引擎检索信息。
（4）使用中文学术期刊数据库和专利检索系统检索信息。
（5）检索就业与备考信息。

重点难点

（1）关键词的选取；百度搜索引擎的高级检索技巧。
（2）中国知网的使用；就业信息的检索。

任务 4-1　认识信息检索

信息具有使用价值，能满足人们的特定需要，为社会服务。人们进行生产经营、科研等活动，产生各种原始记录以及成果，然后将其以文字、图形、符号、音视频等方式记录在载体上形成信息资源供他人检索使用。认识各种信息资源，了解其加工、整理、组织并存储的方式，掌握信息检索的基本概念和工具方法，是准确进行信息检索的基础，是生活在信息爆炸时代必备的技能知识。

信息检索就是从信息库中找出所需信息的过程，即我们通常所说的信息查询（Information Retrieval 或 Information Search）。人们常通过报纸、图书、电视、网站、微博、微信、论坛、朋友圈等获取信息资源，也通过期刊、论文、专利等平台进行信息检索。

信息检索能力是信息素养的集中表现，提高信息素养最有效的途径是学习信息检索的 基 本知识，进而培养自身的信息检索能力。

4-1-1　信息检索概述

1. 信息检索概念

“信息检索”是指将信息按一定的方式组织和存储起来，并根据用户的需要找出有关的信息的过程和技术。也就是说，其包括“存”和“取”两个环节和内容。狭义的数据信息检索就是信息检索过程的后半部分，即从信息集合中找出所需要的信息的过程，也就是信息查询。

2. 信息检索类型

按照信息检索内容的不同，信息检索可划分为数据信息检索、事实信息检索和文献信息检索。数据信息检索是以数据为对象的一种检索。如查找某种材料的电阻、某种金属的熔点。事实信息检索是以事实为对象的一种检索，检索某一事件发生的时间、地点或过程，如查找鲁迅生于哪一年。文献信息检索是以文献原文或关于文献的信息为检索对象的一种检索。文献检索是最典型和最重要的，也是最常使用的信息检索方式。掌握了文献检索的方法，就能以最快的速度，在最短的时间内，以最少的精力获取所需信息。

3. 信息检索技术

1）布尔逻辑检索

布尔逻辑检索是指利用布尔逻辑运算符连接各个关键词，然后由计算机进行相应逻辑运算，以找出所需信息的方法。布尔逻辑运算符有逻辑与（AND）、逻辑或（OR）和逻辑非（NOT），其作用见表 4-1。

表 4-1 布尔逻辑运算符及其作用

类型	定义	表示式	图示	用途
逻辑与	AND、*、与、并且	A AND B	A B	缩小检索范围
逻辑或	OR、+、或者	A OR B	A B	扩大检索范围
逻辑非	NOT、-、非	A NOT B	A B	缩小检索范围

各运算符具体含义如下：

（1）逻辑与（AND）："人工智能" AND "OpenAI" 表示检索同时包含"人工智能"和"OpenAI"这两个关键词的文献。

（2）逻辑或（OR）："人工智能" OR "OpenAI" 表示检索包含"人工智能"或"OpenAI"或者两者均有的关键词的文献。

（3）逻辑非（NOT）："人工智能" NOT "OpenAI" 表示检索包含"人工智能"但不包含"OpenAI"关键词的文献。

其中：

（1）逻辑运算符 AND、OR、NOT 的优先顺序是 NOT>AND>OR。

（2）中文数据库组配方式常用符号，英文数据库组配方式常用字母。

（3）搜索引擎通常以"match all terms"表示逻辑与，以"match any term"表示逻辑或，以"must not contain"表示逻辑非。

2）截词检索

截词检索是用截断的词的一个局部进行检索，并认为凡满足这个词局部中的所有字符（串）的文献，都为命中的文献。按截断的位置来分，截词可分为后截断、前截断、中截断 3 种类型。

不同的系统所用的截词符也不同，常用的有？、$、*等。分为有限截词（即一个截词符只代表一个字符）和无限截词（一个截词符可代表多个字符）。

具体含义如下：

（1）后截断：表示前方一致，例如，desi*表示 desire、design、designer 等。

（2）前截断：表示后方一致，例如，*day 表示 day、today、Tuesday、Monday 等。

（3）中截断：表示中间一致，例如，*valu*表示 value、valuable、invaluable 等。

3）字段检索

字段检索是限定关键词在数据库内指定区域的检索方式。进行文献检索时，可以通过指定检索字段，例如主题、关键词、作者、单位等，以缩小检索范围。

4. 信息检索常用方式

1）百度搜索引擎

搜索引擎是指根据一定的策略，运行特定的计算机程序从互联网上采集信息，在对信息进行组织和处理后，为用户提供检索服务，将检索到的相关信息展示给用户的系统。

在中文搜索领域，“百度搜索”提供了多项提升普通用户体验的搜索功能，包括相关搜索、中文人名识别、简繁体中文自动转换、百度快照等，百度主页如图 4-1 所示。

图 4-1　百度主页

2）中国知网

中国知网即中国知识基础设施工程（China National Knowledge Infrastructure，CNKI）网络平台，简称“知网”，是为海内外读者提供中国学术文献、外文文献、学位论文、报纸、会议、年鉴、工具书等各类资源统一检索、统一导航、在线阅读和下载服务的知识管理平台，中国知网主页如图 4-2 所示。

图 4-2　中国知网主页

知网主页的上部分左侧包括“文献检索”“知识元检索”和“引文检索”3 个选项卡，右边上部是关键词输入框，右边下部是资源总库中各个数据库选项。中国知网检索模式有单库检索和跨库检索 2 种，如果只选用一个数据库，则进行单库检索；如果选用 2 个或 2 个以上的数据库，则进行跨库检索。

4-1-2　掌握信息检索的方法

针对不同的检索目的和检索要求，信息检索的方法也有所不同。常用的信息检索方法有常规检索法、回溯检索法和循环检索法。

1. 常规检索法

常规检索法又称常用检索法、工具检索法，是以主题、分类、作者等为检索点，利用检索工具获得信息资源的方法。根据检索结果，常规检索法又分为直接检索法和间接检索法。

1）直接检索法

直接检索法是指直接利用检索工具进行信息检索的方法，如利用字典、词典、手册、年鉴、图录、百科全书、全文数据库等进行检索。这种方法多用于计算机检索，查找一些内容概念较稳定、较成熟、有定论可依的问题的答案。

2）间接检索法

间接检索法主要指利用手工检索工具间接检索信息资源的方法，又分为顺查法、倒查法和抽查法，它们的适用范围和特点见表 4-2。

表 4-2 3 种间接检索方法对比

类型	定义	适用范围	特点
顺查法	根据检索课题的起始年代，利用选定的检索工具按照由远及近、由过去到现在顺时序逐年查找，直至满足课题要求	普查一定时间的全部文献，查全率较高，并能掌握课题的来龙去脉，了解其研究历史、研究现状和发展趋势	方法费力、费时，工作量大，多在缺少评述文献时采取此法。因此可用于事实性检索
倒查法	与顺查法相反	多用于新课题、新观点、新理论、新技术的检索，检索的重点在近期信息上，只需基本满足需要	查到的信息新颖，节省检索时间。但查全率不高，容易产生漏检的现象
抽查法	针对某学科的发展重点和发展阶段，拟出一定时间范围，进行逐年检索的一种方法	根据检索需求，针对所属学科处于发展兴旺时期的若干年进行文献查找	检索效率较高，但漏检的可能性大，检索人员必须熟悉学科的发展特点

2. 回溯检索法

回溯检索法又称追溯法、引文法、引证法，是一种跟踪查找的方法。

这种检索方法不是利用确定的检索工具，而是利用已知文献的某种指引（如文献附的参考文献、有关注释、辅助索引、附录等）追踪查找文献。用追溯法检索文献，最好利用与研究课题相关的专著与综述。在检索工具不全或文献线索很少的情况下，可采用此法。

常见的追溯方式有：文章→参考文献→更多文章；作者→团体→更多作者→文章；链接→网站→更多链接；专利→发明人→论文；专利→申请人→专利等。

另外，还有专门用于追溯法的检索工具，即引文索引。这类检索工具可参考美国的《科学引文索引》和《中国社会科学引文索引》。由于追溯法具有有效性，目前一些非引文检索工具也采用追溯法的思想，将众多的文献关联起来。例如，在中国知网的各个数据库检索结果中，就有参考文献、引证文献、相似文献、读者推荐文献等。

3. 循环检索法

循环检索法又称交替法、综合法、分段法。检索时，先利用检索工具从分类、主题、责任者、题名等入手，查出一批文献。然后选择出与检索课题针对性较强的文献，再按文献后所附的参考文献回溯查找，不断扩大检索线索，分期分段地交替进行，直到满意。

在实际检索中，检索主体究竟采用哪种检索方法，应根据检索条件、检索要求和检索背景等因素而定。

4-1-3 选取关键词

在检索过程中，选择合适的关键词是最基本、最有效的检索技巧。确定关键词，从广义的角度来看，不仅是“词”，还应包括不同检索途径的检索输入用语，如作者途径的作者名、作者单位途径的机构名、分类途径的分类号，甚至包括邮政编码、街区、年份等，都可以作为关键词，选择合适的关键词是成功实施检索的一个基本环节。

1. 关键词选取原则

关键词的选择需要遵循一些原则，以确保准确、全面地表达研究内容，提高文章的可检索性和可发现性。

1）相关性和准确性

关键词应与研究主题密切相关，能准确地概括文章的主要内容。选择与文章核心观点、研究问题、方法和结果相关的词汇。

2）权威性和规范性

选择常用、标准的词汇和术语，避免使用不规范的或过于特殊的词汇，以确保关键词能够被他人理解并用于检索。

3）多样性和广泛性

考虑使用不同类型和层次的关键词，包括通用词汇、专业术语、同义词和相关概念，以便在不同领域和检索系统中都能找到文章。

4）具体性和细化性

选择具体的关键词，避免使用过于宽泛的词汇。有时，添加一些细化词汇可以更准确地描述研究对象和范围。

5）适当的关键词数量

一般来说，建议选择 3～6 个关键词，不要过多也不要过少。关键词过多会导致关注点不明确，而过少则可能无法覆盖文章的主要内容。

2. 关键词选取方法

检索者需要根据检索需求，形成若干个既能代表信息需求又具有检索意义的概念。例如，所需的概念有几个，概念的专指度是否合适，哪些是主要的，哪些是次要的，力求使确定的概念能反映检索的需要。在此基础上，尽量列举反映这些概念的词语，供确定检索用词时参考。如果遇有规范词表的数据库，在确定关键词时，一般优先使用规范词。

1）主题分析法

首先将检索主题分为多个概念，并确定反映主题实质内容的主要概念，去掉无检索意义的次要概念，然后归纳可代表每个概念的关键词，最后将不同概念的关键词以布尔逻辑加以联结。

2）切分法

切分法是指将用户的信息需求语句分割为一个一个的词。例如，“财政扩张、信用违约和民营企业融资困境”可切分为“财政扩张”“信用违约”和“民营企业融资”3 个关键词。

3）试查并进行初步检索，借鉴相关推荐用词

为使用户检索更加方便快捷，中国知网、维普期刊等很多系统检索结果中提供相关关键词作为推荐参考。也有数据库提供了关键词的扩展词、同义词、修正与提示功能。试查相关数据库，以顺藤摸瓜地扩展、变更关键词。

任务 4-2　使用搜索引擎检索信息

搜索引擎简单理解，就是网络环境中的信息检索系统，即能够在网上发现新网页并抓取文件的程序。依托于多种技术，一般包括爬虫、索引、检索和排序等，为信息检索用户提供快速、高相关性的信息服务。国内常见的搜索引擎有百度（Baidu）、360、搜狗等，国外的有谷歌（Google）、必应等。

4-2-1　了解搜索引擎的分类

根据不同的工作方式，主流的搜索引擎可分为 5 种：全文搜索引擎、目录搜索引擎、元数据

搜索引擎、垂直搜索引擎和互动式搜索引擎。

1. 全文搜索引擎

全文搜索引擎中，国内著名的有百度，国外则是谷歌。它们从互联网提取各个网站的信息（以网页中的文字为主），建立起数据库，并能检索与用户查询条件相匹配的记录，按一定的排列顺序返回结果。从搜索结果来源的角度，全文搜索引擎又可细分为 2 种：

（1）拥有自己的检索程序（Indexer），俗称“蜘蛛”（Spider）程序或“机器人”（Robot）程序，并自建网页数据库，搜索结果直接从自身的数据库中调用。

（2）租用其他引擎的数据库，并按自定的格式排列搜索结果，如 Lycos 引擎。

2. 目录搜索引擎

目录搜索引擎虽然有搜索引擎功能，但严格意义上不能称为真正的搜索引擎。用户完全不需要依靠关键词（Keywords）查询，只是按照分类目录找到所需要的信息。目录搜索引擎中，国内具有代表性的是新浪（sina）、搜狐（sohu）和网易（163），国外有雅虎（Yahoo）。其他著名的还有 Open Directory Project（DMOZ）、LookSmart、About 等。

3. 元数据搜索引擎

元数据搜索引擎接受用户查询请求后，同时在多个搜索引擎上搜索，并将结果返回给用户，著名的元数据搜索引擎有 360 搜索、infoSpace、Dogpile、VIsisimo 等。在搜索结果排列方面，有的直接按来源排列，如 Dogpile，有的则按自定的规则将结果重新排列组合，如 Vivisimo。

4. 垂直搜索引擎

垂直搜索引擎适用于有明确搜索意图的情况下进行检索。例如，用户购买机票、火车票、汽车票时，或想要浏览网络视频资源时，都可以直接选用行业内专用搜索引擎，以准确、迅速获得相关信息。

5. 互动式搜索引擎

互动式搜索引擎在用户输入一个查询词时，系统尝试理解用户可能的查询意图，智能地展开多组相关的主题，引导用户更快速、准确定位自己所关注的内容。比如，搜狗搜索是搜狐公司强力打造的全球首个第三代互动式搜索引擎。

4-2-2 主要搜索引擎介绍

与我们日常学习和工作相关的主要搜索引擎有国内的百度、360，以及国外的谷歌等。

1. 百度

百度是全球最大的中文搜索引擎，2000 年 1 月由李彦宏、徐勇创立于北京中关村，致力于向人们提供“简单，可依赖”的信息获取方式。“百度”二字源于中国宋朝词人辛弃疾的《青玉案》诗句“众里寻他千百度”，象征着百度对中文信息检索技术的执着追求。

2017 年 11 月，百度搜索推出惊雷算法，严厉打击通过刷点击来提升网站搜索排名的作弊行为，以此保证搜索用户体验，促进搜索内容生态良性发展。

百度使用了超链分析，就是通过分析链接网站的多少来评价被链接的网站质量，这保证了用户在百度搜索时，越受用户欢迎的内容排名越靠前。百度总裁李彦宏是超链分析专利的唯一持有人，该技术已为世界各大搜索引擎普遍采用。

百度的搜索服务产品主要包括网页搜索、图片搜索、视频搜索、音乐搜索、新闻搜索、地图搜索、百度学术、百度识图、百度医生和百度房产等。

百度搜索引擎的使用方法有以下几种。

1）基本搜索

打开百度的主页，如图 4-1 所示。在搜索框中输入需要查询的关键词，点击“百度一下”，即可得到搜索结果。例如，搜索“OpenAI”的结果如图 4-3 所示。

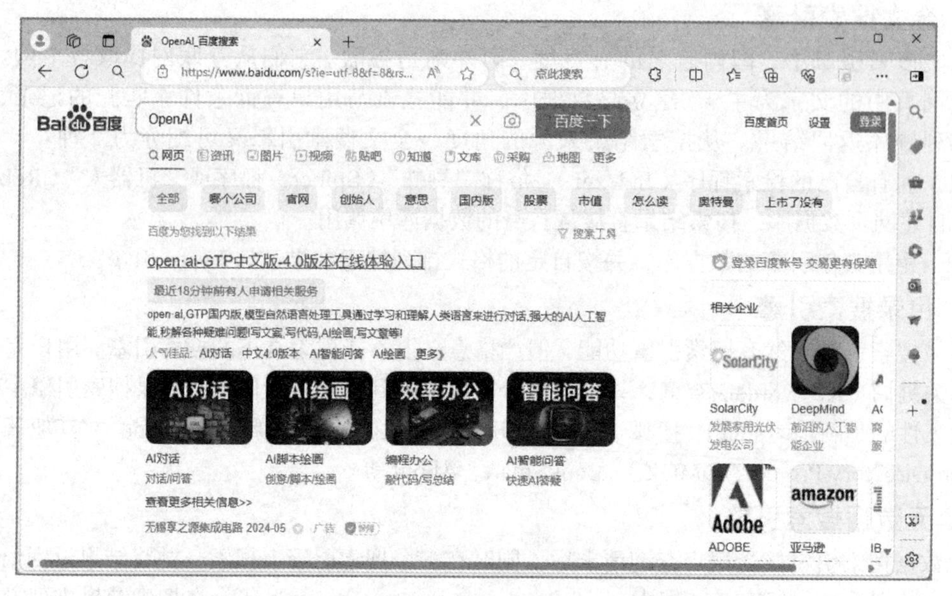

图 4-3　百度搜索“OpenAI”的参考结果

2）高级搜索

打开百度的高级搜索主页，如图 4-4 所示，可以实现更加精准的搜索效果。根据提示，可以输入多个包含的关键词和不包含的关键词，设置时间、网页格式、关键词位置等，点击“百度一下”即可。可以根据搜索的结果进一步设置搜索选项。

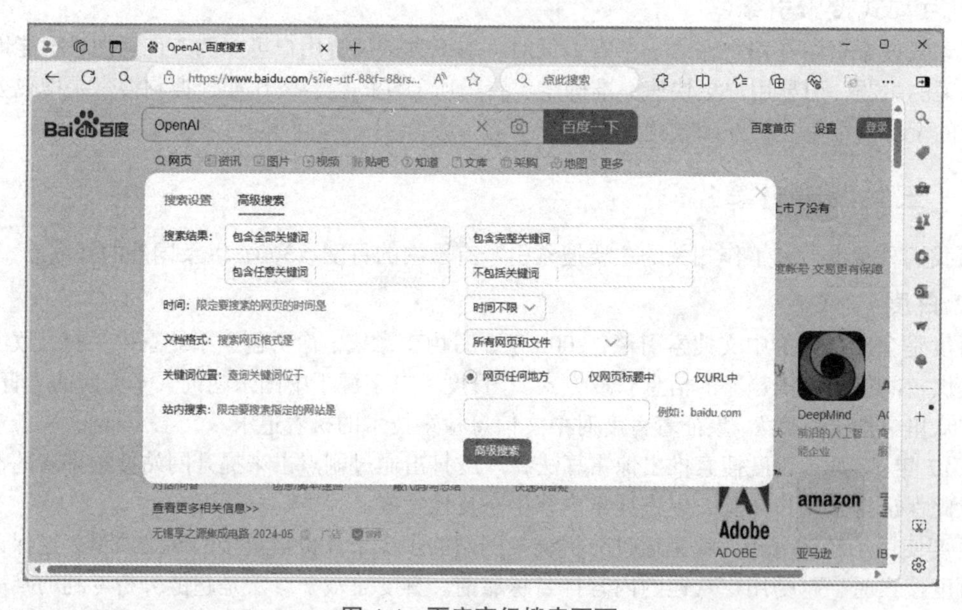

图 4-4　百度高级搜索页面

3）百度识图

常规图片搜索是通过输入关键词的形式搜索互联网上的相关图片资源的，而“百度识图”是一款支持“以图搜图”的搜索引擎。用户上传图片或输入图片地址，百度识图即可通过世界领先的图像识别技术和检索技术，为用户展示该张图片的详细相关信息，同时也会展示与这张图片相似的其他海量图片资源，如图 4-5 所示。

图 4-5 百度识图主页

当你需要了解一个不熟悉的人物的相关信息，如姓名、新闻等，或者想要了解某张图片背后的相关信息，如拍摄时间、地点、相关事件，或者手上已经有一张图片，想要找一张尺寸更大或是没有水印的原图时，通过百度识图都可以方便地获取到需要的结果。

4）百度学术

百度学术搜索是百度旗下提供海量中英文文献检索的学术资源搜索平台，如图 4-6 所示。于 2014 年 6 月初上线，涵盖了各类学术期刊、会议论文，旨在为国内外学者提供最好的科研体验。

图 4-6 百度学术主页

在百度学术搜索页面下，针对用户搜索的学术内容，呈现出百度学术搜索提供的合适结果。用户可以选择查看学术论文的详细信息，也可以选择跳转至百度学术搜索页面查看更多相关论文。

2. Google

Google 搜索引擎是 Google 公司的主要产品，也是世界上最大的搜索引擎之一，由斯坦福大学的理学博士生拉里・佩奇和谢尔盖・布林在 1996 年建立。

Google 搜索引擎拥有网站、图像、新闻组和目录服务 4 个功能模块，提供常规搜索和高级搜索 2 种功能。

Google 搜索引擎以它简单、干净的页面设计和最有关的搜索结果赢得了因特网使用者的认同。搜索页面里的广告以关键词的形式出售给广告主。为了使页面设计不变而且快速呈现，广告以文本的形式出现。

Google 搜索引擎具有以下基本特点。

1）特有的PR（PageRank）技术

PR能够对网页的重要性做出客观的评价，PR是Google评价一个网站质量高低的重要指标，PR分为10个等级，1～10，数字越大代表网站质量和权威性越高，排名也就越靠前。

2）更新和收录快

Google收录新站一般在10个工作日左右，是所有搜索引擎中收录最快的，更新也比较稳定，一般一个星期就会有大的更新。

3）重视链接的文字描述和链接的质量

链接的文字描述就是做链接用的文字，这个文字对Google排名起一定作用，如果网站要做某些关键词，在交换链接时要用这个关键词指向网站，链接的质量与链接网站的权威性将影响网站的排名，质量越好、权威性越高则网站获得的排名越好。

4）重视Description描述

在Google排名靠前的网站在描述中均含有关键词，而且有些重复2次，因此可推断其对描述还是相当重视的。

5）超文本匹配分析

Google的搜索引擎同时也分析网页内容，并不采用单纯扫描基于网页的文本（网站发布商可以通过元标记控制这类文本）的方式，而是分析网页的全部内容以及字体及每个文字精确位置等因素；同时还会分析相邻网页的内容，以确保返回与用户查询最相关的结果。

任务4-3 使用知网检索信息

1. 知网简介

目前中国知网已建成十几个系列知识数据库，其中，《中国学术期刊网络出版总库》（China Academic Journal Network Publishing Database，CAJD）亦称《中国学术期刊（网络版）》，是第一部以全文数据库形式大规模集成出版学术期刊文献的电子期刊，也是目前具有全球影响力的连续动态更新的中文学术期刊全文数据库，是国家学术期刊权威性文献检索工具和网络出版平台，基本完整收录了我国的全部学术期刊，覆盖所有学科的内容。

CAJD收录我国自1915年以来的国内出版的8000余种学术期刊，内容涵盖十大专辑：基础科学、工程科技Ⅰ、工程科技Ⅱ、农业科技、医药卫生科技、哲学与人文科学、社会科学Ⅰ、社会科学Ⅱ、信息科技、经济与管理科学。十大专辑下分为168个专题。

该库有独家出版刊物和优先出版物，还有引文链接功能，有助于利用文献耦合原理扩大检索成果，还可用于个人、机构、论文、期刊等方面的计量与评价，并能共享中国知网系列数据库的各种服务功能，如CNKI汉英/英汉辞典、跨库检索、查看检索历史等。其全文显示格式有2种，即CAJ和PDF，可直接打印，也可用电子邮件发送或存盘。

目前高校可通过云租用或本地镜像的形式购买CAJD，校园网内的用户既可以通过图书馆网页提供的相应链接进入，也可以直接输入中国知网的网址进入。有些单位下载期刊全文可能还要使用本单位的密码，而CAJD题录库在网上没有任何限制，可以免费检索。

2. 检索方式

通过输入网址进入中国知网主页，如图4-7所示。点击“学术期刊”按钮，即可进入中国知网期刊检索界面。

在中国知网平台，各数据库界面及功能相似，学术期刊检索界面曾多次改版，现设有高级检索、专业检索、作者发文检索、句子检索和一框式检索，此外还有期刊导航。

图 4-7 中国知网主页

1）一框式检索

一框式检索是一种简单检索，快速方便，默认只有一个检索框，只在全文中检索，可输入单词或一个词组进行检索，并支持二次检索，但不分字段，因此查全率较高、查准率较低。如图 4-8 所示为一框式查找徐梦桃发表的期刊论文的结果。

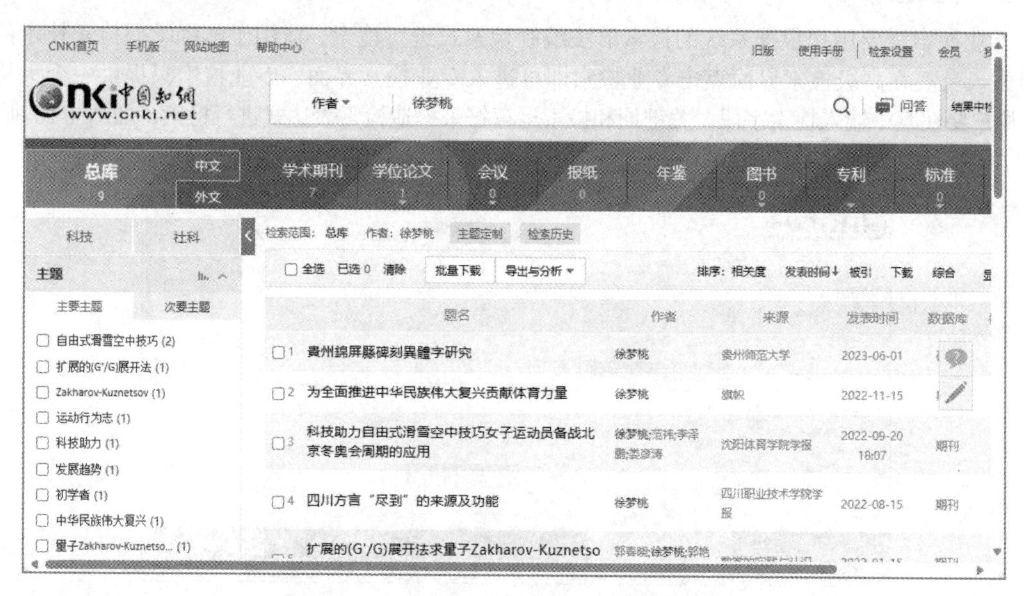

图 4-8 中国知网学术期刊一框式检索界面

2）高级检索

高级检索是一种较一框式检索复杂的检索方式，支持使用运算符*、+、-、‘’、“”、( ) 进行同一检索项内多个关键词的组合运算，检索框内输入的内容不得超过 120 个字符。输入运算符 *（与）、+（或）、-（非）时，前后要空一个字节，优先级需用英文半角括号确定。若关键词本身含空格或*、+、-、( )、/、%、= 等特殊符号，进行多词组合运算时，为避免歧义，须将关键词用英文半角单引号或英文半角双引号引起来。

例如，篇名检索项后输入“神经网络*自然语言”，可以检索到篇名包含“神经网络”及“自然语言”的文献，检索结果如图 4-9 所示。

图 4-9　中国知网学术期刊高级检索界面

3）专业检索

专业检索需要用户根据系统的检索语法编制检索式进行检索，适用于熟练掌握检索技术的专业检索人员。在高级检索界面点击专业检索即可进入专业检索界面，专业检索只提供一个大检索框，用户要在其中输入检索字段、关键词和检索运算符来构造检索表达式进行检索，如图 4-10 所示。

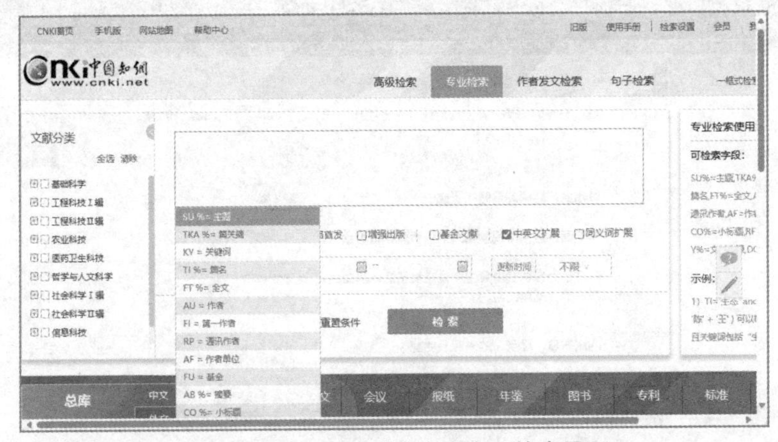

图 4-10　中国知网学术期刊专业检索界面

专业检索提供 21 个可检字段：SU = 主题，TKA = 篇关摘，TI = 篇名，KY = 关键词，AB = 摘要，CO = 小标题，FT = 全文，AU = 作者，FI = 第一作者，RP = 通信作者，AF = 作者单位，LY = 期刊名称，RF = 参考文献，FU = 基金，CLC = 中图分类号，SN = ISSN，CN = CN，DOI = DOI，QKLM = 栏目信息，FAF = 第一单位，CF = 被引频次。

4）期刊导航

点击中国知网学术期刊一框式检索界面左下角的“期刊导航”按钮，即可进入期刊导航界面，如图 4-11 所示。

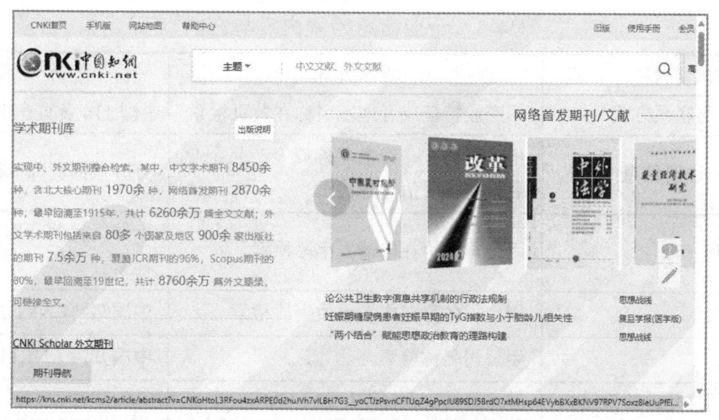

图 4-11 中国知网期刊导航界面

期刊导航展现了中国知网目前收录的中文学术期刊，用户既可以按刊名（曾用刊名）、主办单位、ISSN、CN 4 种查询方式检索期刊，又可以按照中国知网提供的 13 种期刊导航方式直接浏览期刊的基本信息及索取全文。

3. 检索结果

1）结果显示

在中国知网检索结果界面可以看到检出的文献记录总数，检索结果以“题名、作者、来源、发表时间、数据库被引、下载、操作”的题录形式显示，如图 4-8 所示。若想看文章摘要、关键词、引文网络等信息，则需要点击题名链接，如图 4-12 所示；若要看全文，则要点击 HTML 阅读、CAJ 下载、PDF 下载图标。

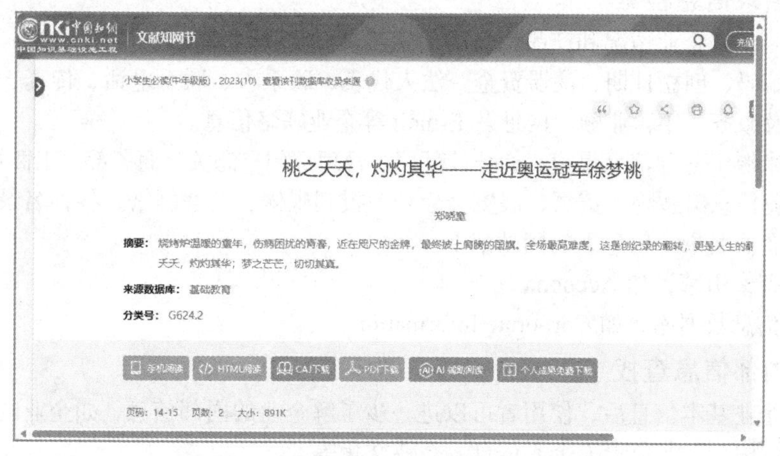

图 4-12 文献摘要关键词引文网络等信息

2）全文阅读浏览器

中国知网学术期刊的全文显示格式有 CAJ 和 PDF 两种，第一次阅读全文必须下载并安装 CAJ 或 PDF 全文浏览器，否则无法阅读全文。

任务 4-4 检索就业与备考信息

4-4-1 检索企业信息

通过对企业的全面检索，使用者可以加深对企业的了解，减少就业盲目性。详细检索方式见表 4-3。

表 4-3　企业信息检索内容与方式

类别	检索内容	检索方式	信息源
企业通信	地址与联系方式	用产业特征或者地域名称在黄页检索	中国 114 黄页、中华大黄页
企业目录	企业名称与注册信息	用公司名称、产品名称或者产品企业名称与注册信息牌检索	万方数据资源机构库
技术信息	申请的专利	用公司名称在申请人字段检索	中华人民共和国国家知识产权局专利检索
	发表的论文	用公司名称在作者单位字段检索	中国知网 CNKI 学术期刊网络出版总库
	科技成果	用公司名称检索	中国知网 CNKI 国家科技成果数据库
管理信息	招聘、公司文化、治理结构	进入公司主页浏览	
	经销商与渠道	进入公司主页浏览	
产品信息	价格	用产品名称加品牌在购物网站检索	
	性能	用产品名称加品牌在网站或论坛检索	新浪数码社区
	评级	用公司名称检索	新浪财经等
信用信息	有无违规记录	用公司名称检索	在国家企业信用信息公示系统和企查查等网站

检索黄页，可以了解一个地区的企业分布情况；检索企业的信用信息，可以了解企业的规范程度；检索企业员工发表的科技论文和申请的专利，可以了解企业的技术开发及其与自己的专业和兴趣是否吻合；检索企业所在行业的行业分析报告，可以了解一个行业的整体发展程度；检索与企业声誉、产品相关的网页、论坛与贴吧，可以了解企业在网民心目中的形象。

1. 企业名录信息检索

企业名录是了解企业情况和产品信息的检索工具。企业名录一般有以下内容：企业名称、详细地址、邮政编码、创立日期、注册资金、法人代表、联系人、联系电话、传真、职工人数、经营范围、产品及服务、年营业额、网址及 E-mail 等企业联络信息。

企业名录来源于各种信息渠道，如统计部门、管理部门、海关、商务部、工商局、行业协会、金融机构、企业信息出版物、黄页、展览会会刊、报刊媒体、互联网络、各种名录出版物等。

提供主要企业名录（信息）的网站如下：

（1）商业搜索引擎，如 Accoona。

（2）公司信息数据库，如 Corporate Information。

2. 企业内部信息查找

在获取到企业基本信息后，使用者可以进一步了解企业的内部信息，如企业的财务信息、技术信息、治理结构、企业负责人个人信息、企业文化等。

（1）通过企业主页查找企业的管理、治理结构、企业文化、财务等方面的信息。

如果该企业是上市公司，可以通过“百度股市通”搜索股票，通过查看公司年度或季度报告了解其经营、财务状况，也可通过其主页的“投资者关系”栏目查看上市公司的经营、财务状况。对于国内企业，可通过新浪财经、东方财经等查找。

（2）企业技术信息，包括企业的专利、科技成果、制定的标准。如企业申请的专利，可通过国家知识产权局专利检索系统查询。

（3）公司发表的论文。从公司人员发表的论文可以了解企业技术重点与管理要点。

3. 企业外部信息查找

企业外部信息主要是指行业的整体发展状况。这类信息可以通过以下途径获得：

（1）行业网、行业协会/学会网、行业主管部门网站。

（2）中国行业研究网，专注市场研究的权威资讯门户，简称“中研网”，从事市场调研、投资分析、研究报告，汇集了各行业市场分析、预测报告、咨询报告、市场调查的相关信息。

（3）国研网、高校财经数据库、中宏产业数据库等事实性数据库。

4. 企业评价信息查找

1）有关企业的信用信息

国家企业信用信息公示系统如图 4-13 所示。提供在全国各地工商部门登记的各类市场主体信息查询服务，包括企业、农民专业合作社、个体工商户等。用户可输入市场主体名称或注册号进行查询，市场主体名称是模糊查询，注册号是精确查询。

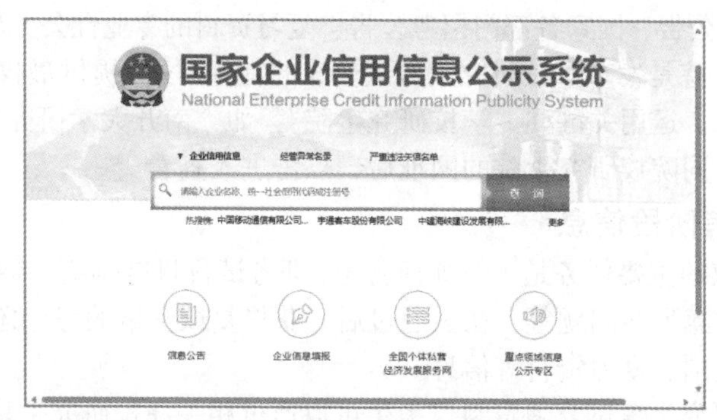

图 4-13 国家企业信用信息公示系统主页

2）公司评级信息检索

在一些大型的财经网站，使用者可以查到一些企业的评级信息，尤其是上市企业的评级信息，如和讯网、东方财富网、新浪财经等。

3）有关企业的新闻报道

利用搜索引擎的新闻搜索功能或者各门户网站的新闻频道，可以查询有关企业的新闻报道，进而了解该企业在行业的排名，业界、媒体及消费者对该企业的评价等信息。

4）查询企业经营、工商、信用

企业信用信息查询是人人都可使用的商业安全工具，通过查询可快速了解被查询企业工商信息、法院判决信息、关联企业信息、法律诉讼、失信信息、被执行人信息、知识产权信息、公司新闻、企业年报等，为求职或者企业经营往来提供参考。

例如，通过天眼查、企查查等查询企业信息，通过中国执行信息公开网查询失信信息，通过中国裁判文书网查询涉及法律诉讼信息。

5. 企业产品信息查找

了解产品信息，就是要对各类产品性能、质量、款式、包装、商标、价格、产量、供货量、销量，做到心中有数。产品信息检索工具包括产品年鉴、手册、文摘、报告、样本集、产品目录、产品及其价格数据库等。

若要查找产品的价格、型号、规格、品种等信息，最快捷、有效的检索工具是搜索引擎。通过搜索引擎，可以查找各种综合性或专业性产品网络、数据库、专卖店等。

4-4-2 检索研究生考试信息

自 1951 年我国开始实行硕士研究生考试（以下简称“考研”）制度之后，在校园和社会上，都掀起了一股考研热。网络上的考研信息数量也随之剧增，主要包括研究生报考指南、考试指南、划线指南、择校指南、推免指南等。要想在研究生考试中获得满意的成绩，及时获取相关信息非常重要。

1. 获取报考和录取阶段信息

报考阶段，考生必须对报考条件、报考过程、考试流程等研究生考试常识，以及研究生考试的时间、考试科目、报考条件、院校专业等相关考试最新政策及考试最新动态进行了解，做到心中有数，及早安排。

研究生招考工作的时间已经固定，报名时间在每年 9 月下旬，初试时间在每年 12 月倒数第 1 个（或第 2 个）周末，复试（调剂）时间在次年 3—5 月。欲报考考生应密切关注各级、各类新闻媒体有关研究生考试的信息，以免错过报考时机。

中国研究生招生信息网是教育部学生服务与素质发展中心建设的专门用于发布国家研究生考试相关招考信息、报名公告、国家各部门招考公告、复习资料的专业性公务员招考网站。

各相关高校研究生院是发布本校研究生考试信息的官方网站，提供最权威的招考、录取信息。考生可以通过搜索引擎，运用关键词“学校研究生院”，如“南开大学研究生院”“东北农业大学研究生院”等，获得不同院校研究生院的网址后，点击进入查看。

2. 获取复习备考阶段信息

复习阶段信息获取的主要任务是了解如何备考，即考试科目有哪些，需要看哪些考试参考书、复习资料，复习时要注意哪些问题等。初试通过后，获得复试资格的考生还要及时准备复试，了解复试的时间、考试范围、复习资料等信息。

网络上有丰富的研究生考试复习资料，考生可以通过相关高校研究生院网站获取历年真题、招生简章、考试通知等，也可查看一些专门的研究生考试资料网站。

项目 1　百 度 检 索

项目描述

根据学校的要求，李旺准备参加 3 月的全国计算机等级考试，需上网检索有关“全国计算机等级考试”的相关信息。

项目实施

在图 4-1 所示的百度首页的“搜索框”中输入关键词——“全国计算机等级考试”，点击“百度一下”按钮，出现如图 4-14 所示的搜索结果页面。页面显示了与搜索关键词相关的网页链接，选择与全国计算机等级考试关联度较高的、较权威的超链接，点击进入，便可查看更多相关内容。

图 4-14　“全国计算机等级考试”检索结果

项目2 知网检索

项目描述

通过中国知网，以下述 2 种方式对“全国计算机等级考试”进行检索。

（1）依据“主题”和“篇关摘”进行快速检索。

（2）采用“高级检索”功能检索主题“全国计算机等级考试”关于“1+X 考试”方面的文献。

项目实施

1.【微步骤】

步骤 1：在浏览器地址栏中输入中国知网网址，可以打开如图 4-2 所示的“中国知网”主页。

步骤 2：在中国知网首页中，点击“文献检索”标签，在下拉列表中选择“主题”，然后在搜索框中输入“全国计算机等级考试”，点击Q图标按钮，检索结果如图 4-15 所示。

图 4-15 “主题”快速检索结果页面

步骤 3：如果在下拉列表中选择“篇关摘”，然后在搜索框中输入“全国计算机等级考试”，点击Q图标按钮，检索结果如图 4-16 所示。

图 4-16 “篇关摘”快速检索结果页面

快速检索中，则可根据检索内容的偏好选择相应的下拉列表。例如，需要检索某位作者的所有文献，那么在下拉列表中选择“作者”，然后在检索框中输入作者名；如果要检索已知文献篇名的文献，则可在下拉列表中选择“篇名”，然后在检索框中输入相应的篇名，点击🔍图标按钮即可进行相应的检索。

2.【微步骤】

在图 4-17 所示的“高级检索”页面中，在第 1 个条件下拉列表中选择“主题”，检索框中输入关键字“全国计算机等级考试”，右边下拉列表中选择“精确”；第 2 个条件下拉列表中选择“篇关摘”，检索框中输入“1 + X”，右边下拉列表中选择“精确”，两个条件为“AND”关系，点击“检索”按钮，检索结果如图 4-18 所示。也可以点击右边的“ + ”按钮增加检索条件，进行更加精准的搜索。

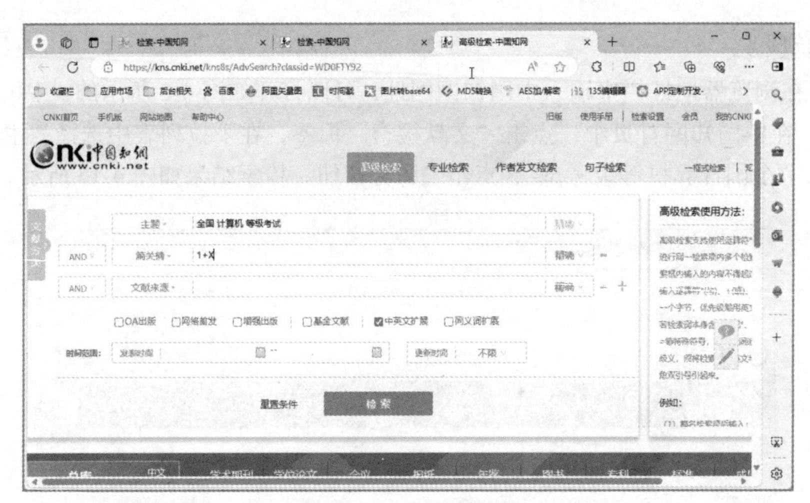

图 4-17　高级检索设置

图 4-18　“主题”高级检索的结果页面

项目 3　处理检索结果

项目描述

显示检索结果后，应根据需求应用不同的方法查看检索结果。下面以“全国计算机等级考试”为“主题”进行快速检索为例来学习如何处理检索结果。

项目实施

【微步骤】

检索完成后，系统将给出检索结果列表，如图 4-15 所示。

在图 4-15 所示的检索结果列表页面中，页面上方显示不同资源类型检索的统计结果，“总库”下的数字表示检索到的所有资源类型的资源数量，“总库—中文”下的数字表示检索到的所有资源类型的中文资源数量，“总库—外文”下的数字表示检索到的所有资源类型的外文资源数量，“学术期刊”“学位论文”“成果”等资源类型下的数字表示检索到相应类型资源的数量。点击相应的类型链接，可查看该类型下的文献。

点击“总库”旁的“中文”或“外文”选项卡，可查看检索结果中“总库”里所有中文文献或外文文献。点击“总库”回到中外文混检结果，如图 4-19 所示。检索的结果可按照相关度、发表时间、被引用次数、下载次数等不同方式排序。

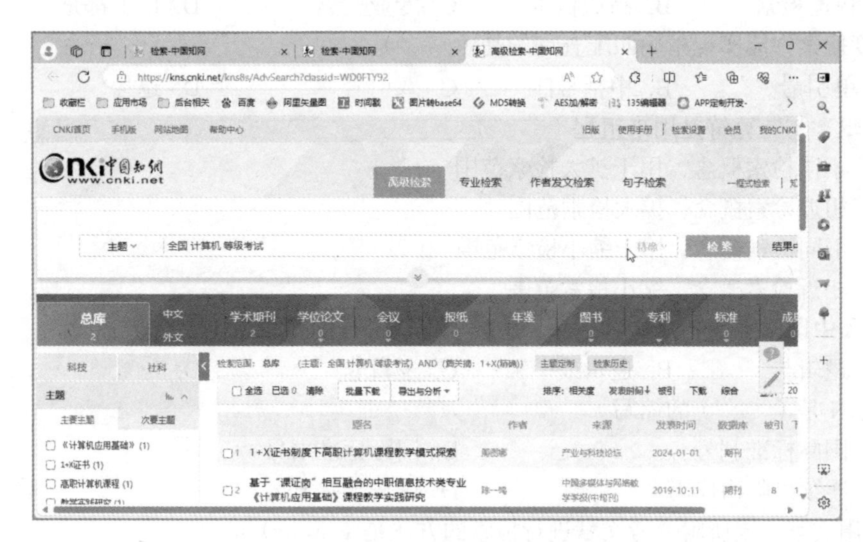

图 4-19 按资源类型检索出的结果

模块小结

信息检索能力是信息素养的集中表现，提高信息素养最有效的途径是通过学习信息检索的基本知识，进而培养自身的信息检索能力。

本项目介绍了信息检索的相关知识，包括信息检索的定义、类型、相关技术，以及信息检索的过程、信息检索的方法和技术，并重点介绍了最主要的网络搜索引擎“百度”、数据库检索和专利检索。

就业信息的检索能力也是大学生必备的综合能力之一，本项目系统介绍了企业信息的检索和研究生考试信息检索，旨在帮助大学生找到与自己知识、能力结构和喜好相匹配的企业或机构，对要加入的企业和机构进行深入了解和分析，以提高面试和就业的满意度。

真题实训

一、选择题

1. 中国国家知识基础设施资源系统的英文缩写是（　　）。

   A. CNNI　　B. CNKI　　C. CKKI　　D. CKNI

2. CNKI 数据库全文下载提供的格式有（　　）。

   A. TXT　　B. DOC　　C. PDF 和 CAJ　　D. PDG

3. 大学生为获取学位资格而提交的学术研究论文称为（　　）。

A. 学术报告　　B. 学位论文　　C. 学术论文　　D. 教学论文

4. 中国知网数据库提供的科学领域导航总共有（　　）种。

A. 8　　B. 10　　C. 12　　D. 11

5. 中国知网检索模式包括（　　）。

A. 单库检索和跨库检索　　B. 跨库检索

C. 单库检索　　D. 双库检索

6. 国内常用的信息搜索引擎有（　　）。

A. 京东　　B. 淘宝　　C. 新浪　　D. 百度

7. 布尔逻辑检索中需要用到的逻辑运算符不包括（　　）。

A. IS　　B. OR　　C. NOT　　D. AND

8. 下列属于检索方式的是（　　）。

A. 快速检索　　B. 高级检索　　C. 专业检索　　D. 以上都是

9. 百度搜索中能实现精确匹配查询的是（　　）。

A. 单引号‘’　　B. 中括号[]　　C. 双引号“”　　D. 逗号，

10. 逻辑“与”算符是用来组配（　　）。

A. 不同检索概念，用于扩大检索范围

B. 相近检索概念，扩大检索范围

C. 不同检索概念，用于缩小检索范围

D. 相近检索概念，缩小检索范围

11. 在《中国学术期刊全文数据库》中，不可以进行的检索是（　　）。

A. 逻辑与　　B. 逻辑或　　C. 逻辑非　　D. 位置

12. ISBN 是（　　）的缩写。

A. 国际标准刊号　　B. 国际标准书号

C. 连续出版物代码　　D. 国内统一刊号

13. 利用文献末尾所附参考文献进行检索的方法是（　　）。

A. 倒查法　　B. 顺查法　　C. 引文追溯法　　D. 抽查法

14. 在 CNKI 中国期刊全文数据库中，检索式“TI =（老子 + 孔子）*教育*思想”中，加号表示的是（　　）。

A. 逻辑与　　B. 逻辑或　　C. 逻辑非　　D. 位置算符

二、简答与实践

1. 利用本项目的知识和技能，完成“主题”为“人工智能”“篇关摘”为“大数据”的中文文献的检索。

2. 利用本项目的知识和技能，完成“主题”为“数据挖掘”且发表年限为 2022 年、作者单位为“清华大学”的文献检索。

3. 利用本项目的知识和技能，针对毕业设计题目“基于大数据分析的学生综合测评系统设计与实现”完成相关文献资料的收集。

模块五

新一代信息技术

学习任务

（1）了解信息和信息技术的概念。
（2）了解新一代信息技术之间的关系。
（3）了解云计算的概念、体系结构、分类和核心技术。
（4）了解云计算的服务模式和应用场景。
（5）了解大数据的概念、特点、处理流程和处理技术。
（6）了解大数据的应用场景和发展趋势。
（7）了解物联网的概念、体系结构和相关技术。
（8）了解物联网的应用场景和发展趋势。
（9）了解人工智能的概念、架构和核心技术。
（10）了解人工智能的发展趋势和面临的问题。
（11）了解区块链的概念、特点和体系架构。
（12）了解区块链的核心技术、分类、应用场景和发展趋势。
（13）通过体验新一代信息技术来理解信息技术的价值。

重点难点

（1）了解新一代信息技术之间的关系。
（2）通过体验新一代信息技术来理解信息技术的价值。

新一代信息技术是以人工智能、量子信息、移动通信、物联网、区块链等为代表的新兴技术。它既是信息技术的纵向升级，也是信息技术之间及其与相关产业的横向融合。本模块包含新一代信息技术的基本概念、技术特点、典型应用、技术融合等内容。

任务 5-1　了解信息与信息技术

计算机科学的研究内容主要包括信息的采集、存储、处理和传输。这些都与信息的量化和表示密切相关。

5-1-1　信息与信息处理概述

1. 信息

信息是什么？控制论创始人诺伯特·维纳曾经说过："信息就是信息，它既不是物质也不是能量。"站在客观事物立场上来看，信息是指"事物运动的状态及状态变化的方式"。站在认识主体立场上来看，信息则是"认识主体所感知或所表述的事物运动及其变化方式的形式、内容和效用"。

信息、物质和能量是客观世界的三大构成要素。世间一切事物都在运动，都具有一定的运动状态。这些运动状态都按某种方式发生变化，因而都在产生信息。哪里有运动的事物，哪里就存在信息。信息是普遍和广泛存在的，它作为人们认识世界、改造世界的一种基本资源，与人类的生存和发展有着密切的关系。

2. 信息处理

信息处理指的是与下列内容相关的行为和活动。

（1）信息的收集。如信息的感知、测量、获取和输入等。

（2）信息的加工和记忆。如分类、计算、分析、综合、转换、检索和管理等。

（3）信息的存储。如书写、摄影、录音和录像等。

（4）信息的传递。如邮寄、出版、电报、电话、广播和电视等。

（5）信息的应用。如控制、显示和打印等。

5-1-2 认识信息技术

信息技术（Information Technology，IT）指的是用来扩展人们的信息器官功能、协助人们更有效地进行信息处理操作的一类技术。人们的信息器官主要有感觉器官、神经网络、大脑及效应器官，它们分别用于获取信息、传递信息、加工/记忆信息和存储信息，以及应用信息使其产生实际效用。

基本的信息技术主要包括以下几种。

（1）扩展感觉器官功能的感测（获取）与识别技术。

（2）扩展神经系统功能的通信技术。

（3）扩展大脑功能的计算（处理）与存储技术。

（4）扩展效应器官功能的控制与显示技术。

现代信息技术的主要特征是以数字技术为基础，以计算机为核心，采用电子技术进行的信息收集、传递、加工/记忆、存储、显示和控制。涉及通信、广播、计算机、互联网、微电子、遥感遥测、自动控制、机器人等诸多领域。

5-1-3 了解新一代信息技术之间的关系

新一代信息技术，更主要的是指信息技术的整体平台和产业的代际变迁，《国务院关于加快培育和发展战略性新兴产业的决定》中列出了国家战略性新兴产业体系，其中就包括“新一代信息技术产业”。

近年来，以物联网、云计算、大数据、人工智能、区块链为代表的新一代信息技术产业正在酝酿着新一轮的信息技术革命，新一代信息技术产业不仅重视信息技术本身和商业模式的创新，而且强调将信息技术渗进、融合到社会和经济发展的各个行业，推动其他行业的技术进步和产业发展。

新一代信息技术产业发展的过程，实质上就是信息技术融入涉及社会经济发展的各个领域，创造新价值的过程。

1. 大数据拥抱云计算

云计算的平台即服务（Platform as a Service，PaaS）平台中的一个复杂的应用是大数据平台，大数据需要一步一步地融入云计算中，才能体现大数据的价值。

大数据中的数据分为 3 种类型：结构化的数据、非结构化的数据和半结构化的数据。其实数据本身并不是有用的，必须经过一定的处理。例如，人们每天跑步时运动手环所收集的就是数据，网络上的网页也是数据。虽然数据本身没有什么用处，但数据中包含一种很重要的东西，即信息（Information）。

数据十分杂乱，必须经过梳理和筛选才能够称为信息。信息中包含了很多规律，人们将信息中的规律总结出来，称为知识（knowledge）。人们可以利用这些知识去实战，有的人会做得非常好，这就是智慧（Intelligence）。因此，数据的应用分为四个步骤：数据、信息、知识和智慧。

2. 物联网技术完成数据收集

在物联网层面上，数据的收集是指通过部署成千上万个传感器，将大量的各种类型的数据收集上来。在互联网网页的搜索引擎层面，数据的收集是指将互联网所有的网页都下载下来。这显然不是单独一台机器能够做到的，需要多台机器组成网络爬虫系统，每台机器下载一部分，机器组同时工作，才能在有限的时间内将海量的网页下载完毕。

3. 人工智能拥抱大数据云

人工智能算法依赖于大量的数据，而这些数据往往需要面向某个特定的领域（如电商、快递）进行长期的积累。如果没有数据，人工智能算法就无法完成计算，所以人工智能程序很少像云计算平台一样给某个客户单独安装一套，让客户自己去使用。因为客户没有大量的相关数据做训练，结果往往很不理想。

但云计算厂商往往是积累了大量数据的，可以为云计算服务商安装一套程序，并提供一个服务接口。例如，想鉴别一个文本是不是涉及暴力，则直接使用这个在线服务即可。这种形式的服务，在云计算中被称为软件即服务（Software as a Service，SaaS），于是人工智能程序作为 SaaS 平台进入了云计算领域。

一个大数据公司，通过物联网或互联网积累了大量的数据，会通过一些人工智能算法提供某些服务；一个人工智能服务公司，不可能没有大数据平台作为支撑。

任务 5-2　了解云计算

提到“信息化建设”，当前最引人关注的就是“新基建”。2018 年，我国首次提出“新基建”概念，要“加快 5G 商用步伐，加强人工智能、工业物联网等新型基础设施建设”，由此，“新基建”迅速“走红”。相较于“老基建”的建高速路、公共服务基础设施，“新基建”是给“信息社会”建“高速路”和“公共服务基础设施”。“老基建”需要大量的基础建设材料，如水泥、砂石等。这些材料虽然有各类工厂大量生产，但运输耗费巨大，必须在项目场地附近建设搅拌站等配套设施，且难以根据项目需要实时增加。“新基建”也有各类“基础建设材料”，其中最重要的就是 CPU、存储、网络带宽等计算资源。这些“基础建设材料”的“生产”“运输”和使用过程若能突破“老基建”的桎梏，则能给“新基建”带来事半功倍的效果。因此，作为“新基建”基础技术的“云计算”技术逐步引人关注。

5-2-1　云计算概述

1. 云计算简介

信息化时代，任何一家企业都有大量的数据处理需求。虽然计算机硬件技术在飞速发展，但是面对呈几何级数增长的数据处理需求，现有的单台高性能计算机（服务器）的处理能力仍然无法满足需求。因此，就需要企业购置多台服务器，构建一个具有大量服务器的数据中心。

由于服务器的数量直接影响业务处理能力，所以建设和管理数据中心除了需要高昂的软硬件成本之外，还需承担高昂的运维成本，中小型企业难以承担这些费用，于是云计算的概念便应运而生了。

云计算的概念起源于 1988 年提出的“网络就是计算机”的理念，2006 年在搜索引擎大会上首次提出，从此拉开了互联网的第三次革命。

云计算是一种先进的分布式计算。它利用网络将众多计算机的闲置资源（如 CPU、内存、存储等）整合起来，形成一个“资源池”，根据用户的需求从“池”中抽取资源“组装”成一台计算机，使用完毕后再将计算机“拆解”归还至资源池。在用户看来，信息处理是由虚拟的计算机完成的，而实际是将信息分解成若干部分，分配至众多提供资源的计算机处理，得到结果后再汇总形成最终的计算结果返回给用户。由此可见，云计算中的“云”就是通过网络整合起来的计算资源的集合（资源池化），它能根据用户的需求（如计算量的大小）随时变化。因此，云计算也可被看作一种按使用量付费的模式，这种模式提供可用、便捷、按需的网络访问，用户通过可配置的计算资源共享池，快速获取所需的资源。

2. 云计算的特点

云计算具有以下特点。

（1）虚拟化。通过虚拟化技术将碎片化的资源进行整合，形成一个有机整体，并能随时从中抽取资源，自由组合、快速配置，“组成”用户需要的计算机。此计算机不是传统的、有形的，而是利用各种资源虚拟而来的，但仍然是独立个体，相互之间不影响。

（2）终端兼容性。所有数据的处理不在终端完成，所以支持用户在任意位置、使用各种终端获取应用服务。

（3）规模化整合。能规模化整合海量资源，如公有云中可以包含几十万甚至上百万台服务器，在一个小型的私有云中也可拥有几百台甚至上千台服务器。

（4）高可靠性。使用多副本容错技术、计算节点同构可互换等措施保障服务的高可靠性，使用云计算比使用本地计算机更可靠。

（5）高可用性。通过资源弹性扩展、动态伸缩、负载均衡等技术保障服务的可用性。

（6）弹性伸缩。根据业务需求和策略，能实时、自动调整资源规模。

（7）按需服务。用户可以根据自身需要购买相应资源。

（8）低成本。通过使用云计算，用户的硬件成本和运维成本大大降低。

3. 云计算的体系架构

一般而言，云计算的体系架构由应用层、平台层、资源层、用户访问层和管理层 5 部分组成，如图 5-1 所示。

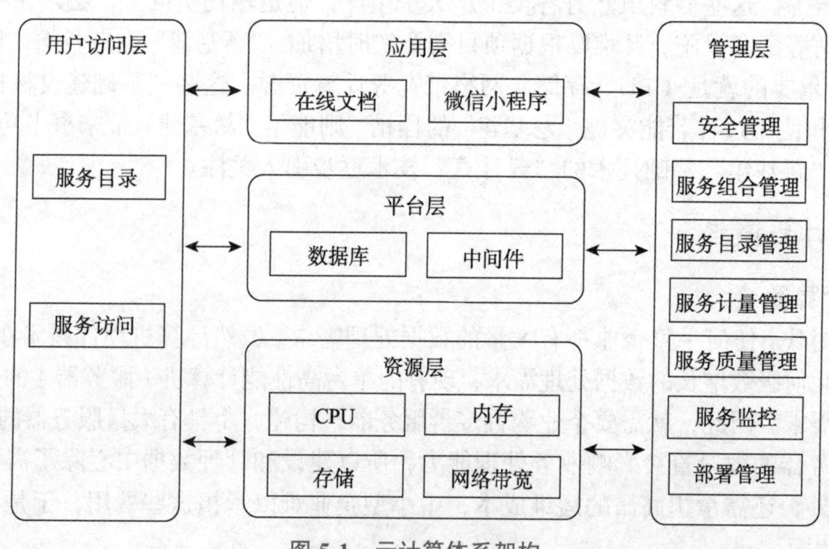

图 5-1　云计算体系架构

（1）应用层。应用层主要为企业或个人提供应用服务，如企业财务管理、在线文档、即时通信小程序等。

（2）平台层。平台层主要对外提供各类集成的企业级或个人应用开发环境，如数据库服务、事务处理、中间件服务等。

（3）资源层。资源层主要对外提供虚拟化的基础资源组合，如虚拟服务器、网络服务、存储服务等。

（4）用户访问层。用户访问层主要为用户提供访问各类云计算服务所需的支撑服务，如服务目录列表、服务访问接口等。

（5）管理层。管理层对其他各层进行管理，如安全管理、服务计量管理、服务质量管理等。

4. 云计算的核心技术

云计算有五大核心技术，分别为虚拟化技术、分布式存储技术、分布式资源管理、智能管理平台和编程模型。

（1）虚拟化技术。虚拟化技术是一种利用软件模拟计算机硬件的技术，计算机硬件经过软件模拟后以虚拟资源的形式为用户提供服务。使用虚拟化技术旨在合理分配计算机资源，使其得到更高效的应用。

（2）分布式存储技术。分布式存储技术可将大量存储服务器整合为一台超级存储服务器，提供海量的数据存储和处理服务。分布式存储技术采用可扩展的系统架构，可让多台存储服务器分摊存储需求，依靠位置服务器定位数据存储信息。

（3）分布式资源管理。分布式资源管理能保证各个节点在多点并发情况下，状态依然同步。在某个节点出现故障时，系统通过相关机制确保其他节点不受影响。

（4）智能管理平台。智能管理平台具有高效调配大量服务器资源协同工作的能力。简易部署新业务、快速发现并恢复系统故障、智能化运营是智能管理技术的关键。

（5）编程模型。云计算运用了一种简洁的分布式并行编程模型 Map-Reduce，主要用于数据集的并行运算和并行任务的调度处理。在该模式下，用户只需自行编写相关函数即可进行并行计算。

通过以上五大核心技术，可以将分散的节点有效整合，组成大规模乃至超大规模集群，既能提供强大性能，也能提升资源的利用率。

5-2-2　了解云计算服务模式、应用场景和分类

1. 云计算的服务模式

若需使用传统的计算服务，用户要自行采购 CPU、内存、主板、硬盘等相关硬件，组装完毕后再安装相关操作系统、应用程序，设计并配置服务架构，开通网络服务后，才能正常使用。这种模式下，用户虽然能完全掌控各个环节，但投入的软硬件成本、运维成本太高。

因此，云计算结合自身体系架构，从用户的体验角度出发，提供了 3 种服务模式：基础设施即服务、平台即服务和软件即服务。

1）基础设施即服务

基础设施即服务（Infrastructure as a Service，IaaS）也叫硬件即服务。这是主要服务模式，它为用户提供虚拟化的计算资源，如云主机、云存储、云网络等。

在 IaaS 中，用户只需要付费购买组成计算机的基础资源，如 CPU、内存、存储容量、网络带宽等，然后在其上安装所需的操作系统、应用软件等。用户只需要对软件进行配置与管理，不需要对硬件进行维护。

2）平台即服务

平台即服务（PaaS）也叫中间件服务。它为用户开发、测试和管理软件应用程序提供必需的开发环境，如数据库服务、搜索服务等。

在PaaS中，服务提供商已经为用户组装了相关"硬件"，安装了操作系统和开发调试环境，用户只需进行相应开发调试即可。

3）软件即服务

软件即服务（SaaS）为用户提供了各类应用服务，如电子商务平台、在线文档协作等。

在SaaS中，用户通过服务提供商的标准接口（如网页浏览器）使用应用服务，无须安装应用程序，更不需要设计、部署和运维相关系统环境。

2. 云计算的应用场景

如今的互联网服务大多数已经融入了云计算技术，以下介绍一些常见的云计算应用场景。

1）存储云

存储云，又称云存储，是一种基于云计算的存储技术。云存储是一个以数据存储和管理为核心的云计算系统。用户可以将本地的资源上传至云端，并在任意地点连接互联网来获取云端的资源。如国内的华为、腾讯、百度等企业都提供了高速、容量大的存储云服务。同时，还提供备份、归档和记录管理等辅助服务功能，极大地方便了用户对资源的管理。

2）医疗云

医疗云，是指在5G通信、大数据以及物联网等新技术基础上，结合医疗技术，使用云计算来创建医疗健康服务云平台，实现了医疗资源的共享和医疗范围的扩大。医疗云提高了医疗机构的效率，方便居民就医，如医院的预约挂号、电子病历、医保结算等都是云计算与医疗领域结合的产物。由于医疗云一般采用混合云的形式，因此具备数据安全、信息共享、动态扩展及应用广泛的优势。

3）金融云

金融云，是指运用云计算模型，将信息、金融和服务等功能分散到庞大分支机构构成的互联网"云"中，为银行、保险和基金等金融机构提供互联网处理和运行服务，同时共享互联网资源，从而解决线下银行地点分散、排队时间长、服务效率不高等问题，实现高效、低成本的目标。简单来说，现今常见的快捷支付就是一种金融云服务，因为金融与云计算的结合，现在只需要在手机上简单操作，就可以完成银行转账、缴费充值、消费支付等。

4）教育云

教育云是教育信息化的一种发展方式。它可以将任何教育硬件资源虚拟化后传入互联网中，为教育机构、教师或者学生构建一个方便、快捷的平台，慕课（MOOC）就是教育云的一种应用。慕课，指的是大规模开放的在线课程，现阶段中国大学MOOC、智慧职教、智慧树、超星等都是教育云的典型应用。

5-2-3 云服务的分类

云计算提供的服务即云服务。目前，云服务的主要形式包括公有云、私有云和混合云。

1. 公有云

公有云是指服务提供商通过互联网向用户提供的计算服务。它可以免费或按需出售，允许用户仅根据CPU周期、存储或网络带宽的使用量支付费用。使用公有云，企业能够节省采购、部署和运维本地硬件及应用程序的高昂成本，相关系统的所有管理和维护工作均由云服务提供商负责。相较于本地基础架构，公有云能充分发挥弹性伸缩的特点，可以快速部署可伸缩的服务平台。只要用户能访问互联网，便可快捷访问所需要的服务。

2. 私有云

公有云的成本低廉，但企业数据均存放在公共网络中，且服务提供商一般拥有公有云管理特权，可随意读取云中存放的数据，因此，对数据安全特别敏感的企业（如金融、保险企业）一般会自行架设云计算平台，即私有云。私有云的技术形式与公有云相同，但用户可以掌控计算、存储、网络等所有资源，并享有独家使用权，但需要对云平台进行规划、设计、采购、部署和运维，投入成本较高，并需要配备专业的技术团队。

3. 混合云

若企业既要考虑数据的安全性，又要考虑业务的伸缩性和成本，则可以使用混合云。混合云是在同一组织内同时利用私有云和公有云来提供不同的云服务，它集成了公有云和私有云的优势，安全性介于两者之间。通过混合云，企业能将关键业务或数据存放在私有云中，将其他业务存放在公有云中。这是未来云服务的发展趋势之一，既能充分发挥云服务的特点，又尽最大可能保障了数据安全。

5-2-4 云计算发展趋势及其面临的问题

1. 云计算的发展趋势

云计算经过十多年的发展，其技术和产业创新不断涌现，新技术、新产品和新模式不断推动着云计算的变革。在产业方面，云计算的应用已深入政府、工业、交通、物流、金融、医疗健康等行业，企业上云成为趋势，云管理服务、智能云、边缘云等市场开始兴起，云计算与人工智能、物联网等新技术的融合不断推动产业升级和变革；在技术方面，容器技术、微服务、DevOps等云原生技术逐渐成熟和得以广泛应用，云边协同、云网融合体系逐渐形成。

未来的发展中，云计算和移动互联网的结合最引人注目。手机拥有便携性和移动通信能力等天然优势，随着智能化发展，手机的计算能力和存储能力得到了极大提升，但受限于体积和便携性需求，处理能力难以和计算机相比。从这个角度来看，云计算的特点更能在移动互联网上充分体现，将应用的计算和存储从终端转移到云端，就可以弱化对移动终端设备的处理需求。

云计算是信息技术发展和服务模式创新的集中体现，是信息化发展的重大变革和必然趋势，随着云计算市场的快速发展和国家政策的大力支持，未来云计算产业将拥有良好的发展机遇。

2. 云计算产业面临的问题

目前，国内云计算领域“百花齐放”。但是，仍面临行业标准不统一和云安全风险等主要问题，若这些问题不能妥善解决，将影响云计算产业发展和壮大。

1）行业标准不统一

国内云计算服务提供商众多，如阿里云、百度云、腾讯云、华为云、青云等，它们都有各自的标准和技术体系，也形成了各自的服务特色。但是，这也导致各服务商的云计算平台之间不具备操作互通性。用户将应用从一个云计算平台迁移到另一个平台的过程非常复杂，直接影响了云计算的大规模市场化和商业应用。目前亟待解决的是制定开放、统一的云计算标准，指导和规范云计算产业的发展。

标准的内容不仅是技术方面，还包括服务标准，以指导和规范各种云平台的规划、建设、运营，促进云计算产业的健康发展。

2）云安全风险

随着云计算的不断发展，云安全问题成为服务提供商亟须解决的关键问题。云计算涉及 3 个层面的安全问题：用户的数据和应用安全、服务平台自身的安全以及平台权限的非法使用。这些安全问题在传统的信息系统和互联网服务中也存在，但云计算业务高弹性、大规模、分布式的特点使这些安全问题变得更加突出。用户把极具价值的数据存放在服务提供商的平台上，这些数据的安全性和私密性是用户最关心的。服务平台被攻击或者非法使用平台管理特权都会导致数据泄露、丢失等安全问题，甚至国际上著名的云计算服务提供商由于自身安全造成的数据泄露和丢失事件时有发生，表明云计算的安全性仍有待提升。有专业的调查结果显示，将近 75%的受访企业认为安全是云计算发展道路上的最大挑战，相当数量的个人用户对云计算服务尚未建立充分的信任，不敢把个人资料上传到“云”中。由此可见，安全已经成为云计算业务拓展的主要困扰。

任务 5-3　了解大数据

5-3-1　大数据概述

数字世界一直在扩张，只有考虑社会各方面的变化趋势，才能真正意识到信息爆炸已经到来。根据 IDC（Internet Data Center，互联网数据中心）发布的《数据时代 2025》报告，随着 5G、物联网的发展，2010—2021 年数据呈现爆发式增长状态，2020 年全球数据量为 60ZB，预计 2025 年全球数据量将达到 175ZB。

1. 大数据简介

2011 年 5 月，大数据（Big Data）的概念被正式提出。大数据是指所涉及的资料规模巨大到无法通过目前主流软件工具，在合理时间内进行捕捉、管理和处理的数据集合，面对这些海量、高增长率和多样化的数据，需要新的处理模式。随着社交网络、电子商务、互联网和云计算的兴起，音频、视频、图像、日志等数据呈现了爆炸性增长的趋势，使得大数据成为继云计算、物联网之后信息技术领域又一次颠覆性的技术变革。

随着信息数据在数量、频度和使用等多方面的巨大变革，社会已进入大数据时代，意味着包括交易和交互数据集在内的所有数据集，其规模或复杂程度都超出了使用常用技术在合理的成本和时限内处理这些数据集的能力。要想较全面地了解大数据，可以从大数据的基本认知、处理流程、处理技术和未来发展趋势等 4 个方面来认识，其关系如图 5-2 所示。

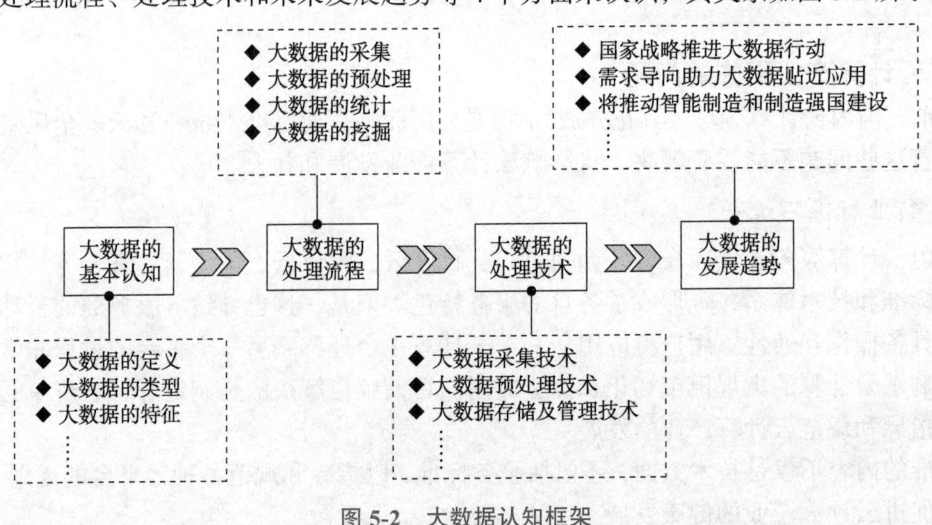

图 5-2　大数据认知框架

2. 大数据的特点

大数据具有“5V”特点。

1）海量（Volume）——数据量巨大

大数据的特征首先体现为数据量大，随着网络及信息技术的高速发展，数据开始爆炸性增长。社交网络、移动通信、电子商务、智能终端等，都成为数据的来源，企业业务系统的运行也产生了大量的数据。

2）多样（Variety）——数据类型多样

互联网的广泛使用产生了海量的数据，由于应用不同，数据类型也不尽相同，总体上可分为结构化、半结构化和非结构化 3 类，其中非结构化数据越来越成为数据的主要部分。结构化数据之间具有较强的因果关系，一般存储在各种关系数据库中，如财务系统数据、信息管理系统数据、医疗系统数据等；半结构化数据是结构化数据的一种形式，它并不符合关系数据库或其他数据表的形式关联起来的数据模型结构，但包含相关标记，用来分隔语义元素以及对记录和字段进行分层，如超文本标记语言（HTML）文档、可扩展标记语言（XML）文档、JS 对象简谱 JSON 数据、网络日志等；非结构化数据之间的因果关系弱，没有固定结构，如视频、图片、音频等。

3）高速（Velocity）——实时获取需要的信息

大数据时代，通过高速的计算机处理创建实时数据流已成为必然。企业不仅需要了解如何快速创建数据，还必须知道如何快速处理、分析数据并返回给用户，以满足他们的实时需求。例如，在用户每次浏览电子商务网站、每次下订单过程中，大数据都会对用户进行实时的推荐，决策已经变得实时；商业银行的数据创建、存储、处理和分析的速度在大数据时代将持续加快；某些数据必须实时地进行分析，才能及时、有效地对业务管理产生价值。

4）低价值密度（Value）——沙里淘金

相比传统的数据，大数据最大的价值在于从大量不相关的各种类型的数据中，挖掘出对未来趋势与模式预测分析有价值的数据，并通过人工智能方法进行深度分析，发现新规律和新知识，并运用于商业、工业、农业、金融、医疗、服务业等各个领域，从而最终达到改善社会治理、提高生产效率、推进科学研究的目的。但这些价值信息都是分散在海量数据中的，虽然数据量很大，但是价值密度较低。以小区视频监控为例，为了实现小区监控，需要投入较大的资金购买摄像头、录像机、监视器、交换机、路由器、存储设备等，还需要一定的运营成本。在小区全天候监控过程中，将产生大量的数据，当小区状况正常时，这些数据都不会被使用，只有当小区发生意外时，人们才会去查看录制的视频，有价值的视频可能只是一个小片段。

5）真实（Veracity）——数据的质量

真实是指数据的准确性和可信赖度高，即数据的质量高。大数据的内容是与真实世界息息相关的，真实不一定代表准确，但一定不是虚假数据，这是数据分析的基础。基于真实的交易与行为产生的数据才有意义，如何识别造假数据，是大数据学科中值得研究的领域。

3. 大数据处理技术

大数据具有数据海量、高速、多样等特点，必须由专门的大数据处理技术进行处理。

1）数据采集技术

数据采集又称为数据获取（Data AcQuisition，DAQ），针对不同的数据源，有不同的采集方法。

系统日志采集，主要是收集公司业务平台日常产生的大量日志数据，供离线和在线的大数据分析系统使用。高可用性、高可靠性、可扩展性是日志收集系统所具有的基本特征。系统日志采集工具如Chukwa、Flume、Scribe等，均采用分布式架构，能够满足每秒数百兆的日志数据采集和传输需求。

网络数据采集，指通过网络爬虫或网站公开API等方式从网站上获取数据信息的过程。网络爬虫有时被称为“网络蜘蛛”，已经成为许多商业公司、大数据研究人员进行大数据采集的重要工具。网络爬虫会从一个或若干初始网页的开始，获得各个网页上的内容，并且在抓取网页的过程中，不断从当前页面上抽取新的统一资源定位器（URL）放入队列，直到满足设置的停止条件为止。这样可将非结构化数据、半结构化数据从网页中提取出来，存储在MongoDB、HBase等非关系数据库存储系统中。

感知设备数据采集，指通过传感器、摄像头和其他智能终端自动采集信号、图片或录像来获取数据。大数据智能感知系统需要实现对结构化、半结构化、非结构化的海量数据的智能化识别、定位、跟踪、接入、传输、信号转换、监控、初步处理和管理等。其关键技术包括针对大数据源的智能识别、感知、适配、传输、接入等。

2）预处理技术

在采集到的真实数据中，可能包含大量的缺失值、噪声或异常值（脏数据），必须先进行数据预处理，得到标准的、干净的、连续的数据，才能进行数据分析、数据挖掘。

数据处理中，数据的质量直接决定了最后的结果，包括准确性、完整性、一致性、时效性、可信性和解释性。数据预处理的主要步骤分为数据清理、数据集成、数据归约和数据变换。

（1）数据清理。数据清理主要通过填补缺失值、光滑噪声数据、平滑或删除离群点，解决数据的不一致性。

（2）数据集成。数据集成将多个数据源（多个数据库或文件）中的数据进行整合，存放在一个一致的数据集中，如数据仓库中。

（3）数据归约。数据归约是指在尽可能保持数据原貌的前提下，最大限度地精简数据量。数据归约技术得到数据集的归约表示，归约集虽然数据量较小，但仍大致保持原数据的完整性，在归约后的数据集上挖掘将更有效，并产生相同（或几乎相同）的分析结果。归约的策略一般有特征归约、样本归约等。

（4）数据变换。数据变换就是通过标准化、离散化与分层化让数据变得更加一致，将数据转换或统一成更适合机器学习训练或数据分析的形式。

3）存储与管理技术

大数据存储及管理技术主要涉及大数据的可存储、可表示、可处理、可靠性及有效传输等关键问题，通过建立相应的数据库把采集到的数据进行存储、管理和调用。数据存储与管理的效果直接影响整个大数据系统的性能。目前主要采用分布式存储，在分布式存储中，数据被切分成小块，分配到集群环境中的各台机器上，大大降低了存储的成本。

4）分析与挖掘技术

要想将采集来的数据变成有价值的数据，必须通过数据分析与挖掘技术的处理。

数据分析是根据分析目的，用适当的统计方法及工具，对收集来的数据进行处理与分析，提取有价值的信息，以发挥数据的作用。主要包括现状分析、原因分析、预测分析。数据分析的目标明确，一般会先做假设，然后通过数据分析来验证假设是否正确，从而得出相应的结论。分析的结果是一个指标统计量，如总和、平均值等，这些指标数据都需要与业务结合进行解读，才能发挥出数据的价值与作用。

数据挖掘是指从大量的数据中，通过统计学、人工智能、机器学习等方法，挖掘出未知的、有价值的信息和知识的过程。主要侧重解决分类、聚类、关联和预测这 4 类问题，重点在寻找未知的模式与规律。由于原始数据集具有规模大、掺杂噪声的特点，所以必须根据想要获取信息的特点，选择相应的数据集来进行数据挖掘操作，这样可以极大地减少运算量，提升挖掘效率。

无论数据分析还是数据挖掘都是从数据里面发现有价值的信息，从而帮助业务运营、改进产品以及帮助企业做出更好决策。

5）可视化技术

可视化技术是指将大型数据集中的数据以图形图像形式表示，并利用数据分析和开发工具发现其中未知信息的处理过程。主要通过 Excel、ECharts、Tableau 等图表软件或开发工具，将数据编码为可视对象，如点、线、颜色、位置关系、动态效果等，并将对象组成图形来传递数据信息。其目的是以清晰且高效的方式将信息传递给用户，利用人眼的感知能力对数据进行交互的可视化表达，以增强对数据的认知。

4. 大数据处理流程

大数据的处理流程可以概括为大数据采集，大数据预处理，大数据存储及管理，大数据分析及挖掘，大数据展现和应用等环节，如图 5-3 所示。

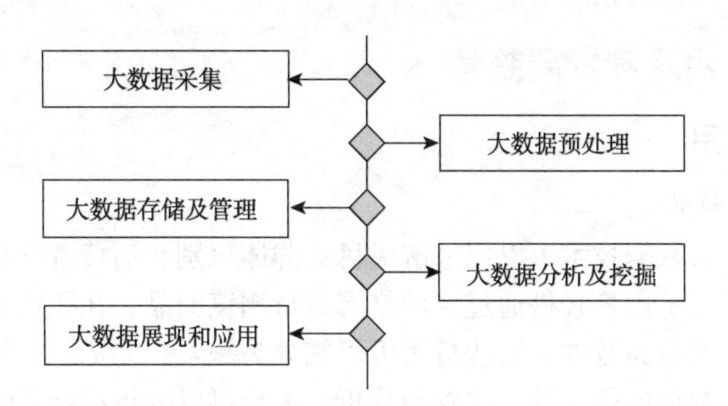

图 5-3　大数据的处理流程

1）大数据采集

数据处理的第 1 步是数据的采集。一般采用 ETL（Extract Transform Load）工具将分布的、异构数据源中的数据（如文字数据、网页数据以及其他非结构化数据等）抽取到临时文件或数据库中。大数据的采集不是抽样调查，它强调数据尽可能完整和全面，尽量保证每一个数据准确有用。目前，中大型企业通常采用分布式架构，所以数据的采集需要在多台服务器上进行，且采集过程不能影响正常业务的开展。在数据采集过程中，数据源会影响大数据的真实性、完整性、一致性、准确性和安全性。针对不同类型的数据，使用不同的采集工具。如对于 Web 数据，多采用网络爬虫方式进行收集，为保障收集到的数据时效性，需要对网络爬虫软件进行时间设置；对于系统日志，运用专门的日志采集工具进行采集。

2）大数据预处理

数据采集来自一个或多个数据源，这些数据源包括同构或异构的数据库、文件系统、服务接口等，易受到噪声数据、数据值缺失、数据冲突等影响，因此需要对收集到的数据进行预处理，使不同来源的数据整合成一致的、适合算法读取的数据，以保证数据分析与预测结果的准确性和价值性。预处理环节主要包括数据清理、数据集成、数据归约与数据转换等，可以大大提高大数据的总体质量。

3）大数据存储及管理

对预处理完后的数据进行归档、整理和共享，利用分布式文件系统、数据仓库、关系数据库、非关系数据库、云数据库等，实现对结构化、半结构化和非结构化海量数据的存储和管理。数据存储及管理是大数据的核心环节之一，为了有效应对现实世界中复杂多样的大数据处理需求，需针对不同的大数据应用特征，从多个角度、多个层次对数据进行存储。

4）大数据分析及挖掘

大数据分析需要使用统计工具或算法模型对数据进行分类汇总，得到有效的分析结果。分析数据的最终目的是通过数据来挖掘数据背后的联系，找出规律，然后应用到实际业务中。与统计分析过程不同的是，数据挖掘一般没有预先设定好的主题，主要在现有数据上利用挖掘算法从大量数据中自动搜索隐藏于其中的信息，其常用方法有分类、聚类、回归分析、关联规则、神经网络方法、Web数据挖掘等。这些算法可以帮助人们从大量的、不完全的、有噪声的、模糊的、随机的实际应用数据中，提取出隐含的有用信息和知识。

5）大数据展现和应用

大数据处理最基本的要求是对分析与挖掘后的结果进行可视化展现，通过使用图表、图形和地图等可视元素，为用户提供一种便于观察和理解数据内在的异常值、趋势、规律、模式的手段，为决策和应用提供支持。

5-3-2 大数据应用及其发展趋势

1. 大数据的应用

1）电子商务大数据

在电子商务中，大数据技术可以用来解决目标群体识别和消费者偏好预测问题。移动互联网时代，人们可以足不出户轻松通过移动终端进行浏览商品、在线购物等，在电子商务平台上产生了大量的消费行为数据，这些行为可以细分为搜索、浏览、比较和购买行为。通过对消费者生成的这些数据进行统计、比较和分析，平台可以分析消费者的购买意向和消费习惯，构建用户画像，然后识别目标群体，预测消费者偏好。例如，电商平台通过访问页面和转换数据来分析客户的行为，并根据标题、购物车、客户搜索路径等，通过独特的推荐算法来预测用户可能购买的产品。

2）智慧城市大数据

智慧城市是指在城市规划、设计、建设、管理与运营等领域中，通过物联网、云计算、大数据、空间地理信息集成等智能计算技术的应用，使得城市管理、教育、医疗、房地产、交通运输、公用事业和公众安全等城市组成的关键基础设施组件和服务更互联、高效和智能，从而为市民提供更好的生活和工作服务，为企业创造更有利的商业发展环境，为政府赋能更高效的运营与管理机制。

要实现智慧城市的目标，需要对海量的数据资源进行收集、整合、存储与分析，并使用智能感知、分布式存储、数据挖掘、实时动态可视化等大数据技术实现资源的合理配置。在新型智慧城市建设中，大数据技术可以应用在3个方面。第一，建立城市大数据平台，提高数据管理效率。通过统一标准，避免数据混乱、冲突。通过集中处理，快速挖掘出多角度的数据属性以供分析和应用。第二，在交通领域，通过卫星分析和开放云平台等实时流量监测来感知交通路况，帮助市民优化出行方案；在平安城市领域，通过行为轨迹、社会关系、社会舆情等集中监控和分析，为公安部门指挥、决策提供有力支持。第三，开放共享的大数据平台，推动政企数据双向对接，激发社会力量参与城市建设。通过共享的大数据平台，企业可获取更多的城市数据，挖掘商业价值，提升自身业务水平；同时，各个企业、组织将数据共享到统一的大数据平台，丰富政府数据，支撑城市的精细化管理，实现城市治理的现代化。

3）教育大数据

“互联网+教育”是互联网科技与教育领域相结合的一种新的教育形式。随着“互联网+教育”的兴起，在线教育平台、MOOC等广泛使用，丰富了传统的教学和学习模式，用户在学习过程中产生了大量数据，既包括考试成绩、作业完成状况及课堂表现等显性行为数据，也包括论坛发帖、课外活动、在线社交等隐性行为数据。通过对学习大数据进行分析，能够为学校和教师提供教学参考，及时、准确地评估学生的学业状况，发现学生潜在的问题，进而预测学生未来可能的表现。

2. 大数据发展趋势

大数据的应用已广泛深入人们的生活，涵盖医疗、交通、金融、教育、体育、零售等各行各业。在众多大数据应用领域中，电子商务、金融、电信领域的应用成熟度较高，政府公共服务、教育等领域的市场吸引力最大。随着“互联网+”行动的深入推进，将产生更大量的数据，必将催生强大的大数据存储、处理与分析需求。

大数据作为一个新兴的产业，仍然处于高速发展期，同时，大数据正不断与其他新兴产业相互交叉、融合，催生了新的应用场景，主要有以下几个发展方向。

1）大数据与物联网的融合

物联网专注于物物相连，大数据专注于数据的价值化。物联网是大数据的重要基础，是大数据的主要数据来源，占整个数据来源的90%以上，所以说没有物联网也就没有大数据。大数据是物联网体系的重要组成部分，物联网体系中的分析部分的主要内容就是大数据分析。大数据和物联网的融合，使得物体更加智能化。

2）大数据与云计算

大数据与云计算是相辅相成的，大数据着眼于“数据”，关注实际业务，提供数据采集、分析、挖掘和可视化，注重的是信息积淀，即数据存储能力。云计算着眼于“计算”，关注IT解决方案、IT基础架构，注重的是计算能力，即数据处理能力。没有大数据的信息量，即使云计算的计算能力再强，也难以达到实际效果；没有云计算的处理能力，对大数据的信息量也难进行及时分析、处理。

3）大数据与人工智能

人工智能需要大量的数据，才能学会“思考”和“决策”；大数据也需要人工智能技术进行数据价值化操作。

任务5-4　了解物联网

5-4-1　物联网概述

1. 物联网简介

物联网（Internet of Things，IoT）是指“物物相连的互联网”。1999年，麻省理工学院（MIT）自动识别实验室首次提出了物联网的概念，即在计算机互联网的基础上，以射频识别（RFID）技术和无线传感网络作为支撑，构造一个实现全球信息实时共享的互联网。2005年，国际电信联盟（ITU）发布了《ITU 互联网报告 2005：物联网》，正式提出物联网概念，报告指出，世界上的万事万物，小到钥匙、手表、手机，大到汽车、楼房，只要嵌入一个微型的射频标签芯片或传感器芯片，通过因特网就能够实现物与物之间的信息交互，从而形成一个无所不在的“物联网”。物联网可视为互联网的延伸，目前较为公认的物联网的定义是：通过射频识别、红外感应器、全球定位系统等信息传感设备，按照约定的协议，实现人与物、物与物相连，实现智能化识别，定位跟踪管理的网络。

2. 物联网特点

物联网的特点主要体现在以下 3 个方面。

1）全面感知

利用无线射频识别（RFID）传感器、定位器和二维码等手段随时随地对物体进行信息采集和获取。感知包括传感器的信息采集、协同处理、智能组网，甚至提供信息服务，以达到控制、指挥的目的。

2）可靠传输

可靠传输是指通过各种电信网络和因特网融合，对接收到的感知信息进行实时远程传送，实现信息的交互和共享。在这一过程中，通常需要用到现有的电信运营网络，包括无线和有线网络。由于传感器网络是一个局部的无线网，因而无线移动通信网是承载物联网的有力的支撑。

3）智能处理与决策

智能处理与决策是指利用云计算、模糊识别等各种智能计算技术，对接收到的跨地域、跨行业、跨部门的海量数据和信息进行分析处理，实现智能化的决策和控制。

3. 物联网体系结构

从技术架构来看，物联网可以分为感知层、网络层和应用层 3 个层次，如图 5-4 所示。

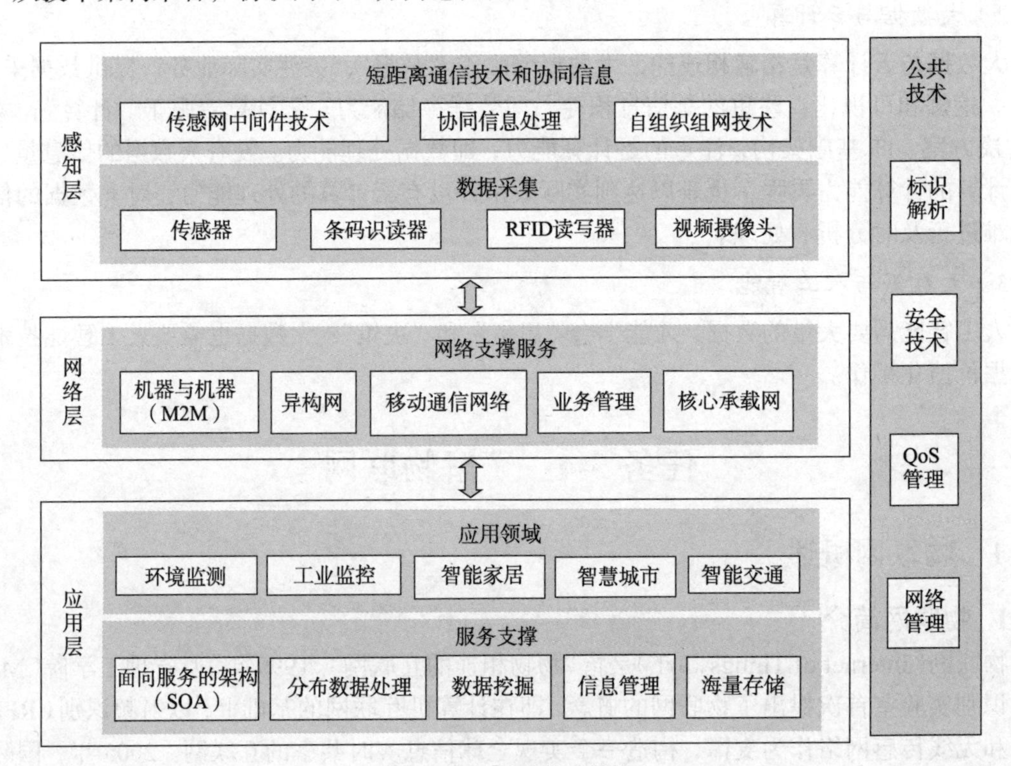

图 5-4 物联网体系结构

（1）感知层。主要功能是信息感知和信息采集处理，并将物理实体连接到网络层和应用层。数据采集设备主要包括二维码和条码识读器、RFID 读写器、视频摄像头等。

（2）网络层。包括各种通信网络与物联网形成的承载网络，如移动通信网络、现有的互联网（IPv4、IPv6 网络）、企业网、卫星通信网等，主要负责对来自感知层的信息进行传输，完成物联网感知层与应用层之间的信息通信。

（3）应用层。包括基础设施和各种物联网应用等。应用层面向各类行业实际应用，并根据各种应用的特点集成相关的内容服务，如智慧城市系统、智能交通系统、环境监测系统等。应用层的主要功能还包括对采集数据的汇聚、转换、分析等。

5-4-2　物联网相关技术及发展趋势

1. 感知层关键技术

1）一维条形码和二维码技术

（1）一维条形码是由一组规则排列的条、空以及对应的字符组成的标记，“条”指对光线反射率较低的部分，“空”指对光线反射率较高的部分。这些条和空组成的数据表达一定的信息，并能够用特定的设备识读，转换成计算机能识别的二进制信息。

（2）二维码是一维条形码的升级，是用某种特定的几何形体按一定规律在平面上分布（黑白相间）的图形来记录信息的应用技术。一维条形码只在一个方向包含信息，二维码则在两个方向（水平和垂直）包含信息，如图 5-5 所示。

图 5-5　一维条形码和二维码

2）RFID 技术

RFID 是一项利用射频信号通过空间耦合（交变磁场或电磁场）实现无接触信息传递，并通过所传递的信息达到识别目标的技术。和传统的条形码相比，RFID 可以突破条形码需人工扫描、一次读一个的限制，实现非接触性和大批量数据采集，具有不怕灰尘、油污的特性，也可以在恶劣环境下作业，实现长距离的读取，具有实时追踪、重复读写及高速读取的优势。

RFID 系统由射频标签（Tag）、读写器（Reader）和计算机网络构成，如图 5-6 所示。

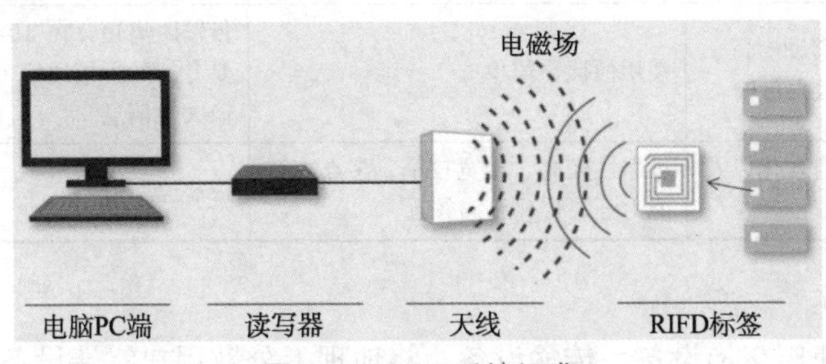

图 5-6　RFID 系统组成

3）传感器技术

传感器是一种检测装置，能感受到被测量的信息，并能将感受主机系统到的信息按一定规律转换为电信号或其他所需形式的信息输出，以满足信息的传输、处理、存储、显示、记录和控制等要求。可以将传感器形象地比喻为人类五官的延长，并且能在各种极端的环境（如超高温、超低温、超高压、超强磁场等）中获取大量人类感官无法直接获取的信息。传感器的类型多样，常见的传感器类型及应用场景如下。

（1）温度传感器：隧道消防、电力电缆、石油石化。

（2）应变传感器：桥梁隧道、边坡地基。

（3）微震动传感器：周界安全、地震检波、地质物探。常见的传感器如图 5-7 所示。

图 5-7　常见的传感器类型（压力传感器、气体传感器、温度传感器）

4）微机电系统

微机电系统是由微传感器、微执行器、信号处理和控制电路、通信接口和电源等部件组成的一体化的微型器件系统。它将信息的获取、处理和执行集成在一起，组成具有多功能的微型系统，从而大幅度地提高系统的自动化、智能化和可靠性水平。

2. 网络层关键技术

1）近距离无线通信技术

近距离无线通信技术的范围比较广，只要通信双方通过无线电波传输信息，并且传输距离限制在较短的范围内（通常是几十米以内），就可以称为近距离无线通信。它支持各种高速率的多媒体应用、高质量声像传送。近距离通信具有低成本、低功耗和对等性等特点。

常见的近距离无线通信技术有 Wi-Fi、蓝牙、NFC、ZigBee 等。各技术的对比见表 5-1。

表 5-1　常见近距离无线通信技术对比

主要技术	主要应用	优点	缺点
Wi-Fi	用户终端以无线方式接入互联网	无线电波的覆盖范围广；传输速度非常快；方便用户终端设备接入	信号容易被干扰、容易受到网络攻击
蓝牙	遥感勘测、移动电子商务、数字电子设备、工业控制等	稳定，设备范围广，成本较低	有被破解的可能性；以移动电话为中心；每网最多 8 个节点；有效距离短，一般在 10 米以内
NFC	防伪溯源、移动支付、电子名片、数据传输	使用便捷、简单	传输距离短，在 10 厘米以内；成本高，需要专门的近场通信（NFC）模块，不适合传输大量信息
ZigBee	家庭、楼宇自动化以及监控类应用	可靠性较高、带宽较窄、多点支持能力强、传输距离较远	传输速率低

2）移动通信网

通信网是一种使用交换设备、传输设备，将地理上分散用户终端设备互联起来，实现通信和信息交换的系统。移动通信网是通信网的一个重要分支，具有移动性、自由性，以及不受时间和地点限制等特性，在物联网应用中被广泛使用。30/40/50 移动网络以其高速、实时、高覆盖率、多元化的特点，支持多媒体数据信息的高效处理，为“物品触网”“用户上网”创造了“随时随地”传输信息的平台。

3. 应用层关键技术

1）云计算技术

云计算是一种基于互联网的计算方式，通过这种方式，共享的软硬件资源和信息可以按需提供给计算机和其他设备。云计算为物联网海量数据的存储和分析提供了技术支持。

2）安全和隐私技术

近年来，随着 5G 等关键技术的突破，物联网的发展非常迅速。同时随着远程办公需求增加，海量的设备接入互联网。“万物互联”带来便利的同时，也产生了个人信息、设备信息、环境信息、检测数据信息等被泄露或被恶意窃取的风险。

物联网的安全和隐私技术包括安全体系架构、网络安全技术、“智能物体”的广泛部署给社会生活带来的安全威胁、隐私保护技术、安全管理机制和保证措施等。物联网安全除了聚焦在技术方面提高智能设备的安全性能外，在处理随之产生的海量数据时，也需要制定相关法规和严格的管理制度，以确保物联网应用领域的安全、高效。

3）标识和解析技术

物联网标识和解析技术用于在一定范围内唯一识别物联网中的物理和逻辑实体、资源与服务，使物联网应用能够基于其对目标对象进行控制和管理，以及进行相关信息的获取、处理、传送与交换。

标识和解析技术是物联网、工业互联网基础信息融合的支撑技术，要发挥标识技术的应用价值，需要解决两个关键问题。一是标准化问题，即各类标识解析技术面向应用的“互联互通”问题，其核心是标识技术与实际需求结合的标准化；二是应用自然语言处理技术的标识技术演进问题，目的是实现在数据“互联互通”基础上的融合。主要应用于以下领域：

（1）智能交通领域。主要应用于改善道路环境、确保道路交通安全，运用技术让人和车、车和道路相互打通。常见的应用有智能公交、共享自行车、智能信号灯和智慧停车场系统等。

（2）智慧物流领域。在商品运送、派送等环节运用物联网、人工智能、大数据等技术，主要应用在运送检测、快递终端设备等方面。

（3）智能安防领域。通过机器来完成智能化的辨识工作，常应用于门禁系统和视频监控系统。

（4）智慧医疗领域。根据感应器对患者进行智能化的管理，如智能医疗穿戴设备可以检测并记录患者的心率、血压等，方便及时了解患者的身体状况；也可根据感应器对医疗资源、智慧门诊等进行管理，实现综合医务可视化、门诊态势可视化、病房监测可视化等。

（5）智能电网和环境保护领域。将物联网技术运用到水、电、太阳能、垃圾箱等设备中，提高资源利用率，降低资源损耗率。比如智能水表抄表、智能感应垃圾桶、水体质量自动检测、空气质量自动检测等。

（6）智慧建筑领域。智慧建筑主要应用在消防安全检测、智慧电梯轿厢等方面，智慧建筑本可以节约资源，降低运维管理的成本。

（7）智能家居领域。物联网应用于家居环境，让家越来越舒适、安全、高效，比如扫地机器人、自动窗帘、声控灯光等。

（8）智能零售领域。利用物联网对传统的自动售卖机和便利店进行智能化的升级和改造，形成 24 小时无人值守的零售商店。

（9）智慧农业领域。将物联网技术应用于农业生产，可以实现农业生产数据的可视化分析、农业生产过程的自动化，如自动灌溉农田、自动化养殖场等。

（10）智能制造领域。主要应用于智能化的加工生产设备监管和厂区的环境监测，如设备运行状态的监测，以及厂区温度、湿度、烟感的监测等。

4. 发展趋势

随着云计算、人工智能等新技术与物联网的融合，物联网广泛应用于各种行业的生产、工作和运营中，物联网变得更加全面和智能化。国家“十四五”规划中明确提出支持物联网的发展，这也将有力地推动物联网的应用。

未来的发展中，物联网与 5G 的深度融合最引人关注。5G 技术的发展推动了工业物联网增长，5G 的高速、低时延和大容量，能够帮助企业提升生产效率和产能，让工厂转变为统一的、相互关联的实体。“5G + 物联网”将会带动企业走向智能化、数字化之路。

任务 5-5　了解人工智能

汽车自动驾驶技术使用视频摄像头、雷达传感器以及激光测距器等来了解周围的交通状况，此外，还需要用到有人驾驶汽车采集的地图，这一切都需要通过数据中心来实现。数据中心能够处理汽车收集到的有关周围地形的海量信息，并通过采集的地图对自动驾驶汽车进行导航。

5-5-1　人工智能概述

1. 人工智能简介

1956 年，学者们在共同研究和探讨用机器模拟智能的一系列相关问题的会议上首次提出了“人工智能”（Artificial Intelligence，AI）这一术语。人工智能是研究、开发用于模拟、延伸和扩展人类智能的理论、方法、技术及应用系统的一门新型技术科学。

信息化时代，人工智能是一门极具挑战性的学科，从事人工智能工作的人需要了解数学、控制论、计算机科学、信息论、心理学、哲学等相关交叉学科的知识。它致力于了解智能的实质，并生产出一种新的能与人类智能相似的方式做出反应的智能机器，该领域的研究包括机器人、自动驾驶、知识图谱、语音识别、图像识别、自然语言处理和专家系统等。

2. 人工智能发展的 3 次浪潮

人工智能自 1956 年被首次提出，60 多年来，历经逻辑推理、专家系统、深度学习等技术的发展，社会对人工智能的兴趣与期待也几经沉浮。总体而言，人工智能历史上共出现过 3 次重要的发展浪潮。

1）第一次浪潮（1956—1974 年）：AI 思潮赋予机器逻辑推理能力

随着“人工智能”这一新兴概念的兴起，人们对 AI 的未来充满了想象，人工智能迎来第一次发展浪潮。这一阶段，人工智能主要用于解决代数、几何问题，以及学习和使用英语程序，研发主要围绕机器的逻辑推理能力展开。其中 20 世纪 60 年代自然语言处理和人机对话技术的突破性发展，大大地提升了人们对人工智能的期望，也将人工智能带入了第一波高潮。

2）第二次浪潮（1980—1987 年）：专家系统使人工智能实用化

最早的专家系统是 1968 年研发的 DENDRAL 系统，可以帮助化学家判断某特定物质的分子结构，DENDRAL 首次对知识库提出定义，也为第二次 AI 发展浪潮埋下伏笔。20 世纪

80 年代起，特定领域的"专家系统"AI 程序被更广泛地采纳，该系统能够根据领域内的专业知识，推理出专业问题的答案，AI 也由此变得更加"实用"，专家系统所依赖的知识库系统和知识工程成为当时主要的研究方向。

3）第三次浪潮（1993 年至今）：深度学习助力感知智能步入成熟

不断提高的计算机算力加速了人工智能技术的迭代，也推动感知智能进入成熟阶段，AI 与多个应用场景结合落地、产业焕发新生机。2006 年深度学习算法的提出、2012 年 AlexNet 在 ImageNet 训练集上图像识别精度取得重大突破，直接推动了新一轮人工智能发展的浪潮。2016 年，AI 打败围棋职业选手后，人工智能再次收获了空前的关注。从技术发展角度来看，前两次浪潮中人工智能逻辑推理能力不断增强、运算智能逐渐成熟，智能能力由运算向感知方向拓展。目前语音识别、语音合成、机器翻译等感知技术的能力水平都已经逼近人类智能。

3. 人工智能的架构

人工智能是一个三层技术架构：基础资源层、核心算法层、仿生感知层。

1）基础资源层

基础资源层类似于人的大脑器官，主要包括数据工厂和运算平台。

数据工厂包含海量的结构化与非结构化数据，是机器学习的基础，更是形成机器"思维逻辑"的基础资源。大数据技术的应用发展，为人工智能奠定了基础。

运算平台负责数据的存储和计算。海量数据的"存储"形成人类的"记忆"，超级计算能力满足对数据的处理能力。近年来，随着云计算的飞速发展，数据的存储和计算能力达到了较高的水平，为人工智能提供了坚实的技术基础，同时成本大幅下降。

2）核心算法层

核心算法层类似于人的神经网络，主要包括机器学习与深度学习。

机器学习是决策树、贝叶斯网络、聚类、分类等核心算法，模拟人处理问题的决策逻辑。深度学习通过更多的卷积神经网络、循环神经网络等模型和海量数据训练，模拟人的特征，提升分类和预测的准确性。

3）仿生感知层

仿生感知层类似于人的感知器官，包括自然语言处理、增强现实/虚拟现实（AR/VR）、自动控制 3 个部分。自然语言处理类似于人类的耳朵，包括语音识别、语义识别、自动翻译。实际上是让机器听得见、听得懂，能接受外部指令或者沟通语言。语言成为机器和人沟通的一个重要通道。

AR/VR 类似于人类的眼睛。其作为计算机视觉的一种，是目前比较热门的人工智能领域之一，目标是能像人一样立体地观察世界，适应自然。

自动控制类似于人类的手。自动控制系统是机器根据指令模拟人的行为，也是人工智能应用的表现形式。

三层结构是人工智能技术运转的工作逻辑。人工智能逻辑可以应用于广泛的应用场景，重塑生产制造、智能生活、在线教育等领域。围绕着这些应用，带动人工智能产业生态圈的快速发展。

5-5-2　人工智能核心技术与发展阶段

1. 人工智能的核心技术

人工智能的核心技术涉及面较广，而计算机视觉、机器学习、自然语言处理、机器人技术、语音识别技术和生物识别技术是其中较为关键的核心技术。

1）计算机视觉

计算机视觉是指计算机从图像中识别出物体、场景、肢体和活动等的能力。计算机视觉是一门综合性的科学技术，主要包括计算机科学与工程、信号处理、物理学、应用数学与统计、神经生理学和认知科学等学科。

2）机器学习

机器学习是一门多领域交叉学科，涉及概率论、线性代数、统计学、逼近论、凸分析、算法复杂度理论等多门学科。专门研究计算机模拟或实现人类的学习行为的方式，以获取新的知识或技能，重新组织已有的知识结构使之不断改善自身的性能。

3）自然语言处理

自然语言处理就是用计算机来处理、理解以及运用人类语言，属于人工智能的一个分支，是计算机科学与语言学的交叉学科。

4）机器人技术

机器人技术将机器视觉、自动规划等认知技术整合至极小却高性能的传感器、制动器及设计巧妙的硬件中，这使得新一代的机器人有能力与人类一起工作，能在各种未知环境中灵活处理不同的任务。

5）语音识别技术

语音识别技术属于人工智能方向的一个重要分支，可将人类的语音中的词汇内容转换为计算机可读的输入，涉及许多学科，如计算机科学、声学、语言学、生理学、信号处理、心理学等，是人机自然交互技术中的关键环节。

6）生物识别技术

生物识别融合了计算机科学、光学、声学、生物传感器、生物统计学，利用人体固有的身体特性如指纹、人脸、虹膜、静脉、声音、步态等进行个人身份鉴定。

2. 人工智能的发展阶段

第 1 个阶段称为计算智能，即让计算机能存会算。机器开始像人类一样会计算，传递信息。例如分布式计算、神经网络等。它的价值是能够帮助人类存储和快速处理海量数据，是感知和认知的基础。

第 2 个阶段称为感知智能，即让计算机能听会看。机器开始看懂和听懂，做出判断，采取一些简单行动。例如，可以识别人脸的摄像头、可以听懂语言的音箱。它的价值是能够帮助人类高效地完成“看”和“听”相关的工作。

第 3 个阶段称为认知智能，即让计算机能理解会思考。机器开始像人类一样能理解、思考与决策。例如，完全独立驾驶的无人驾驶汽车、自主行动的机器人。它的价值是可以全面辅助或替代人类部分工作。

现阶段，虽然信息化得到了飞速发展，但人工智能仍处于初级阶段，即仍然处于感知智能的初级阶段。

5-5-3 人工智能应用场景

人工智能已经逐渐走进人们的生活，并应用于各个领域，它不仅给许多行业带来了巨大的经济效益，也为人们的生活带来了便利。以下介绍人工智能的一些主要应用场景。

1. 工业视觉

工业视觉就是用机器代替人眼来做检测、判断和控制。机器视觉基于仿生的角度发展而来，通过视觉传感器进行图像采集，并由图像处理系统进行图像识别和处理最初应用于电子制造业和半导体生产企业，目前广泛应用于包装、汽车、交通和印刷等多个行业。

2. 人脸识别

人脸识别也称人像识别、面部识别，是基于人的脸部特征信息进行身份识别的一种生物识别技术。人脸识别涉及的技术主要包括计算机视觉、图像处理等。

3. 声纹识别

生物特征识别技术包括很多种，除了人脸识别，目前用得比较多的有声纹识别。声纹识别是一种生物鉴权技术，也称为说话人识别，包括说话人辨认和说话人确认。

4. 个性化推荐

个性化推荐是一种基于聚类与协同过滤技术的人工智能应用，它建立在海量数据挖掘的基础上，通过分析用户的历史行为建立推荐模型，主动给用户提供匹配他们的需求与兴趣的信息，如商品推荐、新闻推荐等。

5. 智能外呼机器人

智能外呼机器人是人工智能在语音识别方面的典型应用，它能够自动发起电话外呼，以语音合成的自然人声形式，主动向特定用户群体推广产品。

6. 智能音箱

智能音箱是语音识别、自然语言处理等人工智能技术的电子产品类应用与载体，随着智能音箱的迅猛发展，其也被视为智能家居的未来入口。究其本质，智能音箱就是能完成对话环节的拥有语音交互能力的机器。通过与它直接对话，家庭消费者能够完成自助点歌、控制家居设备和唤起生活服务等操作。

7. 智能客服机器人

智能客服机器人是一种利用机器模拟人类行为的人工智能实体形态，能够实现语音识别与自然语义理解，具有业务推理、话术应答等能力。其广泛应用于商业服务与营销场景，为客户解决问题、提供决策依据。

8. 医学图像处理

医学图像处理是目前人工智能在医疗领域的典型应用，它的处理对象是各种不同成像机理的医学影像，如在临床医学中广泛使用的核磁共振成像、超声成像等。该应用可以辅助医生对病变体及其他目标区域进行定性甚至定量分析，从而大大提高医疗诊断的准确性和可靠性。

9. 图像搜索

图像搜索是近几年用户需求日益旺盛的信息检索类应用，分为基于文本和基于内容两类搜索方式。该技术的应用与发展，不仅是为了满足当下用户利用图像匹配搜索以顺利查找到相同或相似目标物的需求，更是为了通过分析用户的需求与行为，如搜索同款、相似物比对等，确保企业的产品迭代和服务升级在后续工作中更加聚焦。

10. 机器翻译

机器翻译是用计算机将一种自然语言转换为另一种自然语言的过程。该技术当前在很多语言上的表现已经超过人类。随着经济全球化进程的加快及互联网的迅速发展，机器翻译技术在促进人类政治、经济、文化交流等方面的价值凸显，也给人们的生活带来了许多便利。

5-5-4 人工智能面临的问题及其发展趋势

1. 人工智能面临的问题

目前，国内人工智能领域“百花齐放”。但是，仍面临法律与伦理、人工智能算法偏差、复杂的人工智能集成、黑盒问题和高算力要求五大问题。

1）法律与伦理问题

需要警惕人工智能的法律问题。因为收集敏感数据的人工智能系统，无论是否涉及数据隐私与脱敏，都有可能违反法律。尽管人工智能收集的数据可能是合法的，但应该考虑这样的数据收集可能会产生怎样的负面影响。此外，人工智能的伦理问题一直是行业内争议较大的领域，人工智能伦理的可信评估、操作指南、行业标准、政策法规等落地实践存在诸多问题，而构建人工智能伦理治理框架体系也面临重要挑战。

2）人工智能算法偏差

人工智能系统在经过训练的数据上运行，这意味着人工智能系统的质量将取决于数据质量。当探索人工智能的深度时，数据带来的不可避免的偏见变得显而易见。如果做出重要决策的算法随着时间的推移产生偏见，那么可能导致可怕的、不公平的和不道德的后果。因此，在无偏见数据上训练人工智能系统至关重要。

3）复杂的人工智能集成

将人工智能与现有的企业基础设施集成很复杂。确保当前的程序与人工智能要求兼容，并且人工智能集成不会对当前输出产生负面影响至关重要。此外，必须建立一个人工智能接口，以简化人工智能基础设施管理。但实际上，如想要无缝过渡到人工智能对相关方来说还是很有挑战性的。

4）黑盒问题

人工智能算法就像黑盒，人们对人工智能算法的内部工作原理知之甚少。例如，深度学习可以理解预测系统的预测是什么，但是人们缺乏系统到底是如何得出这些预测结果的知识，这将影响人工智能系统的可靠性。

5）高算力要求

人工智能需要强大的计算能力来训练它的模型。随着深度学习算法变得流行，安排额外数量的内核和GPU对于确保此类算法高效工作至关重要。复杂的算法需要超级计算机强大的运算能力，但超级计算机价格昂贵，这也增加了在更高计算水平上实现人工智能的难度。

2. 人工智能的发展趋势

人工智能经过多年的发展，技术和产业创新不断涌现，新技术、新产品和新模式不断推动着人工智能的变革。在产业方面，人工智能的应用已深入智能医疗、智能农业、智能物流、智能金融、智能交通、智能家居、智能教育、智能机器人、智能安防、虚拟现实（VR）与增强现实（AR）等领域，人工智能赋能各行各业成为趋势。

未来的发展中，网络安全领域的人工智能、自动驾驶、人工智能与元宇宙、低代码和无代码人工智能等领域将成为发展趋势。

1）网络安全领域的人工智能

网络安全风险是全世界今后将面临的一项重大风险，随着网络设备越来越多地应用于人类的日常生活，黑客和网络犯罪不可避免地成为一个潜在的棘手问题，而人工智能可以分析网络流量、识别恶意应用，智能算法等将在保护人们免受网络安全威胁等方面发挥越来越大的作用。

2）自动驾驶

全球每年发生的众多交通事故中，人为操作失误是主要因素。人工智能将成为自动驾驶汽车、地铁、船舶和飞机的“大脑”，正在逐步改变这些行业的未来。

3）人工智能与元宇宙

元宇宙是一个虚拟世界，重点在于实现沉浸式体验。人工智能与元宇宙的融合将有助于创造在线环境，让人们在元宇宙中体验与共享元宇宙环境。

4）低代码和无代码人工智能

低代码和无代码人工智能工具有重要的应用价值，低代码和无代码旨在简化创建新的应用程序和服务，以至于连非程序员也可以构建各自工作任务所需的工具，其工作方式为创建模块化、可互操作的功能，这些功能可以混合搭配，以满足各种层次与应用场景的工作需求。如果这项技术与人工智能相融合，可帮助指导程序开发工作。可以预见，不久的将来，企业人员的工作效率会得到极大提高，而对企业人员的知识层次要求将会大幅降低。

任务 5-6　了解区块链

5-6-1　区块链概述

2016 年 12 月，国务院印发《“十三五”国家信息化规划》，其中将区块链技术列为战略性前沿技术。2020 年 4 月，国家发展和改革委员会首次明确“新基建”范围，区块链被纳入其中。从新基建的本质来说，其代表的是数字技术基础设施，而数字经济在技术层面指的是包括大数据、云计算、物联网、区块链、人工智能、5G 通信等新兴技术，推动生产力发展的经济形态。区块链技术作为“新基建”的一部分，与“新基建”其他内容的融合，能够促进产业数字化的深度转型，打造信息化时代下的新型价值体系，截至目前，已经催生出了一批以云计算、大数据、物联网、人工智能、区块链等新一代信息技术为基础的“新零售”“新制造”等新产业、新业态和新模式。“新基建”作为数字经济发展的推动力，可以推动信息化时代下数字经济的快速发展。区块链作为“新基建”的重要内容，从产业角度讲，在“新基建”的背景下，将推动数字经济下产业数字化平台的建设，催生出一批“区块链＋物联网”“区块链＋工业互联网”等技术融合平台，为全球消费者提供更多优质解决方案。

1. 区块链简介

信息化时代，随着电子商务的广泛应用，网上购物与交易快速推广，电子货币逐渐流行起来，电子货币为避免出现双重支付等问题，确保交易的安全性、可靠性，需要第三方机构提供信任保证，如银行、支付宝、财付通等，这也要求第三方机构必须保证其服务的高可用性和数据安全。同时，在计算机科学领域，分布式架构技术得到了普及应用，其去中心化、高可用、高效率的特点深入人心。基于这样的背景，人们不禁开始思考，能否将电子货币技术和分布式技术结合，实现不需要第三方机构信任保证的去中心化电子货币系统，解决第三方带来的可用性、安全性等方面的不确定性问题。

区块链本质上是一个去中心化的数据库，是指通过去中心化和去信任的方式集体维护一个可靠数据库的技术方案。区块链技术是一种不依赖第三方、通过自身分布式节点进行网络数据的存储、验证、传递和交流的一种技术方案。因此，有人从金融会计的角度，把区块链技术看作一种分布式开放性去中心化的大型网络记账簿，任何人任何时间都可以采用相同的技术标准加入自己的信息，延伸区块链，持续满足各种需求带来的数据录入需要。可以将区块链技术通俗理解为一种全民参与记账的方式。实际上，所有的系统背后都有一个数据库，可以把数据库看成一个大账本，谁来记这个账本就变得很重要。目前是谁的系统谁来记账，但在区块链系统中，系统中的每个人都可以有机会参与记账。在一定时间段内如果有任何数据变化，系统中每个人都可以进行记账，系统会评判这段时间内记账最快最好的人，把他记录的内容写到账本中，并将这段时间的账本内容发给系统内所有的其他人进行备份。这样，系统中的每个人都有了一本完整的账本。这种方式就被称为区块链技术。区块链技术依靠密码学和数学巧妙的分布式算法，在无法建立信任关系的互联网上，无须借助任何第三方中心的介入就可以使参与者达成共识，以极低的成本解决了信任与价值的可靠传递难题。

2. 区块链特点

区块链技术具有以下特点。

1）去中心化

区块链由众多节点共同组成一个端到端的网络，不存在中心化的设备和管理机构。区块链数据的验证、记账、存储、维护和传输等过程均基于分布式系统架构，采用纯数学方法而不是中心机构来建立分布式节点间的信任关系，从而形成去中心化的可信任的分布式系统。去中心化是区块链最突出最本质的特征。

2）不可篡改

区块链上的内容都需要采用密码学原理进行复杂的运算之后才能够记录上链，而且区块链上，后一个区块的内容会包含前一个区块内容的摘要，单个甚至多个节点对数据块的修改无法影响其他节点的数据块，除非能控制超过 51%的节点同时修改，这使区块链本身变得相对安全，避免了主观人为的数据变更。

3）可追溯

区块链去中心化的架构设计，使任何人都可以参与到区块链网络，每个节点都能获得一份完整的区块链数据副本。区块链中记录了每笔交易的详细信息，从而可以轻松地追踪各项交易活动，这就是区块链的可追溯性。

4）公开透明

区块链系统是公开透明的，除了交易各方的私有信息被加密外，数据对全网节点是透明的，任何人或参与节点都可以通过公开的接口查询区块链数据记录或者开发相关应用，这是区块链系统值得信任的基础。区块链数据记录和运行规则可以被全网节点审查、追溯，具有很高的透明度。

5）匿名性

区块链运用密码学技术保证数据传输和访问的安全，账户身份在区块链中是高度加密的。

每个账户身份用密码学字符来代替，别人可以了解这个账户的信息，但是不知道账户所有者的身份。因此，区块链中交易双方不会知道对方的任何私人信息，交易在非实名的情况下进行。

6）区块链的体系架构

一般而言，区块链系统的体系架构由 4 部分组成：数据层、网络层、共识层、应用层，如图 5-8 所示。

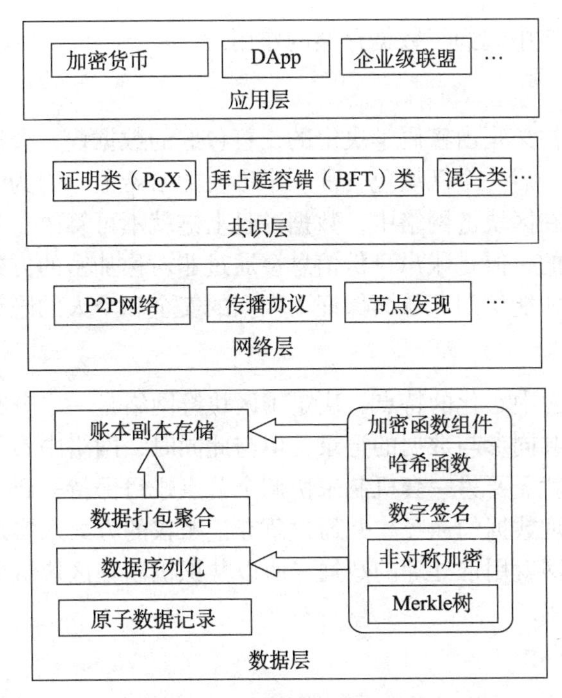

图 5-8　区块链体系架构

（1）数据层。数据层既包括每个区块的数据结构，也包括各个不同区块是如何首尾相接、连接成链的。此外，数据层还包括为保证区块链不可篡改特性所采用的哈希加密算法、非对称加密算法。区块链数据层可被视为一个具有分布式特征、不可篡改特性的数据库。这个分布式的数据库需要由系统的所有节点共同维护。

（2）网络层。网络层扮演着区块链网络中节点和节点之间信息交换的角色，负责用户点对点信息交换，主要包括 P2P 网络（Peer-To-Peer Network，点对点网络）机制、数据传播和验证机制。正是由于区块链的 P2P 特性，数据传输在节点之间进行，因此即使某些节点或网络被破坏，也不会对其他部分的传输产生影响。

（3）共识层。共识层主要包括区块链的共识机制算法。在区块链网络上，原本毫无关系的诸多节点正是通过共识算法达成彼此间的统一，共同维护数据层数据的一致性。目前，共识机制算法有十多种，其中较著名的是工作量证明机制（PoW）、权益证明机制（PoS）、股份授权证明机制（DPoS）等。

（4）应用层。应用层位于整个区块链系统的最上层，包含了该区块链的各种应用场景。目前，典型的区块链应用包括数字货币应用、防伪溯源应用以及数字资产应用等。

5-6-2　区块链的核心技术及其分类

1. 区块链的核心技术

区块链有四大核心技术，分别是分布式账本、密码学、共识机制、智能合约。

1）分布式账本

区块链由众多节点共同组成一个端到端的网络，不存在中心化的设备和管理机构，而且每一个节点记录的是完整的账目，节点间数据交换通过数字签名技术进行验证，无须人为式的互相信任，只要按照既定的规则进行。节点间也无法欺骗其他节点，因为整个网络都是去中心化的，每个人都是参与者，每个人都有话语权。分布式账本构建了区块链的框架，它本质上是一个分布式数据库，当一笔数据产生后，经大家处理，就会储存在这个数据库里面，所以分布式账本在区块链中起到了数据存储的作用。

2）密码学

区块链底层的数据构架是由密码学决定的，打包好的数据块，会通过密码学中哈希函数处理成一个链式的结构，后一个区块包含前一个区块的哈希值，因为哈希算法具有单向性、不可篡改等特点，所以在区块链网络中，数据一旦上链就不可篡改，且可追溯。存储在区块链上的交易信息是公开的，但是账户身份信息会通过非对称加密的方式进行加密，只有在数据拥有者授权的情况下才能访问，从而保证了数据的安全和个人的隐私。

3）共识机制

区块链分布式账本去中心化的特点，决定了区块链网络是一个分布式的结构，每个人都可以自由地加入其中，共同参与数据的记录。但与此同时，网络中参与的人数越多，全网就越难以达成统一，于是就需要另一套机制来协调全节点账目保持一致。共识机制就制定了一套规则，明确每个人处理数据的途径，并通过争夺记账权的方式来实现节点间的意见统一，最后谁取得记账权，全网就用谁处理的数据。所以共识机制在区块链中起到了统筹节点的行为、明确数据处理的作用。

4）智能合约

在分布式账本的基础上，搭建应用层面的智能合约。当人们想要解决一些信任问题时，可以通过智能合约，将用户间的约定用代码的形式，把条件罗列清楚，并通过程序来执行，而区块链中的数据可以通过智能合约进行调用，所以智能合约在区块链中起到了数据执行与应用的作用。智能合约可帮助用户以透明、无冲突的方式交换金钱、财产、股份或任何有价值的物品，同时避免中间商的服务。

2. 区块链的分类

区块链的分类主要包括公有链、联盟链和私有链。

1）公有链

公有链是完全去中心化的，不受任何机构控制的区块链，连接到公共区块链的所有节点都具有平等的权限，世界上任何个体或者团体都可以发送交易，而且交易能够获得该区块链的有效确认，任何人都可以参与其共识过程。公有链具有开源的特点，因为整个系统的运作规则公开透明。同时公有链也具有匿名性，由于节点之间无须信任彼此，所有节点也无须公开身份，系统中每一个节点的匿名和隐私都受到保护。

2）联盟链

联盟链是由若干机构共同参与管理的区块链，每个机构都运行着一个或多个节点，需要预先竞争选举出部分节点作为记账角色，区块的生成由所有预选记账人共同决定，其他非预选出的节点可以交易，但是没有记账权，其他任何人都可以通过该区块链开放的应用程序编程接口（API）进行限定查询。联盟链的读写权限对加入联盟的节点开放，半公开，需要注册许可才能访问，且限定联盟成员参与使用，有指定记账人，无须抢着记账。联盟规模可以大到国家，小到企业机构。

3）私有链

私有链为私人或者私人机构所有，只是使用区块链技术作为底层记账技术，记账权归私人或私人机构所有，不对外开放。私有链内置了访问控制层，各节点参与者是严格限制和可控的，只有该网络中的参与者才有权向网络提供共识。私有链和联盟链在公开程度和去中心化程度上完全弱化，违背了区块链原有的“去中心化”核心理念，参与者需要被提前筛选，甚至链上数据的读取权限会跟写入权限一样被限制为局部节点所有。私有链是封闭的，仅限于国家、企业或者单独个体内部使用。

5-6-3 区块链的应用场景

区块链技术具有分布式高冗余存储、时序数据且不可篡改和伪造、去中心化信用、安全和隐私保护等显著的特点，这使得区块链技术不仅可以成功应用于数字加密货币领域，同时在经济、金融和社会系统中也存在广泛的应用场景。

1. 数字货币

在经历了实物、贵金属、纸钞等形态之后，数字货币已经成为数字经济时代的发展方向。

相比实体货币，数字货币具有易携带存储、低流通成本、使用便利、易于防伪和管理、打破地域限制、能更好整合等特点。区块链是数字货币最底层的技术，当然也是最重要的技术手段之一，其核心是去中心化，分布式记账。数字货币是基于区块链这个底层技术而出现的，可以说，没有区块链就没有数字货币。

2. 跨境支付

传统跨境支付非常依赖于第三方机构，并且跨境支付涉及多种币种，存在汇率问题。跨境支付基本都是非实时的，银行日终进行交易的批量处理，通常一笔交易需要 24 小时以上才能完成。同时跨境支付模式存在大量人工对账操作，加之依赖第三方机构，导致手续费居高不下。基于区块链的跨境支付，通过公私钥技术保证数据的可靠性。再通过加密技术和去中心化，达到数据不可篡改的目的。最后，通过 P2P 技术，实现点对点的结算。基于区块链的跨境支付，去除了传统中心转发，提高了支付效率，降低了成本，并且交易透明，信息公开，交易记录永久保存，实现了可追溯，符合监管的需求。

3. 供应链金融

在一般供应链贸易中，从原材料的采购、加工、组装到销售，各企业都涉及资金的支出和收入，而企业的资金支出和收入是有时间差的，这就形成了资金缺口，多数企业需要进行融资生产。对于供应链里的中小微企业，会存在融资难问题，主要原因是银行和中小企业之间缺乏一个有效的信任机制。基于区块链的供应链金融将企业的合同、票据等上链，对资产进行数字化，保证了数据可靠性，并能够实现价值流通。银行等金融机构面对中小企业的融资，不再是对这个企业进行单独评估，而是站在整个供应链的顶端，通过信任核心企业的付款意愿，对链条上的票据、合同等交易信息进行全方位分析和评估。即借助核心企业的信用实力以及可靠的交易链条，为中小微企业融资担保，实现从单环节融资到全链条融资的跨越，从而解决中小微企业融资难问题。

4. 供应链溯源

大的公司和企业在供应链方面都有很多的环节和流程，尤其对于跨国企业，要追踪每个记录几乎不可实现。缺少透明度就会导致成本和客户关系问题，这可能使得企业的名声受损。在基于区块链的供应链管理体系中，记录存储和溯源都是很容易的，因为企业可以通过内置感应器和 RFID 标签来获得产品信息。产品从起源地到终点所有的过程都可以通过区块链来追踪。而且，这种准确的溯源方式可以用于检测供应链中的缺陷。

5. 数字版权

互联网上的数字音乐、数字图书、数字视频、数字游戏等越来越丰富，知识经济的兴起使得知识产权成为市场竞争的核心要素。但当下的互联网生态里知识产权侵权现象严重，数字资产的版权保护成了行业痛点。区块链具有去中心化、共识机制、不可篡改的特点，利用区块链技术，可以对作品进行鉴权，证明文字、视频、音频等作品的存在，保证权属的真实、唯一性。作品在区块链上被确权后，后续交易都会被实时记录，实现数字版权全生命周期管理，也可作为司法取证中的技术性保障。

5-6-4 区块链产业面临的问题及其发展趋势

1. 区块链产业面临的问题

区块链技术是近年来兴起并快速发展的新技术，基于它的应用大部分仍处于设计和实验阶段，真正应用到生产中的还不多。要将这一技术大规模地商业化应用，仍有许多技术问题需要解决，如效率低下、存储成本高、资源浪费和隐私安全等问题，这些问题制约着区块链产业的发展。

1）效率问题

虽然区块链模型中分布式的共识机制提供了整体系统所需的安全性，但这些都是以牺牲效率为代价的。网络中的每个节点必须处理每个交易，这意味着对系统效率的选择性放弃，导致系统只能处理有限的交易数量并且交易处理速度缓慢，容易造成拥堵。

2）存储问题

区块链系统本质上是一种分布式数据库，数据存储是非常重要的基础环节，区块链网络中每个节点都需要存储全部信息。而且由于区块数据仅可添加不可更改，数据被无限期地存储，这对于大规模公有链的存储提出了非常高的要求，且降低了系统运行的效率，是区块链技术商业化应用的重要技术瓶颈。

3）资源问题

工作量证明共识机制高度依赖区块链网络节点贡献的算力，这些算力主要用于解决哈希计算和随机数搜索，除此之外并不具有任何实际社会价值，因而一般意义上认为这些算力资源是被“浪费”掉了，同时被浪费掉的还有大量的电力资源。因此，如何能有效汇集分布式节点的网络算力来解决实际问题，是区块链技术需要解决的重要问题。

4）安全问题

安全性威胁是区块链迄今为止所面临的最重要的问题。区块链的非对称加密机制也将随着数学、密码学和计算技术的发展而变得越来越脆弱。随着量子计算机等新计算技术的发展，未来非对称加密算法具有一定的被破解可能性，这也是区块链技术面临的潜在安全威胁。区块链的隐私保护也存在安全性风险。区块链系统内各节点并非完全匿名，而是通过类似电子邮件地址的地址标识来实现数据传输。虽然地址标识并未直接与真实世界的人物身份相关联，但区块链数据是完全公开透明的，随着各类反匿名身份甄别技术的发展，实现部分重点目标的定位和识别仍是有可能的。

2. 区块链的发展趋势

近年来，区块链技术的研究与应用呈现出爆发式增长态势，被认为是继大型机、个人计算机、互联网、移动/社交网络之后计算范式的又一次颠覆式创新。区块链技术是具有普适性的底层技术框架，可以为金融、经济、科技等各领域带来深刻变革，区块链对推动企业数字化转型，促进产业数字化发展，推进数字中国建设起到强大支撑作用。数字经济时代，数据是社会经济发展的主要生产力，数据的共建、共享、共治是数字经济发展的动力来源。区块链作为重要底层技术之一，具有不可篡改、可追溯等特性，一方面可以助力建立基于“技术信任”的可信数字环境，加快数字经济、数字社会、数字政府建设，另一方面，与工业互联网、物联网等技术融合，能够助力产业链上下游协作创新，推动产业数字化和数字产业化发展。此外，随着元宇宙、非同质化通证等新业态的出现，未来数字经济下的资产数字化和数字资产化将成为区块链发展的新目标和主阵地。

项目 1　云计算拓展

小李已经报到入校了，新学期的第一天，辅导员在班级 QQ 群发布了一个腾讯在线文档，用于统计本班学生信息。请问，腾讯在线文档是一种什么样的云计算服务？它有什么特点？

项目 2　大数据拓展

最近，小王用手机刷了一些关于 ChatGPT 的短视频，接下来的一段时间，每当小王再次打开该短视频平台，就经常看到一些关于 ChatGPT、人工智能的短视频。请问，这里使用了什么大数据技术？

项目 3　物联网拓展

完成本模块内容的学习后，小刘迫不及待地网购了一台智能音箱，收货之后，小刘按照说明书连接互联网，注意到有几个关键步骤："在 App 中添加音箱设备，温馨提示：请确认已打开手机定位功能及蓝牙功能。输入 Wi-Fi 账号密码，点击一键配网，等待配置完成即可。"配置完成后，小刘通过语音唤醒音箱，直接跟智能音箱对话，就能听到 QQ 音乐里的海量歌曲、有声读物、广播电台，还可以查询天气、讲笑话、设置闹钟等。请问，为什么配置过程中要开蓝牙？为什么需要输入 Wi-Fi 账号和密码？小刘和音箱之间是通过什么技术进行交互的？

模块小结

新一代信息技术产业发展的过程，就是信息技术融入涉及社会经济发展的各个领域，创造新价值的过程。

云计算需要大数据，通过大数据来展示平台的价值。大数据需要云计算，通过云计算将数据转化为生产力。物联网将新一代信息技术充分运用到各行各业中，再将"物联网"与现有的互联网整合起来，实现了人类社会与物理系统的整合，为经济发展提供巨大的推动力。人工智能作为计算机科学的重要分支，是发展中的综合性前沿学科，将会引领世界的未来。区块链的"不可伪造""全程留痕""可以追溯""公开透明""集体维护"特征，使得区块链技术具有坚实的"信任"基础，创造了可靠的"合作"机制，具有广阔的运用前景。

真题实训

一、选择题

1. 关于人工智能概念表述正确的是（　　）。

A. 人工智能是为了开发一类计算机使之能够完成通常由人类所完成的事情

B. 人工智能是研究和构建在给定环境下表现良好的智能体程序

C. 人工智能是通过机器或程序展现的智能

D. 人工智能是人类智能体的研究

2. 下列不属于人工智能应用领域的是（　　）。
A. 局域网　　B. 自动驾驶　　C. 自然语言学习　　D. 专家系统
3. 人工智能的研究领域包括（　　）。
A. 机器学习　　B. 人脸识别　　C. 图像理解　　D. 专家系统
4. 光敏传感器接收（　　）信息，并将其转换为电信号。
A. 力　　B. 声　　C. 光　　D. 位置
5. 以下不是物理传感器的是（　　）。
A. 视觉传感器　　B. 嗅觉传感器　　C. 听觉传感器　　D. 触觉传感器
6. RFID 属于物联网的（　　）。
A. 应用层　　B. 网络层　　C. 业务层　　D. 感知层
7. 下列不适用于个人身份认证的技术是（　　）。
A. 手写签名识别技术　　B. 指纹识别技术
C. 语言识别技术　　D. 二维码识别技术
8. 以下各个活动中，不涉及价值转移的是（　　）。
A. 通过微信发红包给朋友
B. 在抖音上上传并分享一段自己制作的视频
C. 在书店花钱购买了一本区块链相关的书籍
D. 从银行取出到期的 10 万元存款
9. 区块链是一个分布式共享的账本系统，这个账本有 3 个特点，以下不属于区块链账本系统特点的一项是（　　）。
A. 可以无限增加　　B. 加密
C. 无顺序　　D. 去中心化
10. 以下对区块链系统的理解正确的有（　　）。
A. 区块链是一个分布式账本系统　　B. 存在中心化机构以建立信任
C. 每个节点都有账本，不易篡改　　D. 能够实现价值转移

二、简答与实践

1. 简述物联网、云计算、大数据、人工智能和区块链之间的关系。
2. 简述未来物联网的发展趋势。
3. 简述大数据技术的特点。
4. 举例说明区块链技术的应用实践。
5. 通过智能手机的 AI 拍照功能体验人工智能在图像处理方面的应用。

模块六

信息素养与社会责任

学习任务

（1）了解信息素养的基本概念及组成要素。
（2）了解信息技术发展史及知名企业的兴衰变化过程，树立正确的职业理念。
（3）了解信息安全及自主可控的要求。
（4）掌握信息伦理知识并能有效辨别虚假信息。
（5）了解相关法律法规与职业行为自律的要求。
（6）了解个人在不同行业内发展的共性途径和工作方法。

重点难点

（1）了解常见的网络道德问题，并加强个人的网络道德修养。
（2）通过体验新一代信息技术来理解信息技术的价值。

从远古时代到现代社会，信息已经深入社会生活的各个方面，对人类的生产、生活都产生了深刻的影响。随着计算机与互联网的普及，大数据、人工智能等新一代信息技术的发展，信息的价值更是达到了前所未有的高度。面对海量的信息资源，学会如何获取需要的信息，并利用信息解决问题，是现代社会每个人都必须具备的信息素养。同时，一个具备信息素养的人还要具备社会发展的责任感，树立正确的价值观，自觉抵制网络上不道德的行为，积极参与建设绿色、健康的网络环境。

任务 6-1　了解信息素养

谁掌握了知识和信息，谁就掌握了支配它的权力。因此，明确信息素养的内涵及其构成要素，培养自身的信息意识和信息能力，是每一位置身信息社会的人发展、竞争及终身学习的必备素质之一。

6-1-1　信息素养概述

信息素养（information literacy，IL）也称为“信息素质”。最早是由美国信息产业协会主席保罗·泽考斯基在 1974 年提出的，泽考斯基将其定义为“利用大量信息工具及主要信息源使问题得到解答的技能”。“而具有信息素养的人，是指那些在如何将信息资源应用到工作中这一方面得到良好训练的人。有信息素养的人已经习得了使用各种信息工具和主要信息来源的技术和能力，以形成信息解决方案来解决问题。”

国内外关于信息素养的定义比较多，影响较大的定义有以下几种。

1987 年，信息学家帕特丽夏·布雷维克将信息素养概括为一种“了解提供信息的系统并能鉴别信息价值、选择获取信息的最佳渠道、掌握获取和存储信息的基本技能”。

1989 年，美国图书馆学会（American Library Association，ALA）将信息素养简单地定义为“具有信息素养的人，能够判断什么时候需要信息，并懂得如何去获取信息，如何去评价和有效利用所需的信息”。

进入 20 世纪 90 年代后，随着网络技术的发展和以知识经济为主导的信息时代的到来，信息素养的内涵又有了新的解读。布拉格会议将信息素养定义为一种能力，它能够确定、查找、评估、组织和有效地生产、使用和交流信息来解决问题。

1992 年，道尔在《信息素养全美论坛的终结报告》中，再次对信息素养的概念做了详尽表述：“一个具有信息素养的人，他能够认识到精确的和完整的信息，并做出合理的决策，确定对信息的需求，形成基于信息需求的问题，确定潜在的信息源，制订成功的检索方案，从包括基于计算机和其他信息源获取信息、评价信息、组织信息于实际的应用，将新信息与原有的知识体系进行融合以及在批判性思考和问题解决的过程中使用信息。”根据美国大学与研究图书馆协会最新给出的定义，信息素养是一种综合能力，即对信息的反思性发现，理解信息的产生及对其进行评价，利用信息创造新知识，在遵守社会公德的前提下，加入学习交流社区。

我国关于信息素养的定义主要由著名教育技术专家李克东教授和徐福荫教授分别提出。李克东教授认为，信息素养应该包含信息技术操作能力、对信息内容的批判与理解能力，以及对信息的有效运用能力。

徐福荫教授认为，从技术学视角看，信息素养应定位在信息处理能力；从心理学视角看，信息素养应定位在信息问题解决能力；从社会学视角看，信息素养应定位在信息交流能力；从文化学视角看，信息素养应定位在信息文化的多重建构能力。

因此，信息素养是一个含义非常广泛而且不断变化发展的综合性概念，不同时期、不同国家的人们对信息素养赋予了不同的含义。

6-1-2　了解信息素养组成

一个具有信息素养的人，能够确定何时需要信息，需要哪些相关的信息，并且能够检索出有效信息，将其应用于解决实际问题，且在使用信息的时候能遵守信息道德及信息法律。信息素养主要由信息意识、信息知识、信息能力和信息道德四大要素组成。其中信息意识是先导，信息知识是基础，信息能力是核心，信息道德是保证，四个要素共同构成一个不可分割的统一整体。

1. 信息意识

信息时代处处蕴藏着各种信息，能否充分利用他们，是人们信息意识强弱的重要体现，而信息意识的强弱又直接影响着信息素养的高低。

信息意识是指对信息、信息问题的敏感程度，是对信息的捕捉、分析、判断和吸收的自觉程度。具体来说，就是人作为信息的主体在信息活动中产生的知识、观点和理论的总和。它包括两方面的含义：一方面是指信息主体对信息的认识过程，也就是人对自身信息需要、信息的社会价值、人的活动与信息的关系及社会信息环境等方面的自觉心理反应；另一方面是指信息主体对信息的评价过程，包括对待信息的态度和对信息质量的变化等所做的评估，并能以此指导个人的信息行为。

2. 信息知识

信息知识是人们在利用信息技术工具、拓展信息传播途径、提高信息交流效率过程中积累的认识和经验的总和，是信息素养的基础，是进行各种信息行为的原材料和工具。信息知识既包括专业性知识，也包括技术性知识。既是信息科学技术的理论基础，又是学习信息技术的基本要求。只有掌握了信息技术的知识，才能更好地理解与应用信息技术。信息知识主要体现在以下 4 个方面。

（1）传统文化素养。传统文化素养包括读、写、算的能力。尽管进入信息时代之后，读、写、算方式产生了巨大的变革，被赋予了新的含义，但传统的读、写、算能力仍然是人们文化素养的基础。信息素养是传统文化素养的延伸和拓展。

（2）信息的基本知识。信息的基本知识包括信息的理论知识，对信息、信息化的性质、信息化社会及其对人类影响的认识和理解。

（3）现代信息技术知识。现代信息技术知识主要包括信息技术的原理、信息技术的作用、信息技术的发展趋势等。

（4）外语。信息社会是全球性的，在互联网上有大半的信息是英语信息，此外还有其他语种的信息。

3. 信息能力

信息能力是信息素养中最重要的一个组成部分，是指运用信息知识、信息技术和信息工具解决信息问题的能力，一般包括以下 6 个方面。

（1）确定信息任务。准确地判断问题，并确定与问题相关的具体信息。

（2）决定信息策略。在可能需要的信息范围内决定信息资源的有效性。

（3）检索信息策略。使用信息获取工具，分析、组织信息材料关键字，以及确定搜索网上资源的策略。

（4）选择利用信息。获取信息后，能够通过听、看、读等行为与信息发生相互作用，以决定哪些信息有助于问题解决，并能够摘录所需要的记录，复制和引用信息。

（5）综合信息。是指把信息重新组合和打包成不同形式，以满足不同的任务需求。

（6）评价信息。是指通过回答问题，确定实施信息问题解决过程的效果和效率。评价效率时还需要考虑花费在价值活动上的时间，以及对完成任务所需时间的估计是否准确等。

4. 信息道德

信息道德（Information Morali）是指在信息的采集、加工、存储、传播和利用等信息活动各个环节中，用来规范其产生的各种社会关系的道德意识、道德规范和道德行为的总和。它通过社会舆论、传统习俗等，使人们形成一定的信念、价值观和习惯，从而使人们自觉地通过自己的判断规范自己的信息行为。

信息道德作为信息管理的一种手段，与信息政策、信息法律有密切的关系，它们各自从不同的角度实现对信息及信息行为的规范和管理。信息道德以其巨大的约束力在潜移默化中规范人们的信息行为，而在自觉、自发的道德约束无法涉及的领域，信息政策和信息法律则能够充分地发挥作用。信息政策弥补了信息法律滞后的不足，其形式较为灵活，有较强的适应性。而信息法律则将相应的信息政策、信息道德固化为成文的法律、规定、条例等形式，从而使信息政策和信息道德的实施具有一定的强制性，更加有法可依。信息道德、信息政策和信息法律三者相互补充、相辅相成，共同促进各种信息活动的正常进行。

信息道德主要包括以下 5 方面内容。

（1）遵守信息法律法规。要了解与信息活动有关的法律法规，培养遵纪守法的观念，养成在信息活动中遵纪守法的意识与行为习惯。

（2）抵制不良信息。提高判断是非、善恶和美丑的能力，能够自觉选择正确信息，抵制垃圾信息、黄色信息、反动信息和封建迷信信息等。

（3）批评与抵制不道德的信息行为。培养信息评价能力，认识到维护信息活动的正常秩序是每个人应担负的责任，对不符合社会信息道德规范的行为应坚决予以批评和抵制，营造积极的舆论氛围。

（4）不损害他人利益。个人的信息活动应以不损害他人的正当利益为原则，要尊重他人的财产权、知识产权，不使用未经授权的信息资源，要尊重他人的隐私、保守他人秘密、信守承诺、不损人利己。

（5）不随意发布信息。个人应对自己发出的信息承担责任，应清楚自己发布的信息可能产生的后果，慎重表达自己的观点和看法，不能不负责任或信口开河，更不能有意传播虚假信息、流言等误导他人。

6-1-3 掌握评价信息素养的方式

1. 信息素养评价概述

信息素养评价是依据一定的目的和标准，采用科学的态度与方法，对个人或组织等进行综合信息能力考察的过程。它既可以是对一个国家或地区的整体评价，也可以是对某个特定人的个体评价。具体地说，就是要判断被评价对象的信息素质水平，并衡量这些信息素质对其工作与生活的价值和意义。群体评价往往是建立在个体评价基础之上的，因此，个体信息素质评价是信息素质评价的基础和核心。

当前，信息素质已成为大学生必备的基本素质之一。对大学生开展信息素质水平评估，一方面可以让学生在正确认识自己的优势与不足的基础上，从正反两个方面受到激励，提高其发展信息素养的积极性和主动性；另一方面，信息素养评价也是大学生信息素养教育过程中的重要环节。通过科学的测量与评价，促使大学生朝着有利于提高自身信息素养的方向发展。

2. 信息素养的评价标准

在学习国外信息素养评价标准基础上，国内学者针对中国国情提出了多种关于信息素养的评价标准，比较有代表性的人物有陈文勇和杨晓光。他们从大学生信息素养能力中总结出学生必须掌握的核心能力，以此为依据，参照美国大学与研究图书馆协会（ACRL）标准，制定了我国《高等院校学生信息素养能力标准》，共计 10 条，作为我国大学生毕业时评价信息素养的指南。孙建军和郑建明等人认为，美国 ACRL 的评价标准侧重于对信息能力、信息道德的评估，用以评估我国的信息素养教育尚不够全面，应补充有关信息意识等方面的评价指标，在此基础上，制定出符合我国实际情况的信息素养教育评价标准。刘美桃则指出，我国应结合本国具体实际，从以下 8 个方面来制定我国信息素质教育的评价标准。

（1）信息意识的强弱，即对信息的敏锐程度。

（2）信息需求的强烈程度，确定信息需求的时机，明确信息需求的内容与范围。

（3）所具有的信息源基础知识的程度。

（4）高效获取所需信息的能力。

（5）评估所需信息的能力。

（6）有效地利用信息以及存储组织信息的能力。

（7）具有一定的经济、法律方面的知识，获取与使用信息符合道德与法律规范。

（8）终身学习的能力。

另外，“北京地区高校信息素养能力指标体系”由 7 个维度、19 项标准、61 个三级指标组成。该指标体系作为北京市高校学生信息素养评价的重要指标，是我国第一个比较完整、系统的信息素养能力体系。

信息意识是信息需求的前提，它支配着用户的信息行为并决定着信息的利用率，而终身学习能力是信息素质教育的最终目标。

任务 6-2 了解信息技术的发展史

6-2-1 了解人类信息技术发展史

从古至今，人类共经历了 5 次信息技术的重大发展历程。

1. 第一次信息技术革命

第一次信息技术革命以语言的产生和使用为特征，距今为 35000～50000 年。

语言是社会成员相互联系的桥梁和纽带，是相互沟通和表达思想的工具，社会发展离不开语言，没有语言，社会就会停滞不前。可以说，语言的产生揭开了人类文明的序幕。

2. 第二次信息技术革命

第二次信息技术革命以文字的创造和使用为特征，大约发生在公元前 3500 年。文字的出现克服了语言交际在时间和空间上的局限，使语言可以“传于异地、留于异时”，即使处在异地的人也可以通过文字进行交流。如果说语言使人类从动物中分离出来走向独立，那么文字则使人类由原始蒙昧状态进入了文明状态。

3. 第三次信息技术革命

第三次信息技术革命以印刷术的发明和使用为特征。大约在公元 1040 年，我国开始使用活字印刷技术，欧洲人于 1451 年开始使用印刷技术。印刷术是人类文明发展的促进工具，它促进了文化的传播，使书籍和资料得以流传。印刷术的发明对文化的发展起着极为重要的作用，乃至对世界文明史的发展也极其重要。

4. 第四次信息技术革命

第四次信息技术革命以电报、电话、广播和电视的发明和普及应用为特征。1837 年，美国人莫尔斯研制了世界上第一台有线电报机；1875 年，苏格兰人贝尔发明了世界上第一台电话机。随着电报、电话的发明，以及电磁波的发现，人类通信领域产生了根本性的变革，实现了通过金属导线上的电脉冲来传递信息以及通过电磁波来进行无线通信，进一步突破了时间和空间的限制。

5. 第五次信息技术革命

第五次信息技术革命以计算机技术与现代通信技术的普及应用为特征。1946 年，第一台电子计算机诞生。计算机的发展经历了电子管、晶体管、集成电路、大规模和超大规模集成电路等阶段，目前正朝着量子计算机、生物计算机等方向发展，引导人类社会向更加智能化的方向发展。

6-2-2 了解我国现代信息技术发展史

1. 第一代电子管计算机研制（1958—1964 年）

1957 年，中科院计算所开始研制通用数字电子计算机，1958 年 8 月该机可以运行较简单的程序，标志着我国第一台电子数字计算机诞生。

2. 第二代晶体管计算机研制（1965—1972 年）

1965 年，中科院计算所研制成功了我国第一台大型晶体管计算机——109 乙机。在对 109 乙机改进的基础上，两年后又推出 109 丙机，其在我国“两弹”研制中发挥了重要作用，被用户誉为“功勋机”。

3. 第三代中小规模集成电路的计算机研制（1973 年至 20 世纪 80 年代初）

1973 年，北京大学与北京有线电厂等单位合作，研制成功运算速度每秒 100 万次的大型通用计算机。1974 年，清华大学与其他单位联合设计，研制成功 DJS-130 小型计算机，以后又推出 D58-140 小型机，形成了 100 系列产品。20 世纪 70 年代后期，原电子工业部 32 所和国防科技大学分别研制成功 655 机和 151 机，速度都在百万次级。

4. 第四代超大规模集成电路的计算机研制（20 世纪 80 年代中期至 21 世纪初）

1983 年，国防科技大学研制成功运算速度每秒上亿次的银河 I 巨型机，这是我国高速计算机研制的一个重要里程碑。

截至 2022 年 5 月，据全球超级计算机系统排名的权威机构 TOP500 发布的榜单，我国的超级计算机“神威·太湖之光”和“天河 2 号”排名分别为第 6 和第 9。目前，中国拥有 226 个超级计算机系统，是全球超级计算机数量最多的国家。

在信息技术的发展过程中，也有一些知名企业经历了兴衰变化。

例如，微软公司在 20 世纪 90 年代曾经是全球最大的软件公司，在 PC 时代，它凭借 Windows 系统及 Office 软件占据绝对霸主地位。随着移动互联网的兴起，微软公司关于移动设备的几次布局（Windows Phone，Zune 等）均未获得预想的效果，甚至惨淡收场，2017 年 Windows Phone 市场份额已不足 0.1%。

再如，手机短信是一代人的青春，是人们用来沟通、联络感情的主要方式之一，同时也是三大运营商的主要收入来源之一。2011 年前后，腾讯推出的微信和小米推出的米聊气势汹汹地进入市场，并展开了激烈交锋，而在这场交锋中，第一个倒下的，却是中国移动的短信业务。

任务 6-3　了解信息安全

6-3-1　信息安全概述

1. 信息安全的含义

国际标准化组织（International Standard Organization，ISO）对信息安全（Information Security，IS）的定义是“为数据处理系统建立和采取的技术、管理上的安全保护，保护计算机硬件、软件、数据不因偶然的恶意的原因而受到破坏、更改、泄露”。随着网络技术的发展，信息安全的内涵已经发展成为运行系统的安全、系统信息的安全和网络社会的整体安全，包括物理安全，网络安全，硬件、软件的安全，数据和信息内容的安全，组织和人的行为安全，信息系统基础设施与国家信息安全等。

2. 信息安全存在隐患的主要原因

1）个人信息没有得到规范采集

信息时代，虽然生活方式呈现出简单和快捷性，但其背后也伴有诸多信息安全隐患。例如诈骗电话、大学生“裸贷”问题、推销信息以及人肉搜索信息等均对个人信息安全造成了影响。不法分子通过各类软件或者程序盗取个人信息，并利用信息来获利，严重影响了公民生命、财产安全。除了政府部门和得到批准的企业外，还有部分未经批准的商家或者个人对个人信息实施非法采集，甚至部分调查机构建立调查公司，并肆意兜售个人信息。

2）公民欠缺足够的信息保护意识

网络上个人信息的肆意传播、电话推销源源不绝等情况时有发生，从其根源来看，与公民欠缺足够的信息保护意识密切相关。公民在个人信息层面的保护意识相对薄弱，给信息被盗取创造了条件。比如，随便点进网站便需要填写相关资料，有的网站甚至要求精确到身份证号码等信息。很多公民并未意识到上述行为是对信息安全的侵犯。

3）相关部门监管不力

政府针对个人信息采取监管和保护措施时，可能存在界限模糊的问题，这主要与管理理念模糊、机制缺失联系密切。大数据需要以网络为基础，网络用户较多并且信息较为繁杂，因此政府也很难实现精细化管理。再加上与网络信息管理相关的规范条例等并不系统，使得政府很难针对个人信息做到有力监管。

3. 信息安全现状

1）全球信息安全现状

互联网对政治、经济、社会和文化的影响不言而喻，保障信息安全成为各国重要议题。目前，各国网络安全事件频发，网络攻击从最初的自发式、分散式的攻击转向专业化的组织行为，呈现出攻击工具专业化、目的商业化、行为组织化的特点。为了保障网络空间安全，很多国家都制定了专门的网络安全法律法规。

2）我国信息安全行业发展现状

我国于 1994 年接入互联网，经过近 30 年的发展已经成为一个网络大国，通过聚焦信息化，用互联网助推经济发展，造福人民，形成了具有中国特色的数据经济新形态。同时，我国网信事业也面临严峻挑战和考验，建设并完善相应的网络安全能力体系，保障关键信息基础设施（政府、医疗、教育、电力和通信等）的安全，成为我国当下必须解决的难点，也是必须要打赢的攻坚战。

随着“互联网 + ”的推进，我国信息安全产业规模快速增长，众多传统行业逐步数据化、在线化、移动化、远程化，更多用户加入互联网，产生的数据和信息也必将呈爆炸式增长。

与此同时，传统企业互联网化，面临包括反攻击、反诈骗、反作弊等一系列挑战。

4. 信息安全分类

1）物理安全

物理安全是保证整个计算机网络系统安全的前提，物理安全技术能够保护计算机、网络互联设备等硬件设施免遭地震、水灾、火灾、爆炸等自然灾害和环境事故、人为操作错误或失误以及各种计算机犯罪行为而造成的破坏。

物理安全主要考虑的是环境、场地和设备的安全及物理访问控制和应急处置计划等。主要包括机房环境要求、设备安全和通信线路安全 3 个方面的内容。

2）网络安全

网络安全是指保护网络系统的硬件、软件及其系统中的数据不因偶然的或者恶意的原因而遭受到破坏、更改、泄露，保证系统连续可靠地运行，网络服务不中断。

从网络运行和管理者的角度来讲，网络安全应保证网络运行正常，能正常提供服务、不受网络攻击，未出现计算机病毒、非法存取、拒绝服务、网络资源非法占用和非法控制等威胁。

从安全保密部门的角度来讲，网络安全应包括对非法的、有害的、涉及国家安全或商业机密的信息进行过滤和防堵，避免通过网络泄露关于国家安全或商业机密的信息，避免对社会造成危害，对企业造成经济损失。

从社会教育和意识形态的角度来讲，网络安全应包括避免不健康内容的传播，正确引导积极向上的网络文化。

从个人或企业的角度来看，网络安全应保证在网络上传输的个人信息不被他人发现和篡改，在网络上发送的信息源是真实的、未被他人冒充，同时信息发送者对发送过的信息或完成的某种操作是承认的，也就是网络安全应保证在网络上传输的数据具有保密性、完整性、真实性和不可否认性。

3）硬件、软件的安全

（1）硬件安全。传统的硬件安全指密码芯片安全，特别是智能卡、可信计算、Ukey 等芯片攻击防御技术。随着“互联网 + 智能”时代的到来，硬件安全除了要保护秘钥，还要保护软件，再由软件保护上层应用，所有联网的设备，必须用到硬件安全技术。硬件安全主要研究硬件安全架构、物理攻击技术、抗攻击设计和面向软件安全的硬件设计 4 部分。

（2）软件安全。软件安全是指使软件在受到恶意攻击的情形下依然能够正确运行及确保软件在被授权范围内合法使用，主要保护软件中的智力成果、知识产权不被非法使用。主要包括防止软件盗版、软件逆向工程、授权加密以及非法篡改等。采用的技术包括软件水印、代码混淆、防篡改技术、授权加密技术以及虚拟机保护技术等。

4）数据安全

数据安全是指通过采取必要措施，确保数据处于有效保护和合法利用的状态，以及具备保障持续安全状态的能力。数据安全要保证数据处理（数据的收集、存储、使用、加工、传输、提供、公开等）的全过程安全，即数据生命周期的安全。数据安全技术包括数据加密、数字签名和数字水印等。

5）行为安全

行为安全指应用行为科学强化人员安全行为和消除不安全行为，从而减少因人员不安全行为造成的安全事故和伤害的系统化管理方法。网络行为安全包括公民用网行为规范和个人信息安全。

《中华人民共和国网络安全法》明确规定了任何个人和组织不得利用网络从事的八类活动和七类行为，包括危害国家安全、荣誉和利益，宣扬恐怖主义、极端主义，传播暴力、淫秽、色情信息，编造、传播虚假信息扰乱经济秩序和社会秩序，侵害他人名誉、隐私、知识产权和其他合法权益等活动，以及非法侵入他人网络、干扰他人网络正常功能、窃取网络数据等危害网络安全等的活动。

上网行为管理用于防止非法信息恶意传播，避免国家机密、商业信息、科研成果泄漏，并可实时监控、管理网络资源使用情况，提高整体工作效率。上网行为管理技术包括对网页访问过滤、上网隐私保护、网络应用控制、带宽流量管理、信息收发审计、用户行为分析等。

6）信息系统基础设施与国家信息安全

近年来，随着我国网络强国战略的深化和实施，国家关键信息基础设施在国民经济和社会发展中的基础性、重要性、保障性、战略性地位日益突出，我国于 2021 年 9 月颁布了《关键信息基础设施安全保护条例》，对关键信息基础设施实行重点保护，采取措施，监测、防御、处置来源于中华人民共和国境内外的网络安全风险和威胁，保护关键信息基础设施免受攻击、侵入、干扰和破坏，依法惩治危害关键信息基础设施安全的违法犯罪活动。

5. 信息安全自主可控

可控性是指对信息和信息系统实施安全监控管理，防止非法利用信息和信息系统，是实现信息安全的五个安全目标之一。而自主可控技术就是依靠自身研发设计全面掌握产品核心技术，实现信息系统从硬件到软件的自主研发、生产、升级、维护的全程可控。简单地说，就是核心技术、关键零部件、各类软件全都国产化，自己开发、自己制造，不受制于人。

自主可控是我们国家信息化建设的关键环节，是保护信息安全的重要目标之一，在信息安全方面意义重大。

6. 信息安全相关法律

近几年，信息安全愈发受到国家、企业和群众的重视，国家出台了与信息安全相关的法律法规，形成了较完备的信息安全法律法规体系。

（1）《中华人民共和国网络安全法》。于 2017 年 6 月 1 日起施行，是国家实施网络空间管辖的第一部法律，是网络安全法制体系的重要基础。它规范了网络空间多元主体的责任义务，是网络安全领域“依法治国”的重要体现，对保障我国网络安全有着重大意义。

（2）《中华人民共和国密码法》。于 2020 年 1 月 1 日起施行，是我国密码领域首部综合性、基础性法律，旨在规范密码应用和管理，促进密码事业发展，保障网络与信息安全，维护国家安全和社会公共利益，保护公民、法人和其他组织的合法权益。

（3）《中华人民共和国数据安全法》。于 2021 年 9 月 1 日起施行。该法主要聚焦数据安全领域的突出问题，确立了数据分类分级管理，建立了数据安全风险评估、监测预警、应急处置、数据安全审查等基本制度，并明确了相关主体的数据安全保护义务。

（4）《关键信息基础设施安全保护条例》。于 2021 年 9 月 1 日起施行，对关键信息基础设施运营者未履行安全保护主体责任、有关主管部门以及工作人员未能依法依规履行职责等情况，明确了处罚、处分、追究刑事责任等处理措施。

（5）《中华人民共和国个人信息保护法》。于 2021 年 11 月 1 日起施行，是一部保护个人信息的法律，该法明确了个人信息、敏感个人信息、个人信息处理者等的基本概念，从个人信息处理的基本原则、跨境传输规则、保护领域各参与主体的职责与权利以及法律责任等方面对个人信息保护进行了全面规定。

（6）《网络安全审查办法》。于 2022 年 2 月 15 日正式实施，以关键信息基础设施的供应链安全为核心，着重关注数据安全的风险和规范，确保核心数据、重要数据或大量个人信息不被恶意利用。

6-3-2　个人信息安全防护

为了保证个人信息的安全性，应该从以下 8 个方面进行安全防护。

1. 账户安全

为保证账户安全应尽快修改初始密码；密码长度不少于 8 个字符，同时不要使用单一的字符类型，例如只用小写字母或纯数字；用户名和密码不要使用相同字符，不要使用弱口令密码，如个人、家人、朋友、亲戚或宠物的名字，生日、结婚纪念日、电话号码等个人信息；所有系统尽可能使用不同密码，防止网页自动记住用户名和密码，同时密码应定期更换。

2. 上网安全

应使用知名的安全浏览器浏览网页，收藏经常访问的网站，不要轻易点击别人发送的链接；对超低价、超低折扣、中奖等诱惑信息要提高警惕；不要访问色情、赌博、反动等非法网站；避免将工作信息、文件上传至互联网存储空间，如网盘、云共享文件夹等，同时在社交网站谨慎发布个人信息。

3. 网上交易安全风险

注意保护个人隐私，在遇到填写个人详细信息的页面，以及使用个人的银行账户、密码和证件号码等敏感信息时需谨慎；使用手机支付服务前，应按要求安装支付环境的安全防范程序；不要将资金打入陌生人账户；收到与个人信息和金钱相关（如中奖、集资等）的邮件和短信需要提高警惕。

4. 电子邮件使用安全

不打开、回复可疑邮件、垃圾邮件和不明来源的邮件；最好使用不同的邮箱收发个人和单位邮件，加强邮箱用户名和密码的安全管理；为电子邮箱设置高强度密码，并设置每次登录时必须进行用户名和密码验证；当收到涉及敏感信息邮件时，要对邮件内容和发件人反复确认；若发现邮箱存在任何安全漏洞的情况，应该及时通知邮箱系统管理人员及时处理；应警惕邮件的内容、网址链接、图片等外链，不转发来历不明的电子邮件及附件。

5. 计算机使用安全

个人主机安装杀毒软件，操作系统应及时更新最新安全补丁、定期备份重要数据；关闭办公计算机的远程访问，关闭系统中不重要的服务，及时清理回收站；为计算机设置锁屏密码，计算机系统更换操作人员、交接重要资料时，应及时更改系统的密码。

6. 办公环境安全

禁止随意放置或丢弃含有敏感信息的纸质文件，文件丢弃前需用碎纸机粉碎，废弃的光盘、U盘或计算机等要消磁或彻底销毁；应将复印或打印的资料及时取走，禁止在便笺纸上留存用户名、密码等信息，U盘、移动硬盘在安全的地方存放。

7. 手机使用安全

手机需设置自动锁屏功能，避免被其他人恶意使用；为手机设置访问密码，防止手机丢失导致信息泄露；通过手机自带的应用市场下载手机应用程序；为手机安装杀毒软件，经常为手机做数据同步备份；手机废弃前应对数据进行完全备份，恢复出厂设置清除残余信息；对程序执行权限加以限制，非必要程序禁止读取通讯录等敏感信息。

8. 无线网络连接安全

在办公环境中禁止私自通过办公网开放Wi-Fi热点，不访问任何非本单位的开放Wi-Fi；禁止使用Wi-Fi共享类App，避免导致无线网络用户名及密码泄露；警惕使用公共场所免费的Wi-Fi；设置高强度的无线登录密码，各单位的认证机制建议采取实名方式。

6-3-3 了解计算机病毒

1. 什么是计算机病毒

《中华人民共和国计算机信息系统安全保护条例》中明确将计算机病毒定义为："编制或者在计算机程序中破坏计算机功能或者破坏数据，影响计算机使用，并且能够自我复制的一组计算机指令或者程序代码。"

计算机病毒都是人为故意编写的小程序。编写病毒程序的人，有的是为了证明自己的能力，有的是出于好奇，也有的是因为个人目的没能达到而采取的报复方式等。大多数病毒制作者的信息，从病毒程序的传播过程中都能找到一些蛛丝马迹。

2. 计算机感染病毒的常见症状

（1）异常要求输入口令。

（2）程序装入时间比平时长，计算机发出怪叫声，运行异常。

（3）有规律地出现异常现象或显示异常信息。如异常死机后又自动重新启动，屏幕上显示白斑或圆点等。

（4）计算机经常出现死机现象或不能正常启动。

（5）程序和数据神秘丢失，文件名不能辨认，可执行文件的大小发生变化。

（6）访问设备时发生异常情况，如访问磁盘的时间比平时长，打印机不能联机或打印时出现奇怪字符。

（7）发现不知来源的隐含文件或电子邮件。

3. 计算机病毒的特征

各种计算机病毒通常具有以下特征：

1）传染性

计算机病毒具有很强的再生机制，一旦计算机病毒感染了某个程序，当这个程序运行时，病毒就能传染到这个程序有权访问的所有其他程序和文件。

计算机病毒可以从一个程序传染到另一个程序，从一台计算机传染到另一台计算机，从一个计算机网络传染到另一个计算机网络，在各系统上传染、蔓延，同时使被传染的计算机程序、计算机、计算机网络成为计算机病毒的生存环境及新的传染源。

2）破坏性

任何计算机病毒只要侵入系统，就会对系统及应用程序产生不同程度的影响。轻者会降低计算机工作效率，占用系统资源（如占用内存空间、占用磁盘存储空间以及系统运行时间等），只显示一些画面或音乐、无聊的语句，或者根本没有任何破坏性动作，例如"欢乐时光"病毒的特征是超级解霸不断地运行系统，资源占用率非常高。

重者可使系统不能正常使用，破坏数据，泄露个人信息，导致系统崩溃等。还有的对数据造成不可挽回的破坏，比如"米开朗基罗"病毒，当米氏病毒发作时，硬盘的前 17 个扇区将被彻底破坏，使整个硬盘上的数据无法恢复，造成的损失是无法挽回的。

3）隐蔽性

计算机病毒具有隐蔽性，以便不被用户发现及躲避反病毒软件的检测，因此系统感染病毒后，一般情况下用户感觉不到病毒的存在，只有在其发作、系统出现异常时才知道。

为了更好地隐藏，病毒代码设计得非常短小，一般只有几百字节或 1KB，以现在计算机的运行速度，病毒转瞬之间便可将短短的几百字节附着到正常程序中，使计算机很难察觉。

4）潜伏性和触发性

大部分病毒感染系统之后不会马上发作，而是悄悄地隐藏起来，然后在用户没有察觉的情况下进行传染。病毒的潜伏性越强，在系统中存在的时间也就越长，病毒传染的范围越广，其危害性也越大。

计算机病毒的可触发性是指满足其触发条件或者激活病毒的传染机制，使之进行传染或者激活病毒的表现部分或破坏部分。

计算机病毒的可触发性与潜伏性是联系在一起的，潜伏下来的病毒只有具有可触发性，其破坏性才成立，也才能真正成为"病毒"。如果一个病毒永远不会运行，就像死火山一样，那它对网络安全就不构成危险。触发的实质是一种条件的控制，病毒程序可以依据设计者的要求，在一定条件下实施攻击。

5）寄生性

计算机病毒与其他合法程序一样，是一段可执行程序，但它一般不独立存在，而是寄生在其他可执行程序上，因此它享有一切程序所能得到的权力。也鉴于此，计算机病毒难以被发现和检测。

4. 计算机病毒的预防

计算机病毒的防治包括计算机病毒的预防、检测和清除，要以预防为主。

（1）经常从软件供应商处下载、安装安全补丁程序和升级杀毒软件。

（2）新购置的计算机和新安装的系统，一定要进行系统升级，保证修补所有已知的安全漏洞。

（3）使用高强度的口令。

（4）经常备份重要数据。特别是要做到经常性地对不易复得数据（个人文档、程序源代码等）完全备份。

（5）选择并安装经过公安部认证的防病毒软件，定期对整个硬盘进行病毒检测、清除工作。

（6）安装防火墙（软件防火墙，如 360 安全卫士），提高系统的安全性。

（7）不要打开陌生人发来的电子邮件，无论它们有多么诱人的标题或者附件。同时也要小心处理来自熟人的邮件附件。

（8）正确配置、使用病毒防治软件，并及时更新。

任务 6-4　了解社会责任

随着社会信息化的发展，信息道德受到了极大的关注，尤其是网络道德领域。网络道德随着计算机技术、互联网技术等现代信息技术的应用受到关注。由于互联网的快速发展，网络对人们的工作、学习、生活日趋重要，对社会经济、政治、文化发展也产生了重要影响，同时，也带来了知识产权保护、个人隐私保护、信息安全威胁等网络问题。传统的社会伦理道德难以适应，必须引入专门的网络道德规范，管理网络社会中的各种关系。

1. 常见的网络道德问题

1）网络诈骗

（1）虚假中奖诈骗。通过电子邮件、QQ、论坛短信、网络游戏等方式发送中奖信息，诱骗网民访问其开设的虚假中奖网站，再以支付个人所得税、保证金等名义骗取网民钱财。

（2）冒充亲友诈骗。通过欺骗或黑客手段获取受害人亲友的 QQ 号码、邮箱、微信等网上联络方式，冒充受害人亲友向其借钱，有的甚至将受害人亲友的视频聊天录像播放给受害人观看，骗取受害人信任并诈取其钱财。

（3）征婚交友诈骗。通过网络婚姻媒介，以虚假信息与受害人进行联络。在骗取对方信任后，选择时机提出借钱周转、合作经营、急救医疗等各种借口骗取钱财。

（4）网络购物诈骗。诈骗分子在互联网交易平台开办网店或直接开设购物网站，兜售远低于市场价格的商品，为增加可信度，诈骗分子常声称商品来自走私、罚没、赃物等非正常渠道，诱导网民汇款购物。

（5）就业招聘诈骗。通过发布虚假招聘信息，以向求职者索要手续费、介绍费、押金等为名实施诈骗。

（6）网络钓鱼诈骗。通过使用“盗号木马”“网络监听”等黑客手法盗取用户的银行账号、证券账号、密码信息和其他个人资料，然后以转账汇款、网上购物或制作假卡等方式获取不法利益。

2）传播不良信息

随着互联网的发展，网上不良信息的传播手段越来越多样、形式越来越复杂，其中很多信息违反法律和道德。

互联网上的违反法律类信息涉及很多种类，大致包括淫秽、色情、暴力等低俗信息；赌博、犯罪等技能教唆信息；毒品、违禁药品、刀具枪械、监听器、假证件、发票等管制品买卖信息：虚假股票、信用卡、彩票等诈骗信息，以及网络销赃等多方面内容。

2. 加强个人信息道德自律

1）具备一定的网络安全常识

随着信息泄露、资金被盗等现象经常发生，网络安全的重要性越来越突出。上网时，一定要注意安全。不要随便打开陌生人发来的邮件和链接，不要轻信中奖信息。

2）不信谣、不传谣

网络上充斥着各类人群，有些人为了博取流量与关注，故意散布一些谣言。当代大学生应该做到不信谣、不传谣，没有证据的事情切勿传播，自身也不能随意发表毫无根据的言论，以免误导他人。

3）树立正确的价值观

网络为人们的工作、生活提供了很多便捷，但是人们需要认清网络的定位，它是用于服务人类与社会的，我们不应该被网络所掌控。特别是青少年，不要沉迷于网络游戏，以免荒废学业，浪费自己的大好青春年华。需要正确地使用互联网平台，理性对待网络，一起营造绿色、可靠、安全、健康的互联网环境。

3. 辨别虚假信息

在当今信息爆炸的时代，虚假信息已经成为一个普遍存在的问题。为了保护我们自己的权益和安全，认清真伪、辨别虚假信息是我们的一项必备技能。下面介绍几种常见的方法，帮助我们更好地认清真伪，辨别虚假信息。

（1）检查信息来源。在接收到任何信息之前，首先要检查信息的来源。我们应该尽可能地选择可靠的来源，如政府官方网站、权威媒体等，而不是一些不知名的网站或社交媒体账号。

（2）检查信息的一致性。如果一条信息在多个来源中都出现了，那么它的真实性就更有保障。如果同一条信息在不同的来源中出现了不同的版本，我们就有必要怀疑其中可能存在虚假信息。

（3）检查信息的细节。虚假信息通常会存在一些明显的错误或矛盾之处。我们应该仔细检查信息中的细节，如日期、时间、地点等，看是否与现实情况相符。

（4）检查信息的背景。我们应该了解信息所涉及的领域和话题，以便更好地判断信息的真实性。如果我们对某个领域或话题不熟悉，那么我们就应该更加谨慎地对待相关信息。

（5）检查信息的作者。我们应该尽可能地了解信息的作者，看他是否有足够的专业知识和信誉。如果作者没有相关的资质或声誉，那么我们就应该怀疑他们所发布的信息。

总之，认清真伪、辨别虚假信息需要我们保持警觉，仔细检查信息来源、一致性、细节、背景和作者等方面的信息。只有通过不断学习和实践，我们才能更好地应对虚假信息的挑战，保护自己的权益和安全。

4. 规避不良记录

“黑名单”的产生可以说也是市场发展的必然要求。那什么是“黑名单”呢？有资料显示，“黑名单”最早来源于西方的教育机构。早在中世纪，英国的牛津和剑桥等大学会将那些行为不端的学生的姓名、行为记录在黑皮书上，一旦名字上了黑皮书，就会在相当长时间内名誉扫地。学生们十分害怕这一校规，常常小心谨慎，以防有越轨行为的发生。这个方法后来被英国商人借用以惩戒那些不守合同、不讲信用的顾客。19 世纪 20 年代，面对很多绅士定做服装而后欠款不还的现象，伦敦的裁缝们为了保护自身利益，创立了一个交流客户支付习惯信息的机制，将欠钱不还的顾客列在黑皮书上，互相转告，让那些欠账的人在别的商店也做不了衣服。后来，其他行业的商人们争相仿效，随后“黑名单”便在工厂主和商店老板之间逐渐传来传去，“黑名单”就这样发展起来。

2004 年，世界银行启动了供应商“取消资格”制度，经过十多年的实践，已经产生了广泛影响。

2011 年，美国贸易代表办公室发布了销售假冒和盗版产品的“恶名市场”名单，将 30 多个全球互联网和实体市场列入其中。还有比较典型的是美国食品和药品管理局发布的“黑名单”制度，对严重违反药品法规的法人或自然人实施禁令，禁止他们参与制药行业中与上市药品有关的任何活动。

2020 年 11 月 25 日，国务院召开常务会议，确定完善失信约束制度、健全社会信用体系的措施，为发展社会主义市场经济提供支撑。2021 年 6 月 8 日，《中华人民共和国安全生产法（修正草案）》提请会议审议，草案明确了平台经济等新兴行业、领域的安全生产责任，加强安全生产监督管理，依法保障从业人员安全。对新兴行业、领域的安全生产监督管理职责不明确的，由县级以上地方各级人民政府按照业务相近的原则确定监督管理部门。

2021 年 6 月 10 日，中华人民共和国第十三届全国人民代表大会常务委员会第二十九次会议通过《全国人民代表大会常务委员会关于修改〈中华人民共和国安全生产法〉的决定》，自 2021 年 9 月 1 日起施行。

有了行业“黑名单”和行业禁入制度，就能够规范企业行为，提高市场透明度，有效防范市场经济中的失信行为，遏制当前市场经济下失信蔓延与加深的势头，营造一个良好的氛围，重建市场信任机制。

项　目　1

1. 信息素养包含哪些方面？简述它们之间的关系。
2. 信息安全的主要防御措施有哪些？

项　目　2

1. 结合实际的生活、学习，简述获取信息的途径，以及如何进行信息的筛选。
2. 了解常见的网络诈骗行为，如果遇到网络诈骗该如何处理？

模块小结

信息素养是我们发展、竞争和终身学习的重要素养之一，我们需要积极提升自己的信息意识、信息知识、信息能力和信息道德。信息安全是为数据处理系统建立和采用的技术、管理上的安全保护，为的是保护计算机硬件、软件、数据不因偶然和恶意的原因而遭到破坏、更改和泄露。

信息安全的主要防御技术有身份认证技术、防火墙以及病毒防护技术、数字签名以及生物识别技术、信息加密处理访问控制技术、安全防护技术、入侵检测技术、安全检测与监控技术、加密解密技术和安全审计技术。

计算机网络安全要从事前预防、事中监控、事后弥补 3 个方面入手，不断加强安全意识，完善安全技术，制定安全策略，从而提高计算机网络系统的安全性。

真题实训

一、选择题

1. 信息素养不包括（　　）。

A. 信息意识　　B. 信息手段　　C. 信息能力　　D. 信息道德

2. 信息技术的五次革命不包括（　　）。

A. 语言的产生和使用　　B. 计算机和互联网的使用

C. 指南针的产生和使用　　D. 文字的出现与使用

3. 第一台电子计算机诞生于（　　）。

A. 1944 年　　B. 1945 年　　C. 1946 年　　D. 1947 年

4. 以下属于良好信息素养基本要素的是（　　）。

A. 记住所有信息　　B. 忽略来源的准确性

C. 能够判断信息的真实性和可靠性　　D. 只关注信息的新颖

5. 以下不是提高信息素养方法的是（　　）。

A. 学习信息检索技巧　　B. 增强信息鉴别能力

C. 培养信息消费习惯　　D. 沉迷于网络游戏

6. 下面关于计算机病毒描述错误的是（　　）。

A. 计算机病毒具有传染性

B. 通过网络传染计算机病毒，其破坏性大大高于单机系统

C. 如果染上计算机病毒，该病毒会马上破坏计算机系统

D. 计算机病毒主要破坏数据的完整性

7. 下面哪一项是中国自行研制的第一台超级计算机？（　　）

A. 神威・太湖之光　　B. 银河一号

C. 天河一号　　D. 天宫一号

8. 在网络环境中，下面符合信息道德行为的是（　　）。

A. 未经他人同意就上传他人照片

B. 在网络上散播不实信息以引起公众恐慌

C. 尊重他人的隐私权，不窥探他人的个人信息

D. 使用网络进行人身攻击和诽谤

9. 在使用信息技术的过程中，下面哪种行为是符合信息道德的？（　　）

A. 非法破解他人的密码，侵入他人的账户查看私人信息

B. 未经许可，复制、分发他人的学术研究成果

C. 在社交媒体上发布他人的真实姓名、联系方式等私人信息，侵犯他人的隐私权

D. 在保护自己的信息不被窃取的同时，尊重他人的信息权，不传播他人的私人信息

10. 以下哪项不是提高信息技能的方法？（　　）

A. 学习使用搜索引擎和数据库

B. 掌握基本的编程技能，如 Python、Java 等

C. 学会使用数据分析工具，如 Excel、SPSS 等

D. 增加社交媒体粉丝数，提高个人品牌影响力

二、简答与实践

（1）信息素养的组成要素有哪些？以及它们之间的关系是什么？

（2）信息安全的主要防御措施有哪些？

（3）结合实际的生活、学习，简述获取信息的途径，以及如何进行信息的筛选？

（4）了解常见的网络诈骗行为，如果遇到网络诈骗该如何处理？

参考文献

[1] 中华人民共和国教育部. 高等职业教育专科信息技术课程标准（2021 年版）[M]. 北京：高等教育出版社，2021.

[2] 李文斌. WPS 高效办公实用案例教程[M]. 成都：电子科技大学出版社，2023.

[3] 疏国会. 信息技术基础（WPS 版）[M]. 大连：大连理工大学出版社，2022.

[4] 李健. 信息技术基础（WPS Office）[M]. 北京：高等教育出版社，2023.

[5] 邓发云. 信息检索与应用[M]. 北京：科学出版社，2017.

[6] 杨竹青. 新一代信息技术[M]. 北京：人民邮电出版社，2020.

教师服务

感谢您选用清华大学出版社的教材！为了更好地服务教学，我们为授课教师提供本书的教学辅助资源，以及本学科重点教材信息。请您扫码获取。

教辅获取

本书教辅资源，授课教师扫码获取

样书赠送

公共基础课类重点教材，教师扫码获取样书

清华大学出版社

E-mail: tupfuwu@163.com
电话：010-83470332 / 83470142
地址：北京市海淀区双清路学研大厦 B 座 509

网址：https://www.tup.com.cn/
传真：8610-83470107
邮编：100084